高等职业教育园林园艺类专业系列教材

植物生长与环境

主　编　张明丽
副主编　孙桂琴　龚仲幸
参　编　王　新　刘遂飞　张莉娜
　　　　龚雪梅　张丽敏

机 械 工 业 出 版 社

本书遵循“任务引领、实践导向”的原则，学习内容突出对学生职业能力的训练，理论知识的选取紧紧围绕工作任务完成的需要。本书系统介绍了植物的生长环境、植物生长的土壤环境调控、植物生长的水分环境调控、植物生长的光环境调控、植物生长的温度环境调控、植物生长的营养环境调控、植物生长的生物环境调控及植物生长的气候环境调控等方面内容。本书以项目和任务取代传统的章节，项目设置、知识目标、能力目标、任务、知识归纳、知识巩固等环节。

本书在编写上注重理论与实践的有机结合，内容详尽，图文并茂。本书可作为高职高专园林园艺类专业和相关专业的教学用书，也可作为相关专业的教师、农技推广人员、工程技术人员的参考用书。

本书配有电子课件，凡使用本书作为教材的教师可登录机械工业出版社教育服务网 www.cmpedu.com 下载。咨询邮箱：cmpgaozhi@sina.com。咨询电话：010-88379375。

图书在版编目（CIP）数据

植物生长与环境/张明丽主编．—北京：机械工业出版社，2017.8（2024.2 重印）

高等职业教育园林园艺类专业系列教材

ISBN 978-7-111-57485-9

Ⅰ．①植…　Ⅱ．①张…　Ⅲ．①植物生长－高等职业教育－教材　Ⅳ．①Q945.3

中国版本图书馆 CIP 数据核字（2017）第 175064 号

机械工业出版社（北京市百万庄大街22号　邮政编码100037）

策划编辑：王靖辉　　责任编辑：王靖辉

责任校对：黄举伟　王　延　封面设计：马精明

责任印制：郜　敏

北京富资园科技发展有限公司印刷

2024年2月第1版第5次印刷

184mm×260mm・13.75 印张・332 千字

标准书号：ISBN 978-7-111-57485-9

定价：45.00 元

电话服务　　网络服务

客服电话：010-88361066　　机　工　官　网：www.cmpbook.com

010-88379833　　机　工　官　博：weibo.com/cmp1952

010-68326294　　金　书　网：www.golden-book.com

　机工教育服务网：www.cmpedu.com

前　言

“植物生长与环境”是高职高专院校园林园艺类专业重要的专业基础课程。本书是根据教育部《关于全面提高高等职业教育教学质量的若干意见》（教高［2006］16号）的有关精神，以就业为导向，编写而成的。本书以学生为主体，以突出职业能力培养为目标，以完成项目任务为载体，以具体的工作任务引领学习，让学生在完成具体项目的过程中构建相关理论知识，以职业岗位的需求为出发点，创造最佳的基于工作过程的学习任务，充分挖掘学生的职业能力，并逐步培养学生的职业提升能力和职业转化能力。

本书主要适用于高职高专园林技术、园艺技术、植物生产、商品花卉等专业，也可供林业、果蔬、茶学、蚕学等相关专业选用；同时，还可作为园林园艺行业技术人员的参考用书。

本书由杭州职业技术学院张明丽任主编，由江西农业工程职业学院孙桂琴、杭州职业技术学院龚仲幸任副主编。编写分工如下：项目1由阜新高等专科学校张丽敏编写，项目2由张明丽编写，项目3由孙桂琴编写，项目4由阜阳职业技术学院龚雪梅编写，项目5由龚仲幸编写，项目6由咸阳职业技术学院王新编写，项目7由乌兰察布职业学院张莉娜编写，项目8由江西农业工程职业学院刘遂飞编写。

本书在编写过程参阅了大量相关资料与著作，在参考文献中一并列出，另有部分插图来自网络。由于时间仓促和编者水平所限，书中难免有疏漏和不当之处，敬请广大读者批评指正并多提宝贵意见，以便再版时修订。

编　者

目 录

前言

项目1 认识植物的生长环境 …… 1

任务1 认识植物生长与植物生产 …… 1
任务2 认识环境条件对植物生长的影响 …… 4
任务3 认识植物对环境条件的适应 …… 7

项目2 植物生长的土壤环境调控 …… 10

任务1 认识土壤的形成和基本组成 …… 10
任务2 土壤样品的采集与制备 …… 15
任务3 测定土壤质地 …… 17
任务4 测定土壤有机质含量 …… 22
任务5 测定土壤容重与孔隙度 …… 24
任务6 测定土壤酸碱度 …… 31
任务7 调控植物生长的土壤环境 …… 39

项目3 植物生长的水分环境调控 …… 46

任务1 认识水分环境与植物生长 …… 46
任务2 测定土壤含水量 …… 52
任务3 测定土壤田间持水量 …… 54
任务4 测定降水量与空气湿度 …… 56
任务5 调控植物生长的水分环境 …… 60

项目4 植物生长的光环境调控 …… 64

任务1 认识光环境与植物生长 …… 64
任务2 测定光照强度 …… 74
任务3 测定日照时数 …… 76
任务4 调控植物生长的光环境 …… 79

项目5 植物生长的温度环境调控 …… 85

任务1 认识植物生长与温度环境 …… 85
任务2 测定土壤温度 …… 93
任务3 测定空气温度 …… 94
任务4 调控植物生长的温度环境 …… 94

项目6 植物生长的营养环境调控 …… 97

任务1 认识植物生长的营养元素 …… 97
任务2 营养土的配制 …… 106
任务3 合理施用化学肥料 …… 115
任务4 常用化学肥料的识别与合理施用 …… 121
任务5 合理施用有机肥料 …… 142
任务6 合理施用复（混）合肥料 …… 156
任务7 合理施用微量元素肥料 …… 163

项目7 植物生长的生物环境调控 …… 173

任务1 认识生物种群 …… 173
任务2 认识生物群落 …… 176
任务3 认识生态系统 …… 180
任务4 调控植物生长的生物环境 …… 184

项目8 植物生长的气候环境调控 …… 191

任务1 利用气候资源 …… 191
任务2 防御气候灾害 …… 201

参考文献 …… 213

认识植物的生长环境

【知识目标】

● 理解植物是怎么生长的，什么是植物生产，植物生产的作用是什么

● 理解植物生长是受其生活的环境影响的，了解影响植物生长的因素有水、养分、空气、阳光、温度等

● 认识植物的生长是对环境的适应，了解植物是适者生存

【能力目标】

● 通过对植物生长和生产的了解，掌握如何促进植物的生长和提高植物生产力

● 通过对植物生长是受环境条件影响的认识，掌握如何通过人的因素来改善植物的生长条件，促进植物生长

● 通过对植物的生长是对环境的适应，否则就被淘汰的认识，可在未来植物的生产中利用这一特点，进行植物引种和育种，以增加种植资源

任务1　认识植物生长与植物生产

一、植物生长

整个植物界按繁殖方式可分为两大类，即孢子植物和种子植物。种植业所涉及的植物主要是种子植物。种子植物又分为裸子植物和被子植物。植物生长是细胞分裂和伸长的过程，是指体积和质量的增加，是量变的过程，植物生长可用干物质的量、长短、高矮、粗细等来描述。

植物的种子，在适宜的外界条件下开始萌发，生根并形成茎和叶，植物由小长大，体积和重量都增加，这就是植物的生长现象。从种子的萌发到幼苗的形成以及根、茎、叶的长大，是植物营养生长的过程；营养生长到一定阶段后，植物开始开花并形成果实和种子，这是植物生殖生长的过程。

种子植物的外形、大小差别虽大，但基本都是由根、茎、叶、花、果实和种子等器官构成。根、茎、叶是吸收、合成和输导营养的器官，故称为营养器官，根、茎、叶的生长是产生花、果实和种子的基础。花、果实和种子的主要作用是繁衍后代，所以称为繁殖器官。各器官之间相互依赖、相互制约，从而保证植物体的协调统一。

（一）植物的营养生长

1. 种子的萌发和幼苗的生长

种子是种子植物所特有的繁殖器官，是由胚珠发育而来的，凡是由胚珠发育形成的种子才是真正的种子。农业生产中的“种子”，其范围是广泛的，如小麦、玉米、水稻、高粱和向日葵的籽粒，也常被称为“种子”，实际上是果实，因为它们是由子房发育而成的，真正的种子被包在果皮之内，特别是禾本科作物的果实，其果皮与种皮相愈合而不易分离。

成熟的种子由种皮、胚和胚乳构成。胚由胚根、胚芽、胚轴和子叶四部分组成，胚是种子中最重要的部分，胚乳为胚的生长提供营养物质。风干的种子处于休眠状态，生理活动微弱。种子遇到适宜的水分、温度和氧气后，就开始萌发。胚根突破种皮向下生长，形成根，并依靠胚轴的伸长，将胚芽或子叶顶出土面，开始出苗。

种子萌发时，下胚轴伸长的种子形成子叶出土的幼苗；下胚轴不伸长的种子形成子叶留土的幼苗。幼苗未出现绿叶之前是靠种子里的胚乳或子叶里贮藏的营养生长的。

2. 根、茎、叶的形态及生长发育

（1）根　根是植物在长期适应陆地生活的过程中形成的地下营养器官，根的重量可超过整个植株重量的一半。根的分枝能力很强，因为根系分布广、分枝多，常使植物地下部分表面积比地上部分大5～15倍，若将根毛表面积算在一起就更大。吸收面积大，植株可以得到足够的水分和无机盐类。根瘤是微生物和植物根系共生形成的瘤状物。菌根是植物的根系与真菌菌丝体共生形成的。根的主要作用是将植物体固定在土壤中，从土壤中吸收水分和无机盐类。

根按发生部位的不同，分为主根、侧根和不定根三种。一株植物根的总体称为根系，根系可分为直根系和须根系两类。直根系植物的根系入土深，而须根系较浅；植株高大的根系入土深，反之则浅。根系入土深的比入土浅的植株吸收水肥的范围广，抗旱力强，耐肥，但对施肥的反应较慢。根生长的基本形式是长粗和长长。根有一个发生、发展与衰亡的过程，有生长高峰期。生产上，可根据根的生长高峰期确定施肥时间。

根的变态类型有：肥大直根（萝卜）、块根（甘薯）、支持根（玉米）、寄生根（菟丝子）。栽培中看到的许多生理障碍常与根系发育不良、生理机能降低有关。因此，不断地改进耕作技术，加强水肥管理，提高土壤肥力，以形成疏松肥沃的耕作层，给根系生长创造良好条件，是夺取丰产的保证。

（2）茎　茎的主要作用是输导水分和养分、支持枝叶和花果在空间的分布。大多数植物的茎是直立的，茎的外形一般为圆柱形，少数植物为三棱柱形和四棱柱形。茎上着生叶的部位称为节，两个节之间的部分称为节间。茎与根在外形上的主要区别是：茎有节和节间，而根没有。着生叶的茎称为枝条，茎、叶、花都是芽发育成的，因此，芽是茎、叶、花的原始体。

根据芽在枝上着生的位置、发育后形成器官的差异、叶腋中芽的数目、叶腋中芽的位置等，将芽分为顶芽、侧芽、定芽、不定芽、主芽、副芽、单芽、复芽等。芽分化的速度和状况与营养、环境条件等有密切关系。栽培措施可以改变芽发育的进程。一些植物（如果树、棉花）的枝条可分为营养枝和结果枝两类。水稻、小麦等禾本科植物，在接近地面的几个节上，由腋芽长出分枝，分枝的基部长出不定根，这种现象称为分蘖。产生分蘖的数个节构成分蘖节。分蘖与产量有密切的关系，分蘖数目过多或过少对生产都不利。

茎的生长包括加长生长和加粗生长。植物主茎与侧枝的生长存在相互制约的关系，主茎顶端在生长上占有优势。不同植物的顶端优势强弱不同。茎的变态可以分为地上茎的变态（包括肉质茎、茎卷须和茎刺）和地下茎的变态（包括根茎、块茎、球茎、鳞茎等）两类。

（3）叶 叶最重要的作用是进行光合作用。植物体内90%左右的干物质是由叶片合成的。此外，叶片还具有呼吸、蒸腾、吸收等多种生理功能。有些植物的叶还有贮藏养分和水分的作用。叶一般由叶片、叶柄和托叶三部分构成，这种叶称为完全叶。凡缺少其中一部分或两部分的叶称为不完全叶。叶有单叶和复叶之分。叶有三种生长方式，即顶端生长、居间生长和边缘生长。幼小的叶片制造的营养只供小叶片本身使用，一般只有叶面积达到成年叶的60%～70%时，光合产物才向其他器官输送。叶的变态有鳞叶、苞叶、叶卷须、叶刺等类型。

（二）植物的生殖生长

1. 开花

花是被子植物重要的繁殖器官。双子叶植物的花为典型花，由花柄、花托、花被（包括花瓣和萼片）、雄蕊（包括花丝和花药）和雌蕊（包括柱头、花柱和子房）五部分组成。一朵花中包含有萼片、花瓣、雄蕊和雌蕊的称为完全花；缺少某一部分或几个部分的称为不完全花。包含雄蕊和雌蕊的花称为两性花；仅有雄蕊或雌蕊的，则分别称为雄花或雌花，雄花和雌花都是单性花。

雄花和雌花生于同一植株上的称为雌雄同株；雌花和雄花分别生长在不同植株上，称为雌雄异株。大多数植物的花是许多朵花依一定的规律着生在茎上，称为花序。花序分为无限花序和有限花序两类，这两类又可分为若干类型。花原基的形成，花芽各部分的分化与成熟，称为花器官的形成或花芽分化。花芽分化受植物内部和外界环境两方面的影响。

2. 种子和果实的形成

花粉传到雌蕊柱头上的过程称为授粉，按授粉方式的不同可分为自花授粉和异花授粉。卵细胞和精细胞相互融合的过程称为受精。受精作用后，子房发育为果实，胚珠发育成种子。双子叶植物的一朵花可有数个胚珠，开花受精后一般子房首先迅速生长，形成铃或荚等果皮；胚珠发育成种子的过程稍为滞后。禾本科植物的一朵小花只有一个胚珠，开花受精后子房与胚珠发育同步进行。果树、蔬菜中有未经授粉受精而形成果实的现象，称为单性结实。单性结实包括自发单性结实和刺激单性结实。

植物从出苗到种子成熟的总天数称为生育期。在整个生育期中，植株外部形态和内部生理特征要发生若干次阶段性变化，根据这些变化可划分为若干生育时期。从种子萌发、出苗、发枝长叶、开花结果，直至植物个体死亡的整个过程，就是一个生命周期。植物的整体或某一部分在某一时期自发地暂时停止生长的现象称为休眠。休眠是植物对不良环境的一种适应。

营养生长与生殖生长是相互依赖、相互制约的辩证统一关系。营养生长是生殖生长的基础，营养生长不好，生殖生长也不会好。但营养生长过旺会推迟生殖生长。

二、植物生产

植物科学的发展过程始终与生产实践相联系，特别与农业科学的关系最为密切。人们在对世界范围内的植物进行广泛收集和种植的过程中，也相应地建成了重要栽培植物的农业格局，形成了粮食作物、药用植物、果树、蔬菜、花卉和各种经济作物的栽培，以及林业精英和牧场管理等生产体系。在进入实验植物学时期后，植物科学基础研究上的重大突破，往往引起农业生产技术发生巨大变革。十九世纪植物矿质营养理论的阐明，导致化肥的应用和化肥工业的兴起。光合生产率理论的研究结果，促进了粮食生产技术中矮化密植措施的创建，以及与之相配合的品种改良、植物保护等措施的革新，使粮食在二十世纪中叶大幅度增产，被誉为“绿色革命”。植物资源、植物区系和植被的调查，农业、林业、畜牧业及植物原料工业发掘可供利用的野生植物；结合研究栽培植物野生近缘种的基因资源，可为农业育种提供更多的原始材料；同时又可为国土整治、大农业的宏观战略决策提供基本资料和科学依据。植物形态、解剖特征的研究，在农业栽培上，有助于了解作物生长的环境条件与植物生长发育的关系，以改善肥水管理措施；在遗传育种上，往往可作为遴选良种或评估抗性的参考。有关植物有性生殖的传粉、受精、无融合生殖、雄性不育等内容的深入研究，对搞好作物、果蔬等经济植物的栽培和繁育，提高产量和质量具有重要意义。

由于近代分子生物学的发展，应用植物细胞的全能性，通过生产技术的离体培育、基因工程和常规育种相结合，使人们可以在较短时间内获得较为理想的农业工程植物，育成高产、优质和抗逆性强的新品种。

随着科学与技术的迅猛发展，科学直接渗透、综合研究的力度加大，植物科学必将在发展农业科学中更好地发挥其理论基础的作用，为农业生产的现代化做出更多的贡献。

任务 2　认识环境条件对植物生长的影响

影响植物生长的因素有很多，人为地调节某些条件来改善植物的生长环境，使其达到最佳的生长状态，这将有利于植物增产增收。科学家经过长期研究，认为这些条件大致可以分为两大类：气候条件与土壤条件。

一、气候条件

气候条件作为影响植物生长的一个方面，起着非常重要的作用，主要包括温度、湿度、光照度等。

1. 温度

温度对植物生长的作用是通过影响植物的光合作用、呼吸过程及植物的蒸腾作用等过程综合地影响植物的生长。气温及土温的变化会直接影响植物吸收水肥的过程，进而影响有机物的合成、输运等代谢过程。另外，温度的高低会直接影响参与新陈代谢酶的活性：温度过低时，酶的活性降低，代谢过程减缓，不利于植物的生长；温度过高时，代谢过程中额外消耗的有机物增多，同样不利于植物的茁壮成长。

通常情况下，植物根、冠、叶的温度是不同的，而植物生长对根温非常敏感，因此研究根温对植物生长的影响显得尤为重要。根温可以通过影响植物叶片的水分、生长区的温度和弹性模量来间接影响植物的生长。根温的变化会影响气孔的阻力、叶绿素的含量及酶的活性，进而影响植物的光合作用，最终影响植物的生长。根温所产生的产物在一定程度上降低植物光合作用的效率，这可能是根温影响植物生长的又一重要原因。

2. 湿度

影响绝对湿度的因子主要取决于水汽的来源、输送与空气保持水汽的能力等。因此，影

响水汽供应的因子如降水、水体的存在、土壤水分的高低和蒸发条件等，影响水汽输送的条件如风、垂直气流等，以及影响空气保持水汽能力的条件如气温等，都可能影响绝对湿度。相对湿度一方面决定于绝对湿度，另一方面决定于空气温度。

空气湿度是影响植物生长的又一重要因素，适当地保持植物生长的空气湿度有利于植物旺盛生长。在空气湿度较小时，土壤的水分适宜，植物蒸腾作用旺盛，处于旺盛的生长间断。若空气湿度处于较长时间的饱和条件下，植物生长将受抑制，导致谷物籽粒的灌浆速度降低，棉花蕾铃脱落加重，棉籽生命力降低和影响棉花采收质量等，这时需要采取有效措施降低湿度，来保持植物的成长。空气湿度过小时，特别是在气温高而土壤缺乏水分的情况下，干旱会加重，特别在气温高而土壤水分缺乏的条件下，植物的水分平衡被破坏，水分入不敷出，会阻碍生长而造成减产。在这样的情况下，要查找湿度过低的原因，比如：温度过高，温室密闭性差，光照强及地面过于干燥等，进而采取相应解决措施。湿度的大小还可制约某些植物花药开裂、花粉散落和萌发的时间，从而影响植物的授粉受精。湿度与作物病虫害的发生也有密切关系。小麦吸浆虫喜湿度大的环境，棉蚜、红蜘蛛则适宜在湿度较小的环境中生活；湿度大，易导致小麦锈病等多种病害流行。

3. 光

光是绿色植物生长发育最重要的因素，是光合作用的能量源泉，也是叶绿素合成的必需条件，并促进幼叶的发展和组织分化，促进植物的生长。但光对植物的生长也有抑制作用，主要原因是光破坏了生长素从而抑制了细胞的伸长生长，紫外光的这种作用更为明显，这就是高山上的植物长得低矮的主要原因之一。

光除了以能量的方式对植物产生影响外，也可以信号的方式影响植物的形态发生，这种现象称为光形态建成。以能量的方式影响植物的生长发育，就是光合作用，其光的受体是光合色素；而在以信号的光形态建成中，光的受体则是光敏素、隐花色素和紫外光受体。所以，在黑暗中生长的植物，不可能有正常的器官分化和形态建成。表现为植株瘦弱，茎细长脆嫩，机械组织不发达，节间长，叶片小、无叶绿体而呈黄白色，这种幼苗称为黄化苗。黑暗中产生黄化苗的现象称为黄化现象，如韭黄、豆芽就是在黑暗中培养的黄化苗蔬菜。

光不仅影响作物生长和发育，也直接影响农作物的产量和品质。光能利用率是指一定时间内，单位土地面积上作物光合产物中贮存的能量占其得到光能的比率。提高光能利用率的方法主要是提高单位土地面积的光能利用率和扩大复种指数。

光合作用是绿色植物吸收光能，同化二氧化碳和水，制造有机物并放出氧气的过程，所合成的有机物质主要是糖类。光合作用在自然界的物质与能量循环中至关重要，它是农业、林业和其他一切种植业及畜牧、水产养殖、渔业等的基础。植物在进行光合作用的同时，还进行着光呼吸作用。光呼吸作用与一般的呼吸作用不同，它只有在光合作用时才发生，并且要消耗光合作用制造的一部分有机物质。

在一定的光照范围内，光合速率随光照强度的增加而加大。但光照强度也不是越强越好，当光照强度达到一定程度时，光合速率不再增加。

要使作物群体生产较多的干物质，必须有一定数量的绿色叶面积，但叶面积增加将减弱群体内的光照。综合光照与叶面积两方面的因素，作物在不同发育期应有一个最适叶面积，使作物在一天中以至全生育期中光合产物的累积量最高，从而获得最高产量。

二、土壤条件

1. 土壤的酸碱度

植物的生长在很大程度上受土壤酸碱度的影响，不同的植物对土壤环境的要求不同，有的植物喜欢在特定的酸性条件下生长，有的植物则容易在碱性土壤中生长，而大部分植物的生长环境接近于中性条件。因此，考察土壤的酸碱性对植物生长的影响非常重要。

土壤的酸碱性会直接影响植物对矿物质的吸收作用。在酸性土壤环境中，植物在吸收较多阴离子的同时会抑制阳离子的吸收；在碱性土壤环境中，植物选择吸收粒子的过程则与之相反。如在碱性土壤中适量施含有更多阳离子的肥料，自然改变土壤酸碱性；而在酸性土壤中不易吸收阳离子矿物，一味施用只会造成浪费，同时也不利于植物的生长。

土壤的酸碱性影响植物对营养元素的吸收，进而影响植物的生长。氮元素在 pH 为 6 ~ 8 时容易被植物吸收并参与固氮作用；磷在 pH 为 6.5 ~ 7.5 时容易形成磷酸铁而被植物吸收；在酸性土壤中钙、镁离子容易流失，而在强碱性土壤中钙、镁离子容易沉淀，这都不利于植物的有效吸收，因此，钙、镁离子的最佳吸收土壤酸碱性条件是 pH 为 6 ~ 8。

2. 土壤的物理条件

土壤的物理条件包括土壤的颗粒大小及土壤颗粒的排列方式等，而植物生长所需要的水、空气、有机无机养分及根系的自由伸展都与土壤的物理条件密切相关。当土壤颗粒较大并且排列不规则时，不仅植物生长所需养分与水分的传递通道受阻，而且植物根系不能自由生长，额外的能量将消耗在抵抗外界土壤颗粒的挤压上，使得植物的生长大打折扣。土壤通气性不好，在影响新根产生的同时，使根的生理功能与土壤结构发生变化，影响植物新陈代谢气体与外界的交换，最终影响植物的生长。

3. 土壤中的化学元素

植物生长所需要的化学元素以有机、无机粒子的形态被植物吸收，有效地促进了植物的发育和生长。不同的元素对植物生长所起的作用各不相同，如钾元素可以促进生长点、芽以及幼叶的生长；钾具有促进植物体内酶的活化，增强光合作用，促进糖代谢，促进蛋白质合成，增强植物抗旱、抗寒、抗盐碱、抗病虫害等能力，同时钾肥在改善植物产品品质方面也起着重要作用。锌离子被植物吸收后能够有效地调节植物内部有机氮和无机氮的比例，改善植物的抗低温、抗干旱能力。铁元素以粒子形态被植物吸收，有利于植物内部活性酶、叶绿素及蛋白质的合成，增强植物新陈代谢，促进植物的生长。

4. 土壤水分

一般将土壤水分划分为吸湿水、膜状水、毛管水和重力水。根据土壤水分含量对作物生长的影响，可将土壤水分含量归结为以下三个土壤水分指标：致死量、萎蔫系数和田间最大持水量。应根据农作物的需水特性进行合理灌溉。作物种类和品种不同，对水分的需求也不同，农作物一生中各个生长发育时期对水分的需求是不同的，一般情况下生育前期和后期需水较少，中期生长旺盛，需水较多。农作物在其生长发育的不同时期，对水分的敏感程度是不一样的。对水分最敏感的时期，称为作物的水分临界期。对农作物进行合理灌溉是保证作物高产的重要前提，不及时灌溉、灌溉水分数量不足或过多都会导致农作物减产。

总之，气候条件与土壤环境作为影响植物生长的主要因素，直接关系到植物生长的健康

与否。掌握这两种因素对植物生长的影响规律对于植物生长质量的好坏及增产增收具有极其重要的意义。

任务3 认识植物对环境条件的适应

植物对环境的适应是指植物在生长发育和系统进化过程中为了应对所面临的环境条件，在形态结构、生理机制、遗传特性等生物学特征上出现的能动响应和积极调整。适应是一种结果，现存的植物是经历亿万年、代复一代地适应当时的环境条件，传承到今天所呈现的一种适应结果。能存活下来的植物，都在一定程度上表明：它越过了环境对它的挑战，它的形态结构、生理生化功能、分子生物学机制以至于它的个体特征，以及在种群、群落和生态系统中的行为，都对这种生态环境是适应的。

干旱环境的主要矛盾是缺水和光线强。如果叶片面积大，水的蒸发量也大，为此，旱生植物的叶片表面增生了许多表皮毛或白色蜡质，以减少水分的蒸发和加强对阳光的反射。如沙漠中生活的沙枣，除了老枝是栗色外，其余部分都是银白色，特别是叶片的正反面都有浓密的白色表皮毛（反面更密）。这种叶片还能分泌白色的蜡质，形成薄薄的鳞片，以减少水分的散失，在沙漠中顽强地生活下去，所以沙枣是防沙造林的优选树种。

水生植物则刚好相反，在水多的环境下，植物的叶片就向能够接受更多空气和阳光的方向变化。如金鱼藻，整个植株都生长在水中，因此它的茎和叶内都有贮藏空气的通气道，叶片变成丝裂状，这样就增加了光彩的照射面，增强了光合作用的强度。再如凤眼莲，它因浮在水面上，因此叶片变得很宽大，叶柄特别膨大，形成气室，这样就解决了水中空气不足的问题。

在高寒的环境里，气温极低，空气稀薄，阳光强烈，终年积雪。在这种环境中的植物，主要矛盾是阳光太强和温度太低。所以，高山雪莲，它的叶片紧贴地面，并有絮状白色表皮毛，这样的叶片既可防止高山疾风吹袭，并能吸收地面热量，防止热量散失，还可反射掉强烈的紫外线。依靠这种变态的结构，它们顽强地生活在高山的恶劣环境中。

在热带，温度高、阳光强、水分多，因此植物的叶片面积大，多数呈圆形、椭圆形或盾形，而且叶片表面光滑。这种叶片既可增强水分的蒸发、降低叶面温度，又因叶面光滑，可以反射强烈的阳光。另外，热带植物叶片的叶尖多数是尖凸的，这样落在叶面的水能很快流掉，防止因热带多雨，叶面被寄生植物侵袭和覆盖；同时，也便于雨水冲洗叶面上的幼虫、虫卵等，减少病虫害。

适应也是一个过程，任何植物，无论是个体还是群体，都需要随时随地应对所在的环境并做出积极的响应，这是生命维持其存在和发展的必由之路。适应也是发生在种群水平上的生物学现象，在一个种群中，适应性越强的个体，其后代在种群中的比例会越来越大。适应是相对的，任何植物对环境因子的适应性都有一定的界限范围，对某环境因子能够忍耐的最小剂量为下限临界点，忍耐的最大剂量为上限临界点，最适合植物生长时的环境因子状况为最适点，这就是植物的“三基点”，植物适应的上限和下限之间的环境范围就是植物的适应范围，又称为植物的生态幅，在该生态幅之间的环境区域就是该植物的分布区。

【知识归纳】

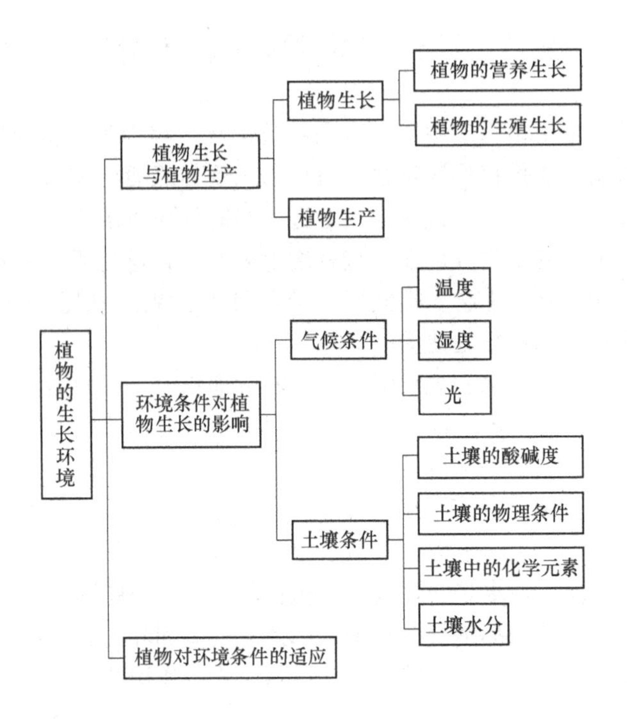

【知识巩固】

一、填空题

1. 植物的茎具有____________及____________的作用。
2. 蚕豆的种子有________片子叶。
3. 不同植物的种子，它的________、________、________等都不相同。
4. 蚕豆的种子由________、子叶、________、________四部分构成。
5. 植物的根在生长过程中，具有____________和____________的作用。

二、选择题

1. 在干燥多风的沙漠地区进行绿化，选择的最理想植物是（　　）。

A. 根系发达、矮小丛生的灌木（如沙棘）

B. 根系发达、树冠高大的乔木（如杨树）

C. 根系浅小、地上部分较大的植物（如仙人掌）

D. 根系浅小、生长快速的大叶植物（如白菜）

2. 一种生活在炎热干燥环境中的植物，可能具有（　　）。

A. 深绿色的大叶，叶两面有大量气孔

B. 深绿色的大叶，叶只在一面有孔

C. 浅绿色中等大小的叶，只在叶的上表面有气孔

D. 小而厚的叶，只有少量气孔

3. 喜欢生活在阴湿环境中的植物种类，叶片一般大而薄，主要作用是（　　）。

A. 充分利用光能　　B. 少阳光照射　　C. 适应低温　　D. 适应潮湿的环境

三、判断题

1. 凤仙花苗绿色的茎和浅绿色的子叶也能进行微弱的光合作用。(　　)
2. 种子萌发时需要的养料来自于土壤。(　　)
3. 植物在它们的生命过程中，都要经历出生、成长、繁殖、衰老直至死亡的过程。(　　)
4. 播种的时候，种子不要埋入土里太深，深度大约 1 厘米比较合适。(　　)

植物生长的土壤环境调控

【知识目标】

- 熟悉土壤的基本组成与基本性质
- 认识土壤三相物质对植物生长与土壤肥力的作用
- 认识土壤基本性质对植物生长与土壤肥力的作用

【能力目标】

- 能熟练进行土壤混合样品的采集与制备
- 能熟练判断当地土壤的质地类型，合理选种植物
- 能熟练测定当地土壤的有机质含量，判断肥力状况
- 能熟练测定当地土壤的容重，计算土壤孔隙度，判断土壤松紧状况
- 能运用所学知识进行土壤肥力因素的合理调节，培肥土壤，并对当地农业、草原、森林、城市等土壤环境进行合理调控

任务1　认识土壤的形成和基本组成

土壤是农业生产的基础，是生态系统的重要组成部分，同时也是一种十分重要的自然资源。土壤是指覆盖于地球陆地表面能够生长绿色植物的疏松物质层。“陆地表面”指明了土壤的位置，“疏松”描述了其物理状态，“能够生长绿色植物”说明了土壤的本质特征是具有肥力。

肥力是土壤最本质的特征，任何一种土壤都具有一定的肥力。土壤肥力就是土壤供给和调节植物生长发育所需要的水、肥、气、热等因素的能力。

一、土壤的形成

土壤是多因素影响下变化的客体，是成土母质在一定的水热条件和生物的作用下，经过一系列物理、化学和生物化学的作用而形成的。在这一过程中，母质与成土环境之间发生了一系列的物质、能量交换和转化，形成了层次分明的土壤剖面，出现了肥力特点。土壤与其他自然体一样，具有其本身特有的发生和发展规律。

1. 成土岩石

根据成因，可把土壤及其他自然环境中的岩石分为三大类，即岩浆岩、沉积岩和变质岩，它们在土壤中的主要类型及性质见表2-1。

表2-1　主要成土岩石的性质

类　型	名　称	矿物成分	分解产物
岩浆岩	花岗岩	主要有长石、石英、云母等	风化后易形成砂粒、黏粒，钾素含量高
	闪长岩	主要由斜长石、角闪石组成	风化产物是土壤砂粒的重要来源
	玄武岩	主要由斜长石、辉石组成	风化产物富含黏粒，养分含量高
沉积岩	砾岩	主要由粒径 > 2mm 的颗粒组成，颗粒多为石英	风化产物含砂粒多，养分缺乏
	砂岩	由粒径 2 ~ 0.1mm 的颗粒组成，颗粒多为石英	易风化砂岩含黏粒量高，养分丰富，反之风化后砂粒含量高，养分缺乏
	页岩	由粒径 < 0.1mm 的颗粒组成，成分多为黏土矿物	风化产物质地黏重，养分含量丰富
	石灰岩	主要成分为 $CaCO_3$	其产物质地黏重，有时呈碱性
变质岩	片麻岩	由花岗岩经高温高压变化而来，成分也与其相同	风化特点与花岗岩相似，抗风化能力弱于花岗岩
	千枚岩	由黏土矿物变化而来，云母含量高	易风化，产物质地黏重，养分含量丰富，钾素含量高
	板岩	由黏土矿物变化而来	其产物与页岩相似

（1）岩浆岩　岩浆岩是指在岩浆冷却过程中凝聚而成的一类岩石。其特点是没有层次，不含化石及其他有机物质。大部分岩浆岩由于在形成时与地表的环境条件相差较大，当它们裸露在地球表面时比较容易风化，在地表的含量相对较低。

（2）沉积岩　沉积岩是指由各种原先存在的岩石（岩浆岩、变质岩及原先的沉积岩）经风化、搬运、沉积后重新固结而成的岩石。由于沉积时可能有动植物的遗骸或新陈代谢的产物埋藏其内，这些物质在一定条件下可形成相应的化石。沉积岩的特点是除了可能含有化石外，一般具有成层性，同时颗粒也较岩浆岩细小，不易风化，在土壤中的含量一般高于其他种类的岩石。

（3）变质岩　变质岩是指地壳中原先存在的各种岩石在地壳运动或岩浆活动的影响下，经高温高压的作用重新结晶形成的岩石，其特点是极易风化，在地表和土壤中含量较低。

2. 土壤母质

土壤母质是指形成土壤的岩石风化物，对应的岩石称为母质。母质是土壤形成的基础，不仅土壤的矿物质起源于母质，土壤有机物质中的矿质养分也主要来源于母质。母质是土壤发生演化的起点。在物质生物小循环的推动下，母质（岩石风化壳）的表层逐渐产生肥力，从而转变成为土壤。

母质是地壳表面风化壳的表层，是原生基岩经过风化、搬运、堆积等过程于地表形成的一层疏松、最年轻的地质矿物质层，它是形成土壤的物质基础，是土壤的前身。母质不同于岩石，它已有肥力因素的初步发展，具有物质颗粒的分散性，有一定的吸附作用、透水性和蓄水性，可释放出少量矿物养分，但难以满足植物生长的需要。母质又不同于土壤，它缺乏养分，几乎不含氮、碳，通气性和蓄水性也不能同时解决。

母质按其搬运沉积情况，可分为残积母质和运积母质两大类。

（1）残积母质　残积母质是指岩石风化后，基本上不经搬运而残留在原地的物质。残积物可根据母岩的岩性进一步细分为花岗岩、玄武岩、石灰岩、页岩等的风化残积母质。

（2）运积母质　运积母质是指岩石风化后，经水、风、冰川等外力搬运而沉积在其他地区的物质。运积母质根据其搬运动力分为水积物、风积物和冰川沉积物。水积物又分为流水沉积物（包括坡积物、洪积物和冲积物）、湖积物和海积物。坡积物一般与对应残积物的母岩相同，岩性相对单一；洪积物和冲积物可从其中砾石的成分来大致判别母岩的来源，但来源一般较复杂。湖积物和海积物的起源物质一般难以辨别。风积物包括风积黄土和沙丘。冰川沉积物包括冰渍物和冰水沉积物。

3. 土壤形成过程

土壤形成过程的实质是植物营养物质的地质大循环（又称植物营养物质地质淋溶过程）与植物营养物质的生物小循环（又称生物积累过程）之间的矛盾统一过程。前者是地表岩石因风化作用而释放出的各种植物营养物质随水流进入海洋，由此形成的沉积岩一旦因海底上升再度成为陆地时，又经受风化，重新释放所含营养物质的过程。后者是岩石风化中释放出的植物营养物质一部分被植物所吸收，植物死亡后经过微生物的分解又重新释放供下一代植物吸收利用的过程。地质大循环为土壤的形成准备了条件，而生物小循环则使土壤的形成成为现实。没有地质大循环就不可能有生物小循环；没有生物小循环则成土母质不可能具有肥力特征而形成土壤。

土壤是在气候、母质、植被（生物）、地形、时间综合作用下的产物。母质是土壤形成的物质基础，构成土壤的原始材料，其组成和理化性质对土壤的形成、肥力高低有深刻影响。气候主要影响岩石风化和成土过程，土壤中有机物的分解及其产物的迁移，影响土壤的水热状况。生物是土壤形成的主导因素，特别是绿色植物将分散的、深层的营养元素进行选择性的吸收，集中在地表并积累，促进肥力的发生和发展。地形主要起再分配作用，使水热条件重新分配，从而使地表物质再分配。不同地形形成的土壤类型不同，其性质和肥力不同。时间决定土壤形成发展的程度和阶段，影响土壤中物质的淋溶和聚积。土壤是在上述五大成土因素共同作用下形成的。各因素相互影响，相互制约，共同作用形成不同类型。

二、土壤的基本组成

土壤由固相、液相及气相三相物质组成，其中气相与液相存在于土壤孔隙中。固相物质包括土壤矿物质、土壤生物及土壤有机质，土壤中气相物质种类与大气相似，土壤液相（土壤水分）中含有多种有机、无机离子及分子，从而形成土壤溶液。

（一）土壤矿物质

土壤矿物质是土壤的主要组成物质，构成了土壤的“骨骼”。土壤矿物质是所有无机物质的总和，它全部来自于岩石矿物的风化。在土壤矿物质中，除极少部分是溶于水中的无机盐外，绝大部分是由矿物和岩石两大类物质组成。土壤矿物质按产生方式不同分为原生矿物和次生矿物。

（1）原生矿物　原生矿物是指在风化过程中没有改变化学组成和结晶结构而遗留在土壤中的原始成岩矿物，是由熔融的岩浆直接冷凝所形成的矿物，如石英、长石、云母、角闪石、辉石、磷灰石等。土壤中的原生矿物主要存在于砂粒、粉砂粒等较粗的土粒中。土壤中常见原生矿物的组成和风化特点见表2-2。

表2-2　常见原生矿物的组成和风化特点

矿物名称		化学组成	风化特点及分解产物
石英		SiO_2	最不易风化，是砂粒的主要来源
长石类	正长石	$KAlSi_3O_8$	抗风化能力低于石英，易形成黏粒矿物，是钾素的主要来源
	钠长石	$NaAlSi_3O_8$	
	钙长石	$CaAl_2Si_2O_8$	
云母类	白云母	$KAl_3Si_3O_{10}(OH)_2$	白云母抗风化能力强，黑云母易风化，是土壤黏粒和钾素的主要来源
	黑云母	$K(Mg, Fe)_3(AlSi_3O_{10})(OH, F)$	
角闪石		$(Ca, Na)_{2-3}(Mg, Fe^{2+}, Fe^{3+}, Al)_5(Al, Si)_8O_{22}(OH)_2$	易风化，是土壤黏粒及其他无机养分的来源
辉石		$Ca(Mg, Fe, Al)(Si, Al)_2O_6$	稳定性差，较易风化
磷灰石		$Ca_5F(PO_4)_3$	风化缓慢，是土壤磷素的主要来源

（2）次生矿物　次生矿物是指原生矿物在风化作用过程中，经过一系列地球化学变化后所形成的新矿物。土壤的黏粒主要是由次生矿物组成，因此也称为黏粒矿物。

次生矿物大体可分为两大类：一类是铝硅酸盐类黏粒矿物，主要有高岭石、蒙脱石、伊利石；另一类是氧化物黏粒矿物，主要包括水化程度不同的铁和铝的氧化物及硅的水化氧化物，如三水铝石、针铁矿、褐铁矿等。

（二）土壤生物

土壤生物是土壤具有生命力的主要成分，在土壤形成与发育中起主导作用。土壤生物是指全部或部分生命周期在土壤中生活的那些生物，其类型包括动物、植物、微生物等各种生物类型。

1. 土壤生物类型

（1）土壤动物　土壤动物种类繁多，包括众多的脊椎动物、软体动物、节肢动物、螨类和原生动物等，如线虫、蠕虫、蜈蚣、蚂蚁、蚯蚓、蜗牛等。线虫是土壤生物中最多的种类，每平方米可达几百万个；蚯蚓是土壤中无脊椎动物中的主要种类，能分解枯枝落叶和有机质。蚂蚁可粉碎有机质并转移至深层土壤。土壤动物的生物量一般为土壤生物量的10%～20%。

（2）土壤植物　土壤植物是土壤的重要组成部分，就高等植物而言，主要是指高等植物地下部分，包括植物根系、地下块茎（如甘薯、马铃薯等）。

（3）土壤微生物　土壤微生物占生物绝大多数，种类多、数量大，是土壤生物中最活跃的部分。土壤微生物包括细菌、真菌、放线菌、藻类和原生动物等类群。其中，细菌数量最多，放线菌、真菌次之，藻类和原生动物数量最少。

2. 土壤生物的主要作用

土壤生物的主要作用是转化土壤有机质。具体表现在：将进入土壤的生命残体和其他有机物质转化为肉眼不能直接看到的普通有机质，使土壤普通有机质进一步转化为无机物或有机物，如矿质化或腐殖化。

土壤生物特别是土壤微生物把各种有机质转化为无机物质及腐殖质，不但对土壤理化性质、土壤肥力和作物生长发挥重要作用，而且对环境保护也有重要意义。各种生物在土壤中不仅起转化有机质的作用，而且通过微生物与微生物之间、微生物与作物根系之间的相互作用间接或直接地影响到作物的生长，并对土壤其他理化性质也起到一定的作用。

（三）土壤有机质

土壤有机质泛指土壤中来源于生命的物质，是土壤肥力的重要物质基础。尽管土壤有机质只占土壤总量的很少一部分，但它在土壤肥力、环境保护、农业可持续发展等方面都有重要的作用和意义。

土壤有机质的广义概念是指土壤中一切生物残体、分解及半分解的有机化合物的统称，狭义概念是指有机质经生物化学作用而生成的一类特殊的高分子聚合物，它比原来物质稳定，称为腐殖质。对于一般的农业土壤来说，它的干重只占土壤干重的1%～5%，但其对土壤理化性质和肥力的作用远大于它在重量上所占的比例。土壤有机质在自然土壤中含量差异极大，其含量大于20%的称为有机质土壤，反之为矿质土壤。

1. 土壤有机质的来源与分类

土壤有机质最早的来源是生物。自然土壤中植物残体、分泌物及排泄物是有机质的主要来源。进入土壤的外来有机质（指植物残体）所含的主要化合物、植物残体与土壤有机质组成的区别见表2-3。

表2-3　植物残体与土壤有机质组成的区别（%）

成　　分	植物残体组成	土壤有机质组成
纤维素	20～50	2～10
半纤维素	10～30	0～2
木质素	10～30	30～50
蛋白质	1～15	28～35
脂肪、蜡质、树脂等	1～8	1～8

自然土壤有机质一般呈三种形态：新鲜有机质、半分解的有机质和腐殖质。腐殖质是指有机残体在土壤腐殖质化的过程中形成的一类褐色或暗褐色的高分子有机化合物。土壤腐殖质由三大部分组成，即胡敏酸、富里酸和胡敏素，主要由碳、氧、氢、氮、磷、硫等元素及与腐殖质形成腐殖酸盐的阳离子组成。

2. 土壤有机质的转化

进入土壤的生物有机残体在微生物的作用下，进行复杂的生物化学变化过程。这个过程包括两个方面，即矿质化过程和腐殖化过程，两个过程同时进行。

（1）土壤有机质的矿质化　有机残体在土壤生物的作用下分解为简单的有机化合物，最后被彻底分解为无机物，其最终产物是水、二氧化碳及无机养分离子，如氮、磷、钾等元素的无机离子。

（2）土壤有机质的腐殖化　土壤有机质的腐殖化是指土壤有机质矿质化过程中产生的简单化合物，再经微生物作用又重新合成为新的、土壤中所特有的有机化合物——腐殖质的过程。

3. 土壤有机质的作用

（1）为植物供应多种养料　腐殖质是稳定长效的氮源物质，可供应多种养分。含氮多的腐殖质比一般腐殖物质易矿化，矿化速率可达4%～6%。矿化过程中不断释放氮、硫、磷养分。而且其转化过程中产生的有机酸、腐殖酸等物质，可以将土壤矿物质中的难溶性养分转化为可溶性养分，从而提高土壤养分的有效性。

（2）增加土壤保肥力　腐殖质带正、负电荷，能吸附土壤中的阴、阳离子，使其避免流失，保存土壤肥力。

（3）促进土壤团粒结构形成，改良土壤物理性质　腐殖质胶膜包被黏粒，使黏土块状结构变得松散，形成团粒结构；增加砂粒的黏结性，促进团粒结构的形成。使土壤通气蓄水，耕性好。

4. 土壤有机质的调节

要增加土壤中的有机质，一方面要增加有机质的来源，合理安排耕作制度，实施粮、绿轮作，增施各种有机肥料，如采取种植绿肥作物、发展畜牧业、增施有机肥料、秸秆还田等措施。另一方面则需要了解影响有机质积累和分解的因素，以便对其积累和分解过程起调节作用，使有机质的积累和消耗达到动态平衡。

（四）土壤水分与土壤空气

土壤水分和空气存在于土壤孔隙中，是土壤的重要组成物质，也是土壤肥力的重要因素，是植物赖以生存的生活条件。

1. 土壤水分

土壤水并不是纯水，而是含有多种无机盐与有机物的稀薄溶液，是植物吸水的最主要来源，也是自然界水循环的一个重要环节，处于不断变化和运动中，土壤中的许多物理、化学和生物学过程只有在水的参与下才能进行。

2. 土壤空气

（1）土壤空气的组成特性　土壤空气主要来自大气，少量是土壤生物化学过程中产生的气体。土壤空气占据于土壤孔隙中，其组成基本与大气相似，但是土壤中植物根系和微生物生命活动的影响及其生物化学作用的结果，使土壤空气和大气在组成上存在一定的差异，见表2-4。

表2-4　土壤空气与大气的平均组成（%）

气　　体	O_2	CO_2	N_2 和其他气体
大气	20.97	0.03	79.0
土壤空气	20.60	0.25	79.2

与大气相比，土壤空气的组成特点如下：土壤空气中氧气的含量比大气低；土壤中二氧的含量比大气高；土壤中的水汽呈饱和状态，而大气成非饱和状态；土壤空气中有时甲烷等还原性气体的含量远高于大气，一般是渍水土壤中含量较多，会危害植物的生长。

（2）土壤通气性　土壤空气与大气的交换能力或速率称为土壤通气性。土壤通气性通过气体的整体交换与气体分子的扩散交换得以实现。整体交换是土壤空气在温度、气压、风、雨水或灌溉水等因素的影响下，整体排出土壤，同时大气也整体进入土壤中；气体分子的扩散交换是指气体分子由浓度大处向浓度小处扩散移动，土壤空气中的 CO_2 向大气扩散，大气中的 O_2 进入土壤，所以土壤中不断地吸收 O_2，放出 CO_2，使扩散作用永远不会停止。

任务2　土壤样品的采集与制备

土壤样品的采集与制备是土壤分析工作中的一个重要环节。其采集与制备的正确与否，直接影响分析结果的准确性和有无应用价值，必须按科学的方法进行采样和制作。

一、土壤样品采集

1. 任务目的

土壤样品的采集与制备是土壤分析工作中的一个重要环节，是关系到分析结果和由此得出的结论是否正确的一个先决条件。通过试验，使学生了解采取土样的意义，掌握耕层土壤混合样品的采集方法。

2. 材料用品

铁锹、小铁铲、土钻、塑料袋、标签、旧报纸。

3. 操作规程

为使样品具有最大的代表性，在采集与制备样品的过程中，按“随机”“多点”和“均匀”的方法进行操作。

（1）选点与布点　根据土壤类型、地形、前茬及肥力状况，避免田边、路旁、沟边、挖方、填方及堆肥等特殊地方，选择典型地块，采用蛇形、对角线、棋盘式等方法布点，根据采样区域大小和土壤肥力差异情况，酌情采集5～20个点。

（2）样品采集　在确定采样点上，先将2～3mm表土刮去，然后用土钻或小铁铲垂直入土15～20cm取土，每点的取土深度、数量应尽量一致。

（3）样品混合　将各点土样在盛土盘上集中起来，选取石砾、虫壳、根系等物质，混合均匀，采用四分法，弃去多余的土，直至所需数量，以1kg左右为宜。

（4）填写标签　将采好后的土样装入布袋中，立即写标签，一式两份。一份系在布袋外，一份放入布袋内，标签写明采样地点、深度、样品编号、日期、土样名称等。同时将此内容登记在专门的记载本上备查。

二、土壤样品制备

1. 任务目的

通过土样制备，剔除非土壤成分，适当磨细、充分混匀，使分析时所称取的少量样品具有较高的代表性，在分解样品时反应更完全。通过土样制备，使学生了解土样制备的意义，学会土样混合分析样品的制备方法。

2. 材料用品

土壤筛（1mm、0.25mm）、木棒、厚纸、塑料布、研钵、广口瓶、标签。

3. 操作规程

（1）风干剔杂　将新鲜土样铺平放在木板上或光滑的厚纸上，厚2～3cm，放置在阴凉、通气清洁的室内风干，剔除根茎叶、虫体、新生物、侵入体等。严禁暴晒或受到酸碱气体等物质的污染。

（2）磨细过筛　将风干后的土样平铺在木板或熟料布上，用木棒碾碎，边磨边筛，直到全部通过1mm筛为止，3/4装瓶；剩余1/4土样，继续研磨至全部通过0.25mm筛，装瓶。

（3）样品保存　过筛后的两份土样分别充分混合后，装入具有磨口塞的广口瓶中，内外各附标签一张，标签上写明土壤样品编号、采样地点、土壤名称、深度、筛孔号、采集人

及日期等。保存期间应避免日光、高温、潮湿及酸碱气体的影响和污染，有效期一年左右。

任务 3　测定土壤质地

通过风化作用和成土作用形成的土壤无机颗粒，其大小并不相同，相同直径的土粒在不同土壤中的含量也不同。不同大小的土粒表现出来的理化性质差异较大。

一、土壤的粒级

1. 土壤分级

将土壤颗粒按粒径的大小和性质的不同分成若干级别，称为土壤的粒级。同一粒级范围内土粒的矿物成分、化学组成及性质基本一致，而不同粒级的性质有明显的差异。如何把土粒按其大小分级，分成多少个粒级，各粒级间的分界点（当量粒径）定在哪里，至今尚缺公认的标准。表 2-5 中列出了目前国际通行的两种粒级分类标准，即国际粒级制和卡庆斯基制。

表 2-5　常用土粒分级标准

<table>
<tr><th colspan="3">国际粒级制</th><th colspan="4">卡庆斯基制</th></tr>
<tr><th colspan="2">粒级名称</th><th>粒径/mm</th><th colspan="3">粒级名称</th><th>粒径/mm</th></tr>
<tr><td colspan="2" rowspan="2">石砾</td><td rowspan="2">>2</td><td colspan="3">石块</td><td>>3</td></tr>
<tr><td colspan="3">石砾</td><td>1~3</td></tr>
<tr><td rowspan="2">砂粒</td><td>粗砂粒</td><td>0.2~2</td><td rowspan="4">物理性砂粒</td><td rowspan="3">砂粒</td><td>粗砂粒</td><td>0.5~1</td></tr>
<tr><td>细砂粒</td><td>0.02~0.2</td><td>中砂粒</td><td>0.25~0.5</td></tr>
<tr><td colspan="2" rowspan="4">粉砂粒</td><td rowspan="4">0.002~0.02</td><td>细砂粒</td><td>0.05~0.25</td></tr>
<tr><td rowspan="3">粉粒</td><td>粗粉粒</td><td>0.01~0.05</td></tr>
<tr><td rowspan="6">物理性黏粒</td><td>中粉粒</td><td>0.005~0.01</td></tr>
<tr><td>细粉粒</td><td>0.001~0.005</td></tr>
<tr><td colspan="2" rowspan="3">黏粒</td><td rowspan="3"><0.002</td><td rowspan="3">黏粒</td><td>粗黏粒</td><td>0.0005~0.001</td></tr>
<tr><td>中黏粒</td><td>0.0001~0.0005</td></tr>
<tr><td>细黏粒</td><td><0.0001</td></tr>
</table>

（1）国际粒级制　国际粒级制因 1930 年莫斯科第二次国际土壤学会采用而得名。其分为 4 个粒级组，即石砾、砂粒、粉粒、黏粒。此制曾广泛采用，后因分级过少而在此制基础上重新增加粒级，演变为不同国家各自的粒级制。

（2）卡庆斯基制　卡庆斯基制由苏联土壤学家卡庆斯基修订而成。它先分为粗骨部分（>1mm 的石砾）和细土部分（<1mm 的土粒），再把后者以 0.01mm 为界分为物理性砂粒与物理性黏粒两大粒组。

生产上使用较多的土壤粒级分类标准是卡庆斯基制，根据土壤中物理性砂粒和物理性黏粒的相对含量而将土壤分成不同质地类型。

2. 不同粒级土粒的矿物和化学组成

因为岩石、母质种类和风化、成土过程的不同，各种土壤及其各粒级土粒的矿物组成有很大的差异，但对于不同的土壤来说，粗细土壤中矿物组成的分配仍有共同的规律，因而不同粒级的化学组成、理化性质也可发生相应的规律变化。

不同粒级土粒的矿物组成是不同的，砂粒和粉砂粒中以石英、云母等为主，而黏粒主要含有各种次生矿物。各种粒级土粒的化学组成相差较大。土粒较粗，二氧化硅含量越高，而铝、铁、钙、镁、钾、磷等含量下降；随着颗粒变细，这些元素含量的变化趋势正好相反。所以粒径越小的土粒中养分含量越高。

二、土壤的质地

1. 质地

土壤中各粒级土粒所占比例及其表现出的物理性质称为土壤质地。有时也把各粒级土粒所占的重量比例称为机械百分数。土壤质地所呈现的物理性质主要体现在不同粒级对土壤水分、土壤空气、土壤热量、耕性及肥力的影响，因此，它是生产上反映土壤肥力状况的一个重要指标。

2. 质地分类

按照各土粒粒级含量的不同对土壤质地类型进行划分称为土壤质地分类。与土壤粒级分类一样，也有多种质地分类标准或分类制。

（1）国际制质地分类　根据砂粒（2～0.02mm）、粉砂粒（0.02～0.002mm）和黏粒（<0.002mm）3种粒级土粒含量的比例，分为4大类12种（见表2-6）。其分类特点是，首先根据黏粒（<0.002mm）的含量确定4大类，再根据砂粒和粉砂粒的含量进一步细分：砂粒含量大于55%者，在类别前加个“砂”前缀，如大于85%，则为砂土类；粉砂粒含量大于45%者，则为质地名称前加以“粉砂”前缀。

表2-6　国际制质地分类标准（%）

质地分类		颗粒组成（质量分数）		
类型	质地名称	黏粒	粉砂粒	砂粒
砂土	砂土和壤土	0～15	0～15	85～100
壤土	砂壤土	0～15	0～15	55～85
	壤土	0～15	30～45	40～55
	粉砂壤土	0～15	45～100	0～40
黏壤土	砂黏壤土	15～25	0～20	55～85
	黏壤土	15～25	20～45	30～55
	粉砂黏壤土	15～25	45～75	0～40
黏土	砂黏土	25～45	0～20	55～75
	粉砂黏土	25～45	45～75	0～30
	壤黏土	25～45	0～75	10～55
	黏土	45～65	0～75	0～55
	重黏土	65～100	0～35	0～35

（2）卡庆斯基质地分类　依据物理性黏粒或物理性砂粒的含量将土壤质地分成3大类，再根据各类粒级含量的变化进一步细分（见表2-7）。根据不同土壤类型，划分标准有差异。对于含有砾石或石块的土壤，应先将砾石取出，测其所占比例。

表2-7　卡庆斯基质地分类标准（%）

质地分类		物理性黏粒（<0.01mm）		
类型	质地名称	灰化土	草原土，红壤	碱化土，碱土
砂土	松砂土	0~5	0~5	0~5
	紧砂土	5~10	5~10	5~10
	砂壤土	10~20	10~20	10~20
壤土	轻壤土	20~30	20~30	15~20
	中壤土	30~40	30~45	20~30
	重壤土	40~50	45~60	30~40
黏土	轻黏土	50~65	60~75	40~50
	中黏土	65~80	75~85	50~65
	重黏土	>80	>85	>65

3. 土壤质地与土壤肥力的关系

土壤质地首先影响土壤的孔隙性及养分含量，进一步影响土壤的通透性、保肥性、供肥性、土壤的温度及耕性等性质。土壤质地的不同反映出的肥力特点也不同。

（1）砂质土　砂质土的主要肥力特征为蓄水力弱，养分含量少，保肥能力差，土温变化快，但通气性、透水性好，易耕作。

由于砂质土壤含砂粒较多，黏粒少，颗粒间空隙比较大，所以蓄水力弱，抗旱能力差。砂质土本身所含养料比较贫乏，由于缺乏黏粒保肥性差；通气性、透水性较好，有利于需氧型微生物的活动，有机质分解快，肥效快、猛而不稳，前劲大后劲不足。

砂质土壤因含水量少，热容量较小，所以昼夜温差变化大，土温变化快，这对于某些作物生长不利，但有利于碳水化合物的累积。砂质土适宜种植耐旱、耐瘠薄、生育期短、早作的作物。化肥施用少量多次，后期勤追肥；多施未腐熟有机肥；勤浇水。

（2）黏质土　黏质土的主要肥力特征为保水、保肥性好，养分含量丰富，土温比较稳定，但通气性、透水性差，耕作比较困难。

由于黏质土壤含黏粒较多，颗粒细小，空隙间毛管作用发达，能保存大量的水分，但是水分损失快，保水抗旱能力差。黏质土壤含黏粒较多，一方面所含养分丰富，另一方面黏粒的胶体特性突出，保肥性好。

（3）壤土　壤土的肥力特点和农业生产特点介于砂土与黏土之间，是一种比较优良的质地类型，兼有砂土与黏土的优点，能适应大多数作物，其耕性也好。

4. 土壤质地的改良与利用

适宜作物种植和生长的土壤条件称为作物的土宜。不同的作物对土壤的要求不同，当土壤质地不适合作物生长时，或在某种质地的土壤上作物生长缓慢时，就需要更换作物种类或进行土壤质地的改良。

（1）增施有机肥，改良土性　由于有机质对土粒的黏结力比砂粒大，而弱于黏粒，施用有机肥后，可以促进砂粒的团聚，而降低黏粒的黏结力，达到改善土壤结构的目的。

（2）掺砂掺黏，客土调剂　若砂土附近有黏土、胶泥土、河泥等，可采用搬黏掺砂的办法；若黏土附近有砂土、河沙等，可采取搬砂压淤的办法，逐年客土改良，使之达到

“三泥七砂”或“四泥六砂”的壤土质地范围。

（3）引洪漫淤，引洪漫砂　对于沿江沿河的砂质土壤，采用引洪漫淤方法，达到改良砂质土壤质地的目的。对于黏质土壤，采用引洪漫砂方法，漫砂将畦口开低，每次不超过10cm，逐年进行，可使大面积黏质土壤得到改良。

（4）翻淤压砂，翻砂压淤　在具有“上砂下黏”或“上黏下砂”质地层次的土壤中，可以通过耕翻法，将上下层的砂粒与黏粒充分混合，可以起到改善土壤质地的作用。

（5）种树种草，培肥改土　在过砂过黏不良质地的土壤上，种植豆科绿肥植物，增加土壤有机质含量和氮素含量，促进团粒结构形成，从而改良质地。

（6）因土制宜，加强管理　对于大面积过砂土壤：首先营造防护林，种树种草，防风固沙；其次选择宜种植物；再次是加强管理。如采取平畦宽垅、播种宜深、播后镇压、早施肥、勤施肥、勤浇水、水肥宜少量多次等措施。对于大面积过黏土壤，根据水源条件种植水稻或水旱轮作等。

三、土壤质地测定

（一）任务目的

熟练应用简易比重计法和手测法判断当地土壤质地类型，为农业生长提供依据。

（二）方法原理

土样经物理或化学方法分散成单粒后，制成一定容积的悬浊液，使土粒在其中自由沉降。粒径越大的颗粒，沉降的速度越快。根据司笃克斯定律计算在一定温度下某一粒级土粒下沉所需时间。经过一定的沉降时间后，用特制的甲种比重计测得悬浊液小于某一粒级的土粒的比重，经计算后可得出该粒级土粒在土壤中的质量百分数，查表确定质地名称。

（三）材料用品

（1）用具　天平（感量0.01g）、量筒（1000mL、100mL）、三角瓶（500mL）、特制搅拌棒、甲种比重计、温度计（100℃）、研钵棒和角匙等。

（2）试剂

1）0.5mol/L NaOH溶液　称取20g化学纯氢氧化钠，加蒸馏水溶解后，定容至1000mL，摇匀。

2）0.25mol/L草酸钠溶液　称取33.5g化学纯草酸钠，加蒸馏水溶解后，定容至1000mL，摇匀。

3）0.5mol/L六偏磷酸钠溶液　称取51g化学纯六偏磷酸钠，加蒸馏水溶解后，定容至1000mL，摇匀。

4）2%碳酸钠溶液　称取20g化学纯碳酸钠溶于1000mL蒸馏水中。

5）异戊醇　化学纯。

6）软水　将200mL2%的碳酸钠加入到15000mL自来水中，静置过夜，上清液即软水。

（四）操作规程

1. 简易比重计法

（1）样品称量　称取通过1mm筛孔的风干土样50g（称量精确到0.01g），置于500mL三角瓶，供分散处理用。

（2）样品分散　根据土壤pH选择加入相应的分散剂，石灰性土壤加0.5mol/L的六偏

磷酸钠60mL；中性土壤加0.25mol/L的草酸钠20mL；酸性土壤加0.5mol/L的NaOH 40mL，再加100～150mL软水，研磨至少5min以上，静置30min。

（3）悬浊液制备　分散后的土样用软水洗入1000mL量筒中，并定容至满刻度；将温度计插入悬浊液测定并记录温度，查表确定沉降时间（表2-8）。用搅拌棒在沉降筒内沿上下方向充分搅拌悬浊液1min以上。搅拌结束后，让土粒自由沉降并开始记录沉降时间。

（4）比重测定　快到沉降时间时，提前半分钟将甲种比重计放入沉降筒，沉降时间一到就开始读数，并记录读数。读数以弯月面上缘为准，若有气泡，可加几滴异戊醇。

（5）空白试验　必须同时做两个空白试验，取其平均值。

表2-8　小于某粒径土粒的沉降时间

温度/℃	<0.05mm			<0.01mm			<0.005mm			<0.001mm		
	h	min	s	h	min	s	h	min	s	h	min	s
10		1	18		35		2	25		48		
11		1	15		34		2	25		48		
12		1	12		33		2	20		48		
13		1	10		32		2	15		48		
14		1	10		31		2	15		48		
15		1	8		30		2	15		48		
16		1	6		29		2	5		48		
17		1	5		28		2	0		48		
18		1	2		27	30	1	55		48		
19		1	0		27		1	55		48		
20			58		26		1	50		48		
21			56		26		1	50		48		
22			55		25		1	50		48		
23			54		24	30	1	45		48		
24			54		24		1	45		48		
25			53		23	30	1	40		48		
26			51		23		1	35		48		
27			50		22		1	30		48		
28			48		21	30	1	30		48		
29			46		21		1	30		48		
30			45		20		1	28		48		

2. 手测法

手测法是凭手的感觉和经验来判断土壤质地的方法，一般分成干测法和湿测法两种，判断标准见表2-9。

（1）干测法　剔除土样中的植物根、结核体、侵入体，3个玉米粒大小的干土块，放在拇指和食指之间捏碎，并进行摩擦，根据指压用力大小和摩擦时的感觉来判断。

（2）湿测法　取一小块土，放在手中捏碎，加少许水，以土粒充分浸润为度，根据能否搓成球、条及弯曲时断裂情况加以判断。

表 2-9　土壤质地手测法判断标准

质地名称	指间挤压或摩擦时的感觉	湿润揉搓时的表现
砂土	很粗糙，捏时有很重的沙性感，发出沙沙声	能捏成团，松散碎，不能成片
砂壤土	粗糙，干土块用小力可捏碎，摩擦有轻微沙沙声	能搓成表面不光滑的小球，不能搓成条
轻壤土	干土块稍加力挤压可碎，手捻有粗糙感	可成较薄短片，较平滑，片长不超过 1cm，可搓成直径约 3mm 土条，但提起后易断裂
中壤土	干土块稍加大力能压碎成粗细不同的粉末，稍有沙性感	可成较长薄片，平滑，可搓成直径 3mm 土条，提起易断裂，弯成小圈即断裂
重壤土	干土块用大力可挤压破碎成粗细不同粉末，无沙性感	可成较长薄片，平滑，有弱反光，可搓成直径 2mm 土条，能弯成周长 2～3cm 小圈，压扁时有缝
黏土	干土块很硬，用手不能压碎，摩擦有滑腻感	可成较长薄片，光滑，有强反光，不断裂，可搓成土条并弯曲成周长 2mm 小圈，压扁无裂缝

（五）结果分析

1. 结果计算

（1）比重计读数校正　校正值 = 分散剂校正值 + 温度校正值

其中，分散剂校正值 = 分散剂体积（mL）× 分散剂浓度（mol/L）× 分散剂相对分子质量；温度校正值可从表 2-10 中查到。

校正后读数 = 比重计读数 − 校正值

（2）小于某粒径土粒含量　小于某粒径土粒含量 = 校正后读数/烘干土样重 ×100%

2. 分析思考

1）质地测定前，为什么要对土样进行分散？

2）为什么要进行温度校正和分散剂校正？

表 2-10　甲种比重计温度校正值/℃

温　度	校 正 值	温　度	校 正 值	温　度	校 正 值
15	−1.2	19	−0.3	23	+0.9
16	−1.0	20	0	24	+1.3
17	−0.8	21	+0.3	25	+1.7
18	−0.5	22	+0.6	26	+2.1

任务 4　测定土壤有机质含量

土壤有机质是土壤的重要组成部分，是植物养分的重要来源，它对改善土壤的理化、生物性质有重要作用。因此，土壤有机质含量是判断土壤肥力高低的重要指标。测定土壤有机质含量是土壤分析的主要项目之一。

一、任务目的

通过了解土壤有机质测定原理，初步掌握测定有机质含量的方法及注意事项，能比较准

确地测定土壤有机质的含量。

二、方法原理

在加热条件下，用稍过量的标准重铬酸钾-硫酸溶液氧化土壤的有机质，剩余的重铬酸钾用标准硫酸亚铁溶液滴定，由所消耗的标准硫酸亚铁量，计算出有机碳量，进一步计算出土壤有机质的含量。其反应式如下：

$$2K_2Cr_2O_7 + 3C + 8H_2SO_4 \rightarrow 2K_2SO_4 + 2Cr_2(SO_4)_3 + 3CO_2\uparrow + 8H_2O$$

$$K_2Cr_2O_7 + 6FeSO_4 + 7H_2SO_4 \rightarrow K_2SO_4 + Cr_2(SO_4)_3 + 3Fe_2(SO_4)_3 + 7H_2O$$

用 Fe^{2+} 滴定剩余的 $Cr_2O_7^{2-}$ 时，以邻菲罗啉（$C_{12}H_8N_2$）为氧化还原指示剂。在滴定过程中指示剂的变色过程如下：开始时溶液以重铬酸钾的橙色为主，此时指示剂在氧化条件下，呈淡蓝色并被重铬酸钾的橙色掩盖，滴定时溶液逐渐呈绿色（Cr^{3+}），至接近终点时变成灰绿色。当溶液过量半滴时，溶液则变成棕红色，表示颜色已达终点。

三、材料用品

1. 仪器用品

电子天平（感量0.0001g）、硬质试管（18mm×180mm）、油浴锅、铁丝笼、电炉、温度计（0～200℃）、滴定管（25mL）、移液管（5mL）、漏斗（3～4cm）、三角瓶（250mL）、量筒（10mL、100mL）、卷纸。

2. 试剂及配制

（1）0.1333mol/L重铬酸钾（$K_2Cr_2O_7$）标准溶液　称取经过130℃烘烤3～4h的分析纯重铬酸钾39.216g，溶解于400mL蒸馏水中，必要时可加热溶解，冷却后用蒸馏水定容到1000mL，摇匀备用。

（2）0.2mol/L硫酸亚铁（$FeSO_4 \cdot 7H_2O$）溶液　称取化学纯硫酸亚铁55.60g，溶于蒸馏水中，加6mol/L的 H_2SO_4 1.5mL，再加蒸馏水定容到1000mL备用。

（3）硫酸亚铁溶液的标定　准确吸取0.1333mol/L的 $K_2Cr_2O_7$ 标准溶液5mL于250mL三角瓶中，各加6mol/L的 H_2SO_4 5mL和蒸馏水15mL，再加入邻菲罗啉指示剂3～5滴，摇匀，然后用0.2mol/L的 $FeSO_4$ 溶液滴定至棕红色为止，其浓度计算公式为

$$c = 6 \times 0.1333 \times 5.0 / V$$

式中　c——硫酸亚铁溶液摩尔浓度（mol/L）；

V——滴定用去的硫酸亚铁溶液的体积（mL）。

（4）邻菲罗啉指示剂　称取化学纯硫酸亚铁0.659g和分析纯邻菲罗啉1.485g溶于100mL蒸馏水中，贮于棕色滴瓶中备用。

（5）石蜡　石蜡（固体）或磷酸或植物油2.5kg。

（6）6mol/L硫酸溶液　在2体积水中加入1体积浓硫酸。

（7）浓 H_2SO_4　化学纯，密度为1.84g/L。

四、操作规程

1. 样品称量

准确称量通过60目筛的风干土样0.100～0.500g，放入干燥硬质试管中，记录土样质量。

2. 加氧化剂

用移液管准确加入0.1333mol/L重铬酸钾溶液5mL，再用量筒加入浓硫酸5mL，小心摇匀。

3. 加热氧化

将试管插入铁丝笼内，放入预先加热至185～190℃的油浴锅中，此时温度控制在170～180℃，自试管内大量出现气泡时开始计时，保持溶液沸腾5min，取出铁丝笼，待试管稍冷却后，用卷纸擦拭干净试管外部油液，冷却至室温。

4. 溶液转移

将试管内所含物用蒸馏水少量多次洗入250mL的三角瓶中，使溶液的总体积达60～80mL，酸度为2～3mol/L，加入邻菲罗啉指示剂3～5滴摇匀。

5. 样品滴定

用标准的硫酸亚铁溶液滴定，溶液颜色由橙色（或黄绿色）经绿色、灰绿色突变到棕红色即为终点。

6. 空白试验

在测定样品的同时，必须做两个空白试验，取其平均值，空白试验用石英砂或灼烧的土代替土样，其余步骤同土样测定（空白试验不能省略）。

五、结果分析

1. 计算

$$土壤有机质含量 = c \times (V_0 - V) \times 0.003 \times 1.724 \times 1.1/W \times 100\%$$

式中　c——硫酸亚铁溶液的摩尔浓度（mol/L）；

V_0——滴定空白时消耗的硫酸亚铁溶液体积（mL）；

V——滴定样品时消耗的硫酸亚铁溶液体积（mL）；

0.003——1/4碳原子的毫摩尔碳的质量（g）；

1.724——由有机碳换算为有机质的系数；

1.1——氧化校正系数；

W——风干土样质量（g）。

2. 思考

1）测定土壤有机质时，加入$K_2Cr_2O_7$和H_2SO_4的作用是什么？

2）为什么重铬酸钾溶液需要用移液管准确加入，而浓硫酸则可用量筒取呢？

3）滴定时溶液的变色过程，为什么会出现这样的颜色变化？

任务5　测定土壤容重与孔隙度

一、土壤孔性

土壤孔性是土壤的一项重要物理性质，对土壤肥力有多方面的影响。土壤的孔性反映在土壤的孔度、大小孔隙的分配及其在各土层的分布情况等方面。土壤的孔性如何，决定于土壤的质地、有机质含量、松紧度和结构性。调节土壤的孔性，使其有利于土壤肥力的发挥和作物的生长发育，是土壤耕作管理的重要任务之一。

（一）土壤密度、容重的概念

1. 土壤密度

单位体积的固体土粒（不包括粒间孔隙）的质量称为土壤密度或土粒密度，单位为g/cm^3。土壤密度的数值大小，主要决定于土壤矿物质颗粒组成和腐殖质含量的多少。一般土壤的密度在2.60~2.70g/cm^3范围内，通常取其平均值2.65g/cm^3，一般土壤有机质的密度为1.25~1.40g/cm^3，故土壤中有机质含量越高，土壤密度越小。

2. 土壤容重

（1）概念　土壤容重即自然状态下单位体积干燥土壤（包括土壤孔隙在内）的质量，单位为g/cm^3。其数值大小随孔隙而变化，不是常数，大体为1.00~1.80g/cm^3。它与土壤内部性状如土壤结构、腐殖质含量及土壤松紧状况有关。

水田土壤水分饱和时的单位体积土壤（折成烘干土）质量称为浸水容重。浸水容重的大小在一定程度上能反映出水稻土在泡水时的淀浆、板结和肥沃程度。

（2）特点

1）土壤容重的数值小于土粒密度。因为计算容重的体积包括土粒间的孔隙部分。

2）土壤容重可反映土壤的孔隙状况和松紧程度。砂土孔隙粗大，但数目较少，总的孔隙容积较小，容重较大；反之，黏土的孔隙容积较大，容重较小；壤土的情况介于两者之间。土壤越疏松，或是土壤中有大量的根孔、小动物穴或裂隙，则孔隙大而容重小；反之，土壤越紧实则容重越大。

3）土壤容重值经常变化。由于经常受外部因素，如降雨、灌水、耕作活动的影响，土壤容重值经常发生变化。一般来说，砂质土壤的容重变化于1.2~1.8g/cm^3之间，黏质土壤的容重变化于1.0~1.5g/cm^3之间。一定条件下土壤容重值的大小是土壤肥力高低的重要标志之一。

（3）应用　土壤容重是一个十分重要的基本数据，生产实践中有多种用途。

1）根据容重判断土壤的松紧状况。在土壤质地相同的条件下，容重的大小可以反映土壤的松紧度。容重小，表明土壤疏松多孔，结构性良好；反之，表明土壤紧实板结而缺少团粒结构。各种作物对土壤松紧度有一定的要求，过松过紧均不相宜。适宜于作物生长发育的土壤松紧度，因气候条件、土壤类型、质地和作物种类而异（表2-11）。

表2-11　土壤容重、土壤孔隙度和土壤松紧程度的关系

土壤容重/(g/cm^3)	<1.00	1.00~1.14	1.14~1.26	1.26~1.30	>1.30
孔隙度	>60	60~56	56~52	52~50	<50
松紧程度	最松	松	适当	稍紧	紧

注：资源为华北平原旱地土壤数据。

2）计算土壤质量。例如，1hm^2土地，耕层厚度为20cm，土壤容重为1.15g/cm^3，则它的总重量为

$$100\times100\times0.2\times10^6\times1.15=2.3\times10^9(g)=2.3\times10^6(kg)$$

3）计算土壤中一定土层内各种组成的数量。根据土壤容重可以计算单位面积土壤的含水量、有机质含量、养分含量和盐分含量等，作为灌溉排水、养分和盐分平衡计算以及施肥的依据。

例如，上例中的耕层土壤，现有土壤含水量为5%，要求灌水后达到25%，则$1hm^2$耕层土壤的灌水定额应为

$$2.3\times10^6\times(25\%-5\%)=4.6\times10^5(kg)$$

4）计算灌水（或排水）定额。例如测得土壤实际含水量为10%，要求灌水后达到20%，则$1hm^2$耕层土壤（深度为20cm）的灌水量为

$$m_w=2.3\times10^6\times(20\%-10\%)=2.3\times10^5(kg)$$

（二）土壤孔隙性

土壤孔隙性是指土壤孔隙的数量、大小、比例和性质的总称。由于土壤孔隙状况极其复杂，实践中难以直接测定，通常是用间接的方法，根据土壤密度、容重进行计算。

1. 土壤孔隙度

土壤孔隙度是土壤孔隙的数量标度，是指单位体积自然状态的土壤中所有孔隙容积占土壤总容积的百分数。实际工作中，可根据土壤密度和容重计算得出。

$$土壤孔隙度=(1-土壤容重/土壤密度)\times100\%$$

土壤孔隙度的变幅一般为30%～60%，适宜的孔隙度为50%～60%。例如测定土壤容重为$1.15g/cm^3$，土壤密度为$2.65g/cm^3$，求该土壤的孔隙度为

$$土壤孔隙度=(1-1.15/2.65)\times100\%=56.6\%$$

2. 土壤孔隙类型

土壤孔隙大小、形状不同，无法按其真实孔径来计算，因此土壤孔隙直径是指与一定的土壤水吸力相当的孔径，称为当量孔径。土壤水吸力与当量孔径成反比，土壤水吸力越大，则当量孔径越小。根据土壤孔隙的通透性和持水能力，将其分为3种类型，见表2-12。

表2-12　土壤孔隙类型及性质

孔隙类型	通气孔隙	毛管孔隙	无效孔隙（非活性孔隙）
当量孔径/mm	>0.02	0.002～0.02	<0.002
土壤水吸力	<15	15～150	>150
主要作用	此孔隙起通气透水作用，常被空气占据	此孔隙内的水分受毛管力影响，能够移动，可被植物吸收利用，起到保水蓄水作用	此孔隙内的水分移动困难，不能被植物吸收利用，空气及根系不能进入

3. 土壤孔隙与植物生长

生产实践表明，适宜于植物生长发育的耕作层土壤孔隙状况为：总孔隙度为50%～56%，通气孔度在10%以上，如能达到15%～20%更好；毛管孔隙度与非毛管孔隙度之比在（2～4）:1为宜；无效孔隙度要求尽量低。但不同植物和同种植物不同生育期对土壤孔隙度的要求不同，如乔木、灌木的根系穿透力强，适应的土壤松紧度范围广；而草本植物根系穿透力较弱，一般适宜在较疏松的土壤中生长。

二、土壤结构性

1. 土壤结构体

自然界中，土壤固体颗粒在内外因素的综合作用下，相互团聚成大小、形状和性质不同的土团、土块、土片等团聚体，称为土壤结构或土壤结构体。土壤结构是成土过程的产物，

不同的土壤及其发生层都具有一定的土壤结构。土壤结构性是指土壤中单粒和复粒（包括结构体）的数量、大小、形状及其相互排列和相应的孔隙状况等的综合特性。它是一项重要的土壤物理性质。通常根据土壤结构体的大小和形状划分土壤结构体类型。常见的结构体有以下几种。

（1）块状结构　块状结构体属于立方体形，纵轴与横轴大小相等，边、面一般不明显，但也不呈球形，内部较紧实。按照其大小分为大块状（轴长大于5cm）、块状（3～5cm）和碎块状（0.5～3cm）。此类结构体多出现在有机质缺乏而耕性不良的黏质土壤中，一般表土中多为大块和块状结构体，心土和底土中多为块状和碎块状结构体。

（2）核状结构　结构体长、宽、高三轴大体近似，边、面棱角明显，较块状小，大的直径为10～20mm或稍大，小的直径为5～10mm。核状结构一般多以石灰与铁质作为胶结剂，在结构面上往往有胶膜出现，故常具水稳性，在黏重而缺乏有机质的底土层中较多。

（3）柱状和棱柱状结构　纵轴远大于横轴，在土体中直立，棱角不明显的称为柱状结构体，棱角明显的称为棱柱状结构体。柱状结构体常出现于半干旱地带的心土和底土中，以碱土和碱化层中的最为典型。棱柱状结构体常见于黏重且有干湿交替的心土和底土中。

（4）片状结构　横轴远大于纵轴，呈扁平薄片状，常出现于森林土壤的灰化层和老耕地的犁底层中。此外，在雨后或灌水后所形成的地表结壳和板结层，也属于片状结构体。这种结构体不利于通气透水，会阻碍种子发芽和幼苗出土。因此，生产上要进行雨后中耕松土，以破除地表结壳。

（5）团粒结构　包括团粒和微团粒。团粒指的是近似球体、疏松多孔的小团聚体，直径为0.25～10mm。粒径在0.25mm以下的称为微团粒。农业生产上最为理想的团粒结构粒径为2～3mm。

团粒和微团粒是结构体中比较好的类型，尤其是团粒。改良土壤结构性就是指促进团粒结构的形成。

2. 土壤结构与土壤肥力

土壤结构主要是通过土壤孔径的分布来影响肥力。土壤结构对土壤肥力的作用主要体现在对土壤孔隙和土壤紧实度的影响。

块状、核状、片状和柱状结构，在形成的初期，遇水易造成土体膨胀而被堵塞，通气透水作用极微，结构体内部压实，极细孔增多。在结构体上包有氧化物胶膜时，整个结构体对作物生长更为不利。无结构的土壤，由于土粒高度分散，遇水后易淀积形成一个通透性极差的土层。所以，也不是农业上理想的土壤结构。理想的土壤结构应是大小适中、紧实度适宜，大小孔隙比例适当，土壤松紧状况适宜。团粒结构是一种优良的土壤结构，其主要特点和肥力特征如下。

（1）良好的孔隙性质　团粒结构体之间主要为通气孔隙，起到通气透水的作用；结构体内部以毛管孔隙为主，这种状况为土壤水、肥、气、热的协调创造了条件。

（2）良好的土壤水气状况　有团粒结构的土壤中，水和空气能同时并存。水能保存在团粒内部的小孔隙中，空气存在于团粒间的大孔隙中，所以能同时供给植物水分和空气。每一个团粒就是一个“小水库”。因此，具有团粒结构的土壤其通透性和保蓄性适当，有利于土壤中微生物的活动和作物的生长。

（3）养分供应和贮藏比例适当　养分方面，由于团粒间的大孔隙内有空气存在，故团粒表面的有机质能够被微生物进行好气分解，称为植物可以利用的养分；团粒内部因为有水分充塞，又因为外部进行的好气分解作用消耗了氧气而造成嫌气环境，则腐殖质得以积累，养分可以得到保存。团粒结构起到“小肥料库”的作用。

3. 土壤结构的改良

采取有效而全面的措施恢复和创造团粒结构有以下途径：

（1）精耕细作、增施有机肥　精耕细作、增施有机肥是我国目前绝大多数地区创造良好结构的主要方法。通过晒垡、冻垡以及在适耕期内进行深耕，耙、耱等耕作措施使土壤散碎，促进团粒结构的形成。施用有机肥料必须与精耕细作相结合，使土粒与有机质混合均匀，做到土肥相融，才能充分发挥腐殖质的胶结作用。

（2）注意灌水方法　大水漫灌或畦灌都易引起团粒结构破坏，使土壤板结龟裂；细流沟灌、地下灌溉等对团粒结构的破坏作用最小；进行喷灌，要注意控制水滴大小和喷水强度，尽量减轻对团粒结构的破坏。在尚无地下灌溉和喷灌条件的地区，对于密植作物只能采用畦灌，宜改大畦为小畦，以减轻破坏作用，并尽量在灌后及时松土。

（3）扩种绿肥或牧草，实行合理轮作　作物本身的根系活动和相应的耕作管理制度，对土壤结构性有利。一般来说，不论禾本科或豆科作物，一年生作物或多年生牧草，只要生长健壮、根系发达，都能促进土壤团粒形成。种植绿肥、实行牧草与作物轮作，对于改良土壤结构，培养地力，促进增产均具有重要的作用，都是改良土壤结构性的有效途径。

（4）石灰、石膏等的施用　酸性土施用石灰，钠离子饱和度高的碱土施用石膏，均有改良土壤结构性的效果。

（5）土壤结构改良剂的应用　土壤结构改良剂有两种类型，一种是以植物残体、泥岩、褐煤等为原料，从中提取腐殖酸、纤维素、木质素等物质，作为团聚土粒的胶结剂；另一种是模拟天然团粒胶结剂的分子结构和性质合成的高分子聚合物，如聚乙烯醇、聚丙烯酰胺及其衍生物等。结构改良剂的优点是：使用浓度低（一般为0.01%～0.1%），形成结构的速度快，能提高土壤贮水率和渗透率，减少土壤蒸发，改善土壤物理性，且效果可维持2～3年，对改良盐碱土理化性状及防止水土流失均有很大作用。但是，改良剂不能代替有机、无机肥料。改良剂的使用方法有干施和液施两种，施后需要耕耙土壤，使其与土壤充分混匀。

三、土壤耕性

（一）土壤的物理机械性

（1）土壤黏结性　黏结性是指土粒间由于分子引力而相互黏结在一起的性质，这种性质使土壤具有抵抗不被破碎的能力，是耕作时产生阻力的重要原因之一。

黏结性的大小因土壤质地与水分含量而不同。黏性土壤土粒黏结力强，湿润土壤水膜越薄，黏结力越强；水分增加，水膜增厚，分子引力减弱，黏结性较小；砂性土因土粒间分子引力弱，故黏结性小，但水分增加时，由于水膜拉力而产生微弱的黏结性。

（2）土壤黏着性　黏着性是土壤在一定含水量情况下，土粒黏着其他物质的性质，因此土壤过湿时进行耕作，土壤黏着性大，增加耕作阻力。

黏着性是由土粒分子与接触物体表面分子之间通过水分子引力所产生。当土壤含水量

低、水膜很薄时，土壤主要表现黏结现象；但当含水量增加、水膜加厚到一定程度时，水分子除了能被土粒吸引外，也能为各种物质（如农具、木器或人体）所吸引，表现出黏着性；随着含水量的增加，黏着性增强，达到最高后又逐渐降低。所以，土壤黏着性是在一定含水量范围内表现出来的性质。

（3）土壤可塑性 土壤在一定的含水量范围内可由外力塑成任何形状，当外力消失或土壤干燥后仍能保持其形状，这种性质称为可塑性。

开始表现可塑性的最低含水量称为下塑限；随着土壤含水量增加，使土壤可塑性消失时的含水量称为上塑限，二者间的含水范围称为塑性范围。二者的差数称为塑性值，塑性值大的土壤则可塑性强。

土壤的可塑性除与水分含量有密切关系外，还与黏粒含量及其类型密切相关，见表2-13。

表2-13 土壤质地与可塑性的关系

土壤质地	物理黏性	下塑限	上塑限	塑性值
中壤偏重	>40	16～19	34～40	18～21
中壤	28～40	18～20	32～34	12～16
轻壤偏重	24～30	21±	31±	10
轻壤偏砂	20～25	22±	30±	8
砂壤	<20	23±	28±	5

（4）土壤胀缩性 土壤吸水后体积膨胀、干燥后体积收缩的性质称为土壤胀缩性。

影响胀缩性的主要因素是土壤质地、黏土矿物类型、土壤有机质含量、土壤胶体上交换性阳离子种类以及土壤结构等。一般具有胀缩性的土壤均是黏重而贫瘠的土壤。

土壤胀缩性对农业生产影响很大，胀缩性大的土壤，湿时黏闭泥泞，土壤透水困难，通气性较差；土壤干旱时，体积收缩，土表发生龟裂，造成漏风跑墒，扯断植物根系。

（二）土壤耕性的评价标准

土壤耕性是一系列土壤物理性质和物理机械性的综合反映，是土壤在耕作时反映出来的特性，它是土壤的物理性与物理机械性的综合表现。土壤耕性的好坏可从以下3个方面来评价。

（1）耕作难易 耕作难易常作为判断土壤耕性好坏的首要条件。凡是耕作时省工、省劲、易耕的土壤，称为“土轻”“口松”“绵软”；耕作时费工、费劲、难耕的土壤，称为“土重”“口紧”“僵硬”等。通常黏质土、有机质含量少及结构不良的土壤耕作较难。

（2）耕作质量好坏 即土壤经耕作后所表现出来的土壤状况。凡是耕后土垡松散，容易耙碎，不成坷垃，土壤松紧、孔隙状况适中，有利于种子发芽、出土及幼苗生长的，称为耕作质量好，相反即称为耕作质量差。

（3）适耕期长短 耕性良好的土壤，适宜耕作时间长，表现为“干好耕、湿好耕、不干不湿更好耕”；耕性不良的土壤则适耕期短，一般只有一两天，错过适耕期不仅耕作困难，费工费劲，而且耕作质量差，表现为“早上软、晌午硬、到了下午锄不动”，也称为“时辰土”。适耕期长短与土壤质地及土壤含水量密切相关（表2-14）。

表 2-14　土壤水分状态与土壤结持性及耕性的关系

项　目	水分状态					
	干燥	湿润	潮湿	泞湿	多水	极多水
土壤结持性	坚硬	酥软	可塑	黏韧	浓泥浆	薄浆
主要性状	具有固体性质，不能捏成团，强黏结性	松散，无可塑性，黏结性低，不成块	有可塑性，但无黏着性	有可塑性和黏着性	成浓泥浆，可受重力影响而流动	成悬浮液，如液体一样易流动
耕作阻力	大	小	大	大	大	小
耕作质量	成硬土块	成小土块	成大土块	成大土块	成浮泥状	成泥浆
宜耕性	不宜	宜	不宜	不宜	不宜	宜稻田耕耙

（三）土壤耕性的改良

土壤耕性改良应当从以下几方面进行：

（1）增施有机肥料　有机肥料能够提高土壤有机质含量，利于形成良好的土壤团粒结构，从而降低黏质土的黏结性、黏着性与可塑性，而对砂质土则略有增加，因此增施有机肥料，对砂土、黏土、壤土的耕性均有改善。

（2）客土　过砂过黏的土壤，均可通过客土掺砂或掺黏改善其耕性。客土可与施用有机肥料结合进行。另外，还可根据土层质地排列状况，采取翻砂压黏或翻黏压砂的办法。

（3）合理灌溉，适时耕作　根据土壤水分状况合理灌排，可以调节与控制土壤水分，维持在宜耕范围内，以达到改善耕性、提高耕作质量的目的。

（四）土壤容重与孔隙度测定

1. 任务目的

通过测定土壤容重，掌握土壤松紧情况，学会计算任何单位面积一定厚度的土壤质量，及土壤水分和其中的各种养分含量。通过试验，使学生掌握土壤容重的测定和计算方法；了解容量和孔隙度之间的关系。

2. 方法原理

利用已知质量的环刀切割未搅动的自然状态的土样，使土样充满其中，并于烘箱中烘至恒重。利用土壤含水量将湿土重换算成干土重，再与体积的比值，计算出土壤容重，利用公式换算出孔隙度。

3. 材料用品

环刀、小铁铲、铝盒、削土刀、天平（感量0.01g）、恒温干燥箱、酒精、草纸、剪刀和滤纸等。

4. 操作规程

1）记下环刀编号，并称其重量（准确至0.01g），同时，将事先洗净、烘干的铝盒称重、编号，带上环刀、铝盒、削土刀、小铁铲到田间取样。

2）在田间选取一代表地段，挖土壤剖面，依剖面层次由上至下分层取土测定容重，测定时，用剖面刀修平土壤剖面，把环刀盖套在环刀背上，将环刀垂直压入土壤，直至环刀底孔上有土出现为止，每层重复三次。

3）测定耕作层土壤容重时，可不必挖剖面，测定时，把环盖套在环刀背上，用剖面刀

修平土壤表面，使环刀内的土壤与环刀容积相等，并将环刀外面周围泥土刮净，然后称重。

4）从环刀内取20g左右的土壤放在已知重量的铝盒中，用酒精燃烧法测定土壤水分，换算环刀内干土重。也可将采满土样的环刀，用纱布或油纸包好带回室内立即称重，在电热板上烘至近风干态，然后在105～110℃的烘箱中，烘至恒重，求环刀内干土重。

5. 结果分析

（1）结果计算

$$土壤容重=(M-G)\times100/V(100+w)$$

式中　M——环刀及湿土重（g）；

G——环刀重（g）；

V——环刀容积（cm^3）；

w——土壤含水量（%）。

$$土壤总孔隙度=(1-土壤容重/土壤密度)\times100\%$$

$$土壤毛管孔隙度=土壤田间持水量\times土壤容重$$

$$土壤非毛管孔隙度=土壤总孔隙度-土壤毛管孔隙度$$

（2）分析思考

1）测定土壤容重时为什么要保持土样的自然状态？

2）测定中应注意哪些问题？

任务6　测定土壤酸碱度

一、土壤酸碱性

土壤酸碱性又称为土壤溶液的反应，即溶液中H^+浓度和OH^-浓度比例不同而表现出来的酸碱性质。土壤酸性或碱性通常用土壤溶液pH来表示。土壤的pH表示土壤溶液中H^+浓度的负对数值，$pH=-\lg[H^+]$。我国一般土壤的pH变动范围为4～9，多数土壤的pH为4.5～8.5，极少有低于4或高于10的。“南酸北碱”就概括了我国土壤酸碱反应的地区性差异。

1. 土壤酸性

土壤中H^+的存在有两种形式，一是存在于土壤溶液中，二是吸收在胶粒表面。因此，土壤酸度可分为两种基本类型。

（1）活性酸　活性酸是指土壤溶液中H^+浓度直接反映出来的酸度，又称为有效酸度，通常用pH表示。活性酸对土壤的理化性质、土壤肥力及植物生长有直接关系。土壤的酸碱性按下表分为七级（表2-15）。

表2-15　土壤酸碱性分级

土壤pH	<4.5	4.5～5.5	5.5～6.5	6.5～7.5	7.5～8.5	8.5～9.5	>9.5
分级	极强酸性	强酸性	酸性	中性	碱性	强碱性	极强碱性

（2）潜性酸　致酸离子（H^+、Al^{3+}）被交换到土壤溶液中，变成溶液中的H^+时，才会使土壤显示酸性，所以这种酸称为潜性酸。潜在酸度是指土壤胶粒表面所吸附的交换性致酸离子（H^+、Al^{3+}）所反映出来的酸度。通常用每1000g烘干土中H^+的厘摩尔数表示，单

位为 cmol/kg。

根据测定潜在酸度时所用浸提液的不同，将潜在酸度又分为交换性酸度和水解性酸度，用过量的中性盐溶液浸提土壤时，土壤胶粒表面吸附的 H^+、Al^{3+} 被交换出来，这些离子进入土壤溶液后所表现的酸度称为交换性酸度。用弱酸强碱的盐类如醋酸钠溶液浸提土壤时，从土壤胶粒上交换出来的 H^+ 和 Al^{3+} 所产生的酸度，称为水解性酸度。

2. 土壤碱性

土壤的碱性主要来自于土壤中大量存在的碱金属和碱土金属如钠、钾、钙、镁的碳酸盐和重碳酸盐。我国华北和西北地区的一些土壤 $CaCO_3$ 含量较高，统称为石灰性土壤，土壤 pH 一般在微碱性，即 pH 为 7.5 ~ 8.5 范围内。

土壤溶液的碱性反应也用 pH 表示。我国北方石灰性土壤的 pH 测定值一般为 7.5 ~ 8.5，而含有碳酸钠、碳酸氢钠的土壤，pH 常在 8.5 以上。

土壤的碱性还决定于土壤胶体上交换性 Na^+ 的数量，通常把交换性 Na^+ 的数量占交换性阳离子数量的百分比，称为土壤碱化度。一般碱化度为 5% ~ 10% 时，称为弱碱性土；大于 20% 时，称为碱性土。

3. 土壤酸碱性反应与植物生长

（1）影响植物的生长发育　一般植物对土壤酸碱性的适应范围都较广，对大多数植物来说，在 pH 为 6.5 ~ 7.5 的中性土壤中都能正常生长发育。但也有些植物对酸碱性的要求比较严格，能起到指示土壤酸碱性的作用，故称为指示植物，如映山红、马尾松、铁芒萁等都是酸性土壤指示植物。土壤溶液的碱性物质会使植物细胞原生质溶解，破坏植物组织。酸性较强也会引起原生质变性和酶的钝化，影响植物对养分的吸收；酸度过大时，还会抑制植物体内单糖转化为蔗糖、淀粉及其他复杂有机化合物的过程。表 2-16 为主要植物最适宜的 pH 范围。

表 2-16　主要植物最适宜的 pH 范围

名　称	pH	名　称	pH	名　称	pH
水稻	6.0 ~ 7.0	烟草	5.0 ~ 6.0	栗	5.0 ~ 6.0
小麦	6.0 ~ 7.0	豌豆	6.0 ~ 8.0	茶	5.0 ~ 5.5
大麦	6.0 ~ 7.0	甘蓝	6.0 ~ 7.0	桑	6.0 ~ 8.0
棉花	6.0 ~ 7.0	胡萝卜	5.3 ~ 6.0	槐	6.0 ~ 7.0
大豆	6.0 ~ 7.0	番茄	6.0 ~ 7.0	松	5.0 ~ 6.0
玉米	6.0 ~ 7.0	西瓜	6.0 ~ 7.0	刺槐	6.0 ~ 8.0
马铃薯	4.8 ~ 5.4	南瓜	6.0 ~ 8.0	白杨	6.0 ~ 8.0
甘薯	5.0 ~ 6.0	黄瓜	6.0 ~ 8.0	栎	6.0 ~ 8.0
向日葵	6.0 ~ 8.0	杏	6.0 ~ 8.0	柽柳	6.0 ~ 8.0
甜菜	6.0 ~ 8.0	苹果	6.0 ~ 8.0	桦	5.0 ~ 6.0
花生	5.0 ~ 6.0	桃	6.0 ~ 8.0	泡桐	6.0 ~ 8.0
甘蔗	6.0 ~ 7.0	梨	6.0 ~ 8.0	油桐	6.0 ~ 8.0
苕子	6.0 ~ 7.0	核桃	6.0 ~ 8.0	榆	6.0 ~ 8.0
紫花苜蓿	7.0 ~ 8.0	柑橘	5.0 ~ 7.0		

（2）影响土壤肥力　土壤中氮、磷、钾、钙、镁等养分有效性受土壤酸碱性变化的影响很大。微生物对土壤反应也有一定的适应范围。土壤酸碱性对土壤理化性质也有影响。土壤酸碱度与土壤肥力的关系见表2-17。

表2-17　土壤酸碱度与土壤肥力的关系

<table>
<tr><td colspan="2">土壤酸碱度</td><td>极强酸性</td><td>强酸性</td><td>酸性</td><td>中性</td><td>碱性</td><td>强碱性</td><td>极强碱性</td></tr>
<tr><td colspan="2">pH</td><td>3.0</td><td>4.0　4.5</td><td>5.0　5.5</td><td>6.0　6.5　7.0</td><td>7.5　8.0</td><td>8.5　9.0</td><td>9.5</td></tr>
<tr><td colspan="2">主要分布区域或土壤</td><td>华南沿海的泛酸田</td><td colspan="2">华南黄壤、红壤</td><td>长江中下游水稻土</td><td>西北和北方石灰性土壤</td><td colspan="2">含碳酸钙的碱土</td></tr>
<tr><td rowspan="9">肥力状况</td><td>土壤物理性质</td><td colspan="4">越酸因钙、镁离子减少，氢离子增多，土壤结构易破坏，妨碍土壤中水分和空气的调节</td><td colspan="3">盐碱土中由于钠离子的作用，土粒分散，湿时泥泞不透水，干时坚硬</td></tr>
<tr><td>微生物</td><td colspan="3">越酸有益细菌活动越弱，而真菌的活动越强</td><td colspan="2">适宜于优异细菌的生长</td><td colspan="2">越碱有益细菌活动越弱</td></tr>
<tr><td>氮素</td><td colspan="3">硝态氮的有效性降低</td><td colspan="2">氨化作用、硝化作用、固氮作用最为适宜，氮的有效性高</td><td colspan="2">越碱氮的有效性越低</td></tr>
<tr><td>磷素</td><td colspan="3">越酸磷易被固定，磷的有效性降低</td><td>磷的有效性最高</td><td colspan="2">磷的有效性降低</td><td>磷的有效性增加</td></tr>
<tr><td>钾钙镁</td><td colspan="3">越酸有效性含量越低</td><td colspan="2">有效性含量随pH增加而增加</td><td colspan="2">钙镁的有效性降低</td></tr>
<tr><td>铁</td><td colspan="3">越酸铁越低，植物易受害</td><td colspan="4">越碱有效性越低</td></tr>
<tr><td>硼锰铜锌</td><td colspan="3">越酸有效性越高</td><td colspan="4">越碱有效性越低（但pH 8.5以上，硼的有效性最高）</td></tr>
<tr><td>钼</td><td colspan="3">越酸有效性越低</td><td colspan="4">越碱有效性越高</td></tr>
<tr><td>有毒物质</td><td colspan="3">越酸铝离子、有机酸等有毒物质越多</td><td colspan="4">盐土中过多的可溶性盐类以及碱土中的碳酸钠对植物有毒害</td></tr>
<tr><td colspan="2">指示植物</td><td colspan="3">酸性土：铁芒箕、映山红、石松等</td><td colspan="4">钙质土：蜈蚣草、铁丝蕨、南天竺等
盐土：虾须草、盐蒿、扁竹叶、柽柳等
碱土：剪刀股、碱蓬、牛毛草、麻陆等</td></tr>
<tr><td colspan="2">化肥施用</td><td colspan="3">宜施用碱性肥料</td><td colspan="4">宜施用酸性肥料</td></tr>
</table>

4. 土壤酸碱性的调节

我国北方有大面积的碱性土壤，南方有大面积的酸性土壤。土壤过酸过碱都不利于植物生长，需要加以改良。

南方酸性土壤施用的石灰，大多数是生石灰，施入土壤中发生中和反应和阳离子交换反应。生石灰碱性很强，因此不能与植物种子或幼苗的根系接触，否则易灼烧致死。石灰使用量经验做法是pH为4～5，石灰用量为750～2250kg/hm^2；pH为5～6，石灰用量为375～1125kg/hm^2。除石灰外，在沿海地区用含钙质的贝壳灰改良；我国四川、浙江等地也有钙质紫色页岩粉改良酸性土的经验。另外，草木灰既是钾肥又是碱性肥料，可用来改良酸性土。

碱性土中交换性 Na^+ 含量高，生产上用石膏、黑矾、硫黄粉、明矾、腐殖酸肥料等来改良碱性土，一方面中和了碱性；另一方面增加了多价离子，促进土壤胶粒的凝聚和良好结构的形成。另外，在碱性或微碱性土壤中栽培喜酸性的花卉，可加入硫黄粉、硫酸亚铁来降低土壤碱化，使土壤酸化。

二、土壤缓冲性

土壤的缓冲性是指土壤抵抗外来物质引起土壤酸碱反应剧烈变化的能力和性质，即在土壤中加入少量酸性或碱性物质后，可使土壤的酸碱度经常保持在一定范围内，避免因施肥、根系呼吸、微生物活动、有机质分解等引起土壤反应的显著变化。

1. 土壤缓冲性产生的原因

（1）土壤胶体的离子交换吸收作用　当土壤因加入酸而使 H^+ 浓度增加时，部分 H^+ 通过阳离子交换作用进入胶粒表面，其他阳离子解吸进入土壤溶液；而当碱性物质进入土壤时，土壤胶粒上的部分 H^+ 进入溶液与 OH^- 反应，而溶液中其他阳离子进入胶粒表面。

（2）弱酸及其盐类组成的缓冲体系　土壤溶液中含有多种无机酸和有机弱酸及与它们组成的盐，如碳酸及碳酸盐、磷酸及磷酸盐、硅酸及硅酸盐、腐殖酸及腐殖酸盐等，构成了良好的缓冲体系。

（3）两性物质的作用　两性物质是指在一个分子中既可带正电荷也可带负电荷的物质，通常是一些高分子有机化合物。土壤中的蛋白质、氨基酸、胡敏酸等都是两性物质。两性物质的存在，使带正电荷的基团可以与酸结合，带负电荷的基团可以与碱结合，起到了稳定土壤的 pH 的作用。

2. 影响土壤缓冲性的因素

（1）土壤质地　土壤质地越黏重，土壤的缓冲性能越强；质地越沙，缓冲性能越弱。

（2）土壤胶体的种类　有机胶体的缓冲性能大于无机胶体，而在无机胶体中，缓冲性能的大小顺序为：蒙脱石 > 水云母 > 高岭石 > 铁铝氧化物及其含水氧化物。

（3）土壤有机质　土壤有机质的缓冲能力远大于无机胶体。因此土壤有机质含量高的土壤，其缓冲性能越强；反之，越弱。

3. 土壤缓冲性的调节

土壤缓冲性能在生产上有重要的作用。虽然土壤具有缓冲能力，但外来酸碱加入量过多，以及不同土壤缓冲容量不同，可导致土壤 pH 的变化超出作物和土壤其他生物能够忍受的程度，这时就需要调节土壤的 pH。在农业生产上，可通过砂土掺淤，增施有机肥料和种植绿肥，提高土壤有机质含量，增强土壤的缓冲性能。

三、土壤的吸收性能

（一）土壤胶体

1. 土壤胶体的构造

胶体是直径在 1 ~ 100nm 的物质颗粒。对于土壤来讲，直径在 1 ~ 1000nm 之间的土粒都归属于土壤胶粒的范围。根据卡庆斯基制和国际制的粒级分类表，粒径 < 0.001mm 或 < 0.002mm 的土粒属于黏粒，所以土壤黏粒大部分具有胶体的性质。土壤胶体分散系是以土壤胶粒为分散相和土壤溶液为分散介质所组成的。构造上从内到外可分为微粒核、决定电

位离子层、补偿离子层三部分。微粒核是由黏粒矿物或腐殖质等物质组成。在微粒核表面由于分子的解离而产生带有某种电荷的离子，该离子层称为决定电位离子层。由于决定电位离子层的存在，必然要吸附分散介质中与其电荷相反的离子以达到平衡，该相反的离子层称为补偿离子层。

2. 土壤胶体的种类

根据胶体微粒核的组成物质的不同将土壤胶体分成三大类。

（1）无机胶体　无机胶体也称为矿质胶体，是指胶体微粒核组成物质是无机物质的胶体。它可分成结晶质和非结晶质两类。前者主要是指次生层状铝硅酸盐矿物；后者是指土壤中硅、铁、铝的氧化物及含水氧化物。

（2）有机胶体　有机胶体是指胶体微粒核组成物质为土壤有机质的胶体，其主要成分是土壤腐殖质。这类胶体稳定性相对较低，较易被微生物分解，因而要经常通过施用有机肥来补充。

（3）有机无机复合胶体　这种胶体的主要特点是其微粒核的组成物质是土壤有机质与土壤矿物质的结合体。通常，土壤有机质并不单独存在于土壤中，而是与土壤矿物质特别是黏土矿物通过一定的机理结合在一起，形成有机无机复合体，又称为吸收性复合体。这样的结合可形成良好的团粒结构，改善土壤保肥、供肥性能和多种理化性质。一般来讲，越是肥沃的土壤，有机无机复合物胶体的比例越高。

3. 土壤胶体的特性

（1）土壤胶体具有巨大的比表面和表面能　比表面（简称比面）是指单位质量或单位体积物体的总表面积（单位为 cm^2/g 或 cm^2/cm^3）。

越细的颗粒，其比表面积越大。对于部分次生层状铝硅酸盐矿物来讲，不但具有较大的外表面积，其内表面积也很大。巨大的表面积产生较大的表面能，对分子和离子产生较大的吸引力。表面积越大，吸附能力越强。表面吸附也是土壤的一种保肥方式，所以，土壤颗粒越细，其保肥能力越强。

（2）土壤胶体具有带电性　所有土壤胶体都带有电荷，使土壤具有带电性。根据土壤胶体电荷产生的原因，可将电荷分为两种。

1）永久电荷。黏粒矿物或小部分次生矿物晶层内的同晶置换作用所产生的电荷称为永久电荷。该种电荷的数量主要与矿物类型及其化学结构有关，而与土壤溶液的 pH 高低没有直接关系，故称为永久电荷。对于次生层状铝硅酸盐矿物而言，蒙脱石所带电荷最多，高岭石最少，水云母介于两者之间。

2）可变电荷。土壤胶体中电荷数量和性质随溶液 pH 变化而变化的那部分电荷称为可变电荷。

（3）土壤胶体的凝聚性和分散性　土壤胶体有两种状态，一种是溶胶，即胶体颗粒均匀地分布在分散剂中；另一种为凝胶，即胶体颗粒相互团聚在一起而呈絮状沉淀。

胶体由溶胶变成凝胶的过程称为胶体的凝聚作用；由凝胶变成溶胶的过程称为胶体的分散作用。胶体的凝聚和分散作用主要取决于胶体颗粒表面的电荷状况的变化。

在土壤中，胶体处于凝胶状况，可以形成水稳性团粒，对土壤理化性质有良好的作用。所以，农业生产上常用干燥、冻结、晒田等方法增加土壤溶液中电解质的浓度，以促进土壤胶体的凝聚，改善土壤的结构和一些不良的物理性质。

（二）土壤吸收性能的类型

土壤吸收性能是指土壤能吸收和保持土壤溶液中的分子、离子、悬浮颗粒、气体（CO_2、O_2）以及微生物的能力。根据土壤对不同形态物质吸收、保持方式的不同，可分为以下五种类型。

（1）机械吸收　机械吸收是指土壤对进入土体的固体颗粒的机械阻留作用。土壤是多孔体系，可将不溶于水中的一些物质阻留在一定的土层中，起到保肥作用。这些物质中所含的养分在一定条件下可以转化为植物吸收利用的养分。

（2）物理吸收　物理吸收是指土壤对分子态物质的吸附保持作用。土壤利用分子引力吸附一些分子态物质，如有机肥中的分子态物质（尿酸、氨基酸、醇类、生物碱）、铵态氮肥中的氨气分子（NH_3）及大气中的二氧化碳（CO_2）等。物理吸收保蓄的养分能被植物吸收利用。

（3）化学吸收　化学吸收是指易溶性盐在土壤中转变为难溶性盐而保存在土壤中的过程，也称为化学固定。如把过磷酸钙肥施入石灰性土壤中，有一部分磷酸钙会与土壤中的钙离子发生反应，生成难溶性的磷酸三钙、磷酸八钙等物质，不能被植物吸收利用。

（4）离子交换吸收　离子交换吸收是指土壤溶液中的阳离子或阴离子与土壤胶粒表面扩散层中的阳离子或阴离子进行交换后而保存在土壤中的作用，又称为物理化学吸收作用。这种吸收作用是土壤胶体所特有的性质，由于土壤胶粒主要带有负电荷，因此绝大部分土壤发生的是阳离子交换吸收作用。离子交换吸收作用是土壤保温供肥最重要的方式。

（5）生物吸收　生物吸收是指土壤中的微生物、植物根系以及一些小动物可将土壤中的速效养分吸收保留在体内的过程。生物吸收的养分可以通过其残体重新回到土壤中，且经土壤微生物的作用，转化为植物可吸收利用的养分，因此这部分养分是缓效性的。

（三）离子交换吸收

土壤离子交换可分为两类：一类为阳离子交换作用，另一类为阴离子交换作用。前者为带负电胶体所吸附的阳离子与溶液中的阳离子进行交换作用；后者为带正电胶体吸附的阴离子与溶液中的阴离子进行交换作用。离子交换具有等价交换和可逆反应的特点。

（1）土壤阳离子交换作用　土壤胶体通常带有大量负电荷，因而能从土壤溶液中吸附阳离子以中和电荷，被吸附的阳离子在一定的条件下又可被土壤溶液中其他阳离子从胶体表面上交换出来，即阳离子交换作用。例如土壤胶粒上原来吸附着 Ca^{2+}，当施入氯化钾肥后，Ca^{2+} 可被 K^+ 交换出来进入溶液，而 K^+ 则被土壤胶粒所吸附。其反应式为

$$\boxed{土壤胶粒}Ca^{2+} + 2KCl = \boxed{土壤胶粒}\begin{matrix}K^+\\ \\K^+\end{matrix} + CaCl_2$$

（2）阳离子交换能力　阳离子交换能力是指一种阳离子将胶体上另一种阳离子交换出来的能力。各种阳离子交换能力大小的顺序为

$$Fe^{3+} > Al^{3+} > H^+ > Ca^{2+} > Mg^{2+} > NH_4^+ > K^+ > Na^+$$

交换能力还受到离子浓度的影响，交换能力弱的离子，若溶液中浓度增大，也可将交换能力强的离子从胶体上交换出来，在施肥、酸性土壤改良中均可运用此规则。

（3）土壤阴离子交换作用　土壤阴离子交换作用是指土壤中带正电荷胶体吸附的阴离子与土壤溶液中阴离子相互交换作用。常见阴离子交换吸收力的大小的顺序为

$$Cl^-、NO_3^- < SO_4^{2-} < PO_4^{3-} < OH^-$$

土壤中的阴离子根据被土壤吸收的难易分为3类：

1）易于被土壤吸附的阴离子：如硅酸根（$HSiO_3^-$、SiO_3^{2-}）、磷酸根（PO_4^{3-}、$H_2PO_4^-$、HPO_4^{2-}）及某些有机酸的阴离子。此类阴离子常和阳离子起化学反应，产生难溶性化合物。

2）很少或不被吸附的阴离子：如氯离子（Cl^-）、硝酸根离子（NO_3^-）、亚硝酸根离子（NO_2^-）等。由于它们不能和溶液中的阳离子形成难溶性盐类，而且不被土壤带负电胶体所吸附，甚至出现负吸附，极易随水流失。

3）介于上述两者之间的阴离子：如硫酸根离子（SO_4^{2-}）、碳酸根离子（CO_3^{2-}）、碳酸氢根离子（HCO_3^-）及某些有机酸的阴离子，土壤吸收它们的能力很弱。

（四）土壤吸收性能的调节

（1）调节土壤胶体状况　对于保肥性能差的砂土，可增加其胶体物质的含量。有条件的可实行翻淤压砂、放淤压砂或掺黏改砂等。使用有机肥料或种植绿肥作物也是改善土壤胶体性状的重要措施。

（2）调节土壤交换性阳离子的组成　酸性土壤使用石灰，以Ca^{2+}交换胶体上的H^+，可改良土壤性质，并使土壤微生物的活动加强；碱性土壤用Ca^{2+}交换Na^+，也可收到良好效果。

四、土壤酸碱度的测定

（一）任务目的

通过本项技能训练，使学生明确测定土壤酸碱度的意义并了解其测定原理，初步掌握不同的测定土壤pH的方法，确定土壤的酸碱度等级，有利于合理利用土壤。

（二）方法原理

（1）混合指示剂比色法　利用指示剂在不同pH溶液中显示不同颜色的特性，根据其显示颜色与标准酸碱比色卡进行比色，确定土壤溶液的pH。

（2）电位测定法　用水浸液或盐浸液提取土壤中水溶性或交换性氢离子，再用指示电极（玻璃电极）和另一参比电极（甘汞电极）测定该浸出液的电位差。由于参比电极的电位是固定的，因而电位差的大小取决于试液中的氢离子活度。在酸度计中可直接读出pH。

（三）材料用品

1. 混合指示剂比色法的材料与试剂

（1）用具　白瓷比色板、研钵等。

（2）pH 4～8混合指示剂　分别称取溴甲酚绿、溴酚紫及甲酚红各0.25g于研钵中，加0.1mol/L的NaOH 15mL及蒸馏水5mL，共同研匀，再加蒸馏水稀释至1000mL，此指示剂的pH变色范围见表2-18。

表2-18　所配pH 4～8混合指示剂变色范围

pH	4.0	4.5	5.0	5.5	6.0	6.5	7.0	8.0
颜色	黄	绿黄	黄绿	草绿	灰绿	灰蓝	蓝紫	紫

（3）pH 4～11混合指示剂　称取0.2g甲基红、0.4g溴百里酚蓝、0.8g酚酞，在研钵中混合研匀，溶于400mL 95%酒精中，加蒸馏水580mL，再用0.1mol/L NaOH调至pH = 7（草绿色），用pH计或标准pH溶液校正，最后定容至1000mL，其pH变色范围见表2-19。

表 2-19　所配 pH 4～11 混合指示剂变色范围

pH	4	5	6	7	8	9	10	11
颜色	红	橙	黄	草绿	绿	暗蓝	紫蓝	紫

2. 电位测定法的材料与试剂

（1）用具　酸度计（附甘汞电极、玻璃电极）、高型烧杯（50mL）、量筒（25mL）、天平（感量 0.01g）、洗瓶、磁力搅拌器等。

（2）pH 4.01 标准缓冲液　称取经 105℃烘干 2～3h 的苯二甲酸氢钾（$KHC_8H_8O_4$，分析纯）10.21g，用蒸馏水溶解，定容至 1000mL，即为 pH 4.01，浓度 0.05mol/L 的苯二甲酸氢钾溶液。

（3）pH 6.87 标准缓冲液　称取经 120℃烘干的磷酸二氢钾（KH_2PO_4，分析纯）3.39g 和无水磷酸二氢钠（Na_2HPO_4，分析纯）3.53g，溶于蒸馏水中，定容至 1000mL。

（4）pH 9.18 标准缓冲液　称取 3.80g 硼砂（$Na_2B_4O_7 \cdot 10H_2O$）溶于无 CO_2 的蒸馏水中，定容至 1000mL。溶液的 pH 容易变化，应注意保存。

（5）1mol/L 氯化钾溶液　称取化学纯氯化钾（KCl）74.6g，溶于 400mL 蒸馏水中，用 10% 氢氧化钾和盐酸调节 pH 至 5.5～6.0，然后稀释至 1000mL。

（四）操作规程

1. 混合指示剂比色法操作规程

取黄豆大小待测土样品，置于清洁白瓷比色板的穴中，加指示剂 3～5 滴，以能全部湿润样品而稍有剩余为宜，用玻璃棒充分搅拌，稍澄清，倾斜瓷板，观察溶液色度与标准色卡比色，确定 pH。

2. 电位测定法操作规程

（1）仪器标准

1）将待测液与标准缓冲液调到同一温度，并将温度补偿器调到该温度值。

2）用标准缓冲溶液校正仪器时，先用电极插入与所测样品 pH 相差不超过 2 个 pH 单位的标准缓冲液，启动读数开关，调节定位器使读数刚好为标准液的 pH。

3）取出电极洗净，用滤纸条吸干水分，再插入第二个标准缓冲液中，进行校正。

（2）土壤水浸提液 pH 的测定

1）称取通过 1mm 筛孔的风干土样 25.0g，放入 50mL 烧杯中，用量筒加入无 CO_2 蒸馏水 25mL，在磁力搅拌器上（或用玻璃棒）剧烈搅拌 1～2min，使土体充分分散。放置 30min，此时应避免空气中 NH_3 或发挥性酸等的污染。

2）将电极插入待测液中，轻轻摇动烧杯以除去电极上水膜，使其快速平衡，静置片刻，按下读数开关，待读数稳定时记下 pH。

3）放开读数开关，取出电极，用水洗涤，用滤纸条吸干水分，再进行第二个样品测定。

（3）土壤的氯化钾盐浸提液 pH 的测定　对于酸性土，当水浸提液的 pH 低于 7 时，用浸提液测定才有意义。测定方法除 1mol/L 氯化钾溶液代替无 CO_2 蒸馏水外，其余操作步骤与水浸提液相同。

（五）结果分析

1. 结果计算

1）混合指示剂比色法通过观察溶液色度与标准色卡比色，直接确定土壤的 pH。

2）电位测定法在酸度计上直接读取的值即为 pH。

2. 分析思考

1）测定土壤酸碱度有何意义？

2）用电位法测土壤酸碱度时，以蒸馏水和氯化钾做浸提液分别测得的土壤酸碱度有什么不同？

任务7　调控植物生长的土壤环境

一、高产肥沃土壤的培育

1. 高产肥沃土壤的特性

高产肥沃土壤最本质的特征是具有优良的肥力状况，也就是能充分、及时地满足和协调作物生长发育所需要的水、肥、气、热等因素的能力。我国土壤资源极为丰富，农业利用方式十分复杂，因此高产稳定肥沃土壤的性状也不尽相同，有其特殊性。高度肥沃土壤与同地区一般土壤相比具有以下特征：

（1）良好的土体构造　土体构造一般是指在1m深度内上下土层的垂直结构，包括土层厚度、质地和层次组合。肥沃土壤一般具有上虚下实的土体构造。耕作层疏松、深厚、质地较轻；心土层较坚实，质地较重，上下土层密切配合，成为能协调供应作物高产所需水、肥、气、热等条件的良好构型。

（2）适量的土壤养分　肥沃土壤的养分含量不是越多越好，而要适量，达到一定的水平。北方高产旱作土壤，有机质含量一般为15～20g/kg，全氮含量达1.0～1.5g/kg，速效磷（P_2O_5）含量为10mg/kg以上，速效钾（K_2O）含量为150～200mg/kg。肥沃水稻土的适量有机质含量为20～40g/kg，全氮量为1.3～2.3g/kg，全磷和全钾量分别为1～15g/kg。

（3）良好的物理性质　肥沃土壤具有良好的物理性质，如质地适中，有较多的水稳性和临时性的团聚体，孔隙性好，因此，有良好的水、气、热状况。此外，肥沃水稻土必须有适度的渗漏性质。

2. 高产肥沃土壤的培育措施

培育高产肥沃土壤，不断提高土壤肥力，必须在农田基本建设、创造高产土壤环境条件的基础上，进一步运用有效的农业技术措施来培肥土壤。

（1）增施有机肥料，科学施肥　增施有机肥是培育肥沃土壤并持续优质高产的关键。首先，通过发展畜牧业，养畜积肥，增加有机肥源。其次，大力推广秸秆还田，采取有机肥堆沤还田、直接粉碎翻压还田、作为饲料过腹还田、生物覆盖还田等。最后，广种绿肥，结合当地生产实际，因地制宜地多途径提高土壤肥力。

（2）合理灌溉　首先要注意灌溉方法，如稻田实行格田灌排、旱作物实行小畦匀灌、防止大水漫灌，有条件的地方积极发展喷灌、滴灌和地下渗灌等先进技术。灌溉和排水是农田水利建设的两个方面，必须全面配套，不可偏废，只灌不排不仅不能抗御洪涝自然灾害，而且还会抬高地下水位，引起盐碱、涝渍水害。因此，高产肥沃土壤区应逐步发展为灌排渠系配套的高标准园田。

（3）合理轮作，用养结合　正确的轮作可使土壤中的养分、水分得到合理利用，充分发挥生物样地、培肥增产的良好作用。同时还可以减少病虫害对作物的危害，促进丰产丰

收。合理搭配耗地作物（如水稻、小麦、玉米等）、自养作物（大豆、花生等）、养地作物（草木樨、紫云英等），做到作物生长过程中的供求平衡。

轮作、间作、套种的类型很多，各地可根据自然条件和生产实际，因地制宜合理安排。如绿肥作物与粮食作物或经济作物等的轮作、豆类作物与粮棉作物轮作、水旱轮作。间作套种主要方式有密播粮食作物与豆科作物间套作、粮食作物或经济作物与豆科作物间套作等。

（4）深耕改土，加速土壤熟化　深耕结合施用有机肥料，是培肥改土的一项重要措施，但深耕的深度要注意逐步加深，不乱土层。深耕时间要因地制宜，华北和西北地区以秋耕和伏耕为佳；南方水稻麦两茬、水旱轮作大多在秋种或冬种前进行深耕；但在南方两稻一肥地区冬前要赶种绿肥，只有在春天翻压绿肥时进行深耕。无论伏耕、秋耕或冬耕，都要力求早耕，争取较长的晒垡、风化时间，以促进土壤熟化和养分释放。另外，深耕还应与耙耱、施肥、灌溉等耕作管理措施相结合。

（5）防止土壤侵蚀，保护土壤资源　运用合理的农、林、牧、水利等综合措施，防止土壤侵蚀，如加强农田和牧场基本建设，植树造林和种植牧草，严禁滥伐破坏森林和过度开垦放牧，发展水利，加强灌溉等。

二、设施栽培土壤的管理

1. 设施栽培土壤的特性

设施栽培土壤也称为保护地土壤，是指温室、塑料大棚、小拱棚、地膜覆盖条件下的土壤。园艺设施内一般温度较高，空气湿度大，气体流动性差，光照较差；而作物种植茬次多，生长期长，故施肥量大，根系残留量也较多，因而使得土壤环境与露地土壤很不相同，影响设施栽培植物的生长发育。

设施栽培与露地栽培是两个不同的环境条件，在土壤形成和性质上也产生了很大的差异，归纳起来主要有以下几个方面：一是土壤温度高；二是土壤水分相对稳定、散失少；三是土壤养分转化快、淋失少；四是土壤溶液浓度易偏高；五是土壤微生态环境恶化，易于滋生一些致病菌、有害菌和土壤害虫，使土壤生物学性质恶化，栽培作物病虫危害加重；六是营养离子平衡失调，导致营养失调；七是易产生气体危害；八是土壤消毒后产生过多的铵和有效态锰，从而对作物产生毒害。

2. 设施栽培土壤的培肥管理

（1）施足有机底肥　由于设施栽培条件下，土壤比较疏松，好气性微生物活跃，加快了土壤有机质矿质化的过程。因此，必须增施富含有机质的堆厩肥，以免中后期因有机质含量降低导致土壤养分缓冲能力减弱而发生缺肥。

（2）整齐起垄　在充分施用有机肥的前提下，提早进行灌溉、翻耕、耙地、镇压等工作，有条件的最好进行秋季深翻。设施栽培主要问题是整地起垄，起垄最好能做成“圆头形”，也就是垄的中央略高，两边呈缓坡状有利于覆盖地膜。垄以南北方向延长为宜，高度一般条件下为10～30cm，垄做好后要进行1～2次轻度镇压，使表里平整，有利于土壤毛细管水分和养分向上运输。

（3）适时覆膜　覆膜既有利于提高地温，又有利于控制土壤水分蒸发，降低设施内空气湿度，减少作物病害发生，这是设施栽培主要技术工作之一。

（4）膜下适量浇水　根据设施栽培条件下的土壤水分变化规律、运动特点，在浇透底

墒的基础上，一般是不浇水或少浇水，需浇水时以膜下浇水为宜，以免水分偏多、空气湿度大而产生一系列不良影响。

（5）控制化肥追施量　设施栽培下的土壤溶液浓度易升高、养分离子平衡易失调，铵态氮肥用量过多而产生气体危害等，所以应给予必要的最小限度的追施化肥用量，特别是氮肥。为此，适当控制氮肥用量，适当增施磷、钾肥是必要的。

（6）其他管理措施　多年设施栽培条件下，土壤性状和微生态环境易恶化，连茬种植前最好进行土壤消毒。在土壤消毒前，不要施过多的肥料和氮肥，消毒后充分搅动土壤2～3次，让土壤与空气多接触。有条件的地方也可进行淹水处理或栽培水稻等措施，以改善土壤的理化性质，增加土壤腐殖质，改善土壤生态环境。

三、城市土壤的管理

1. 城市土壤的特性

城市土壤是指由于人为的、非农业作用形成的，并且由于土地的混合、填埋或污染而形成的厚度大于或等于50cm的城区或郊区土壤。城市土壤的形成是人类长期活动的结果，主要分布在公园、道路、体育场馆、城市河道、郊区、企事业和厂矿周围，或者简单地成为建筑、街道、铁路等城市和工业设施的“基础”而处于埋藏状态。城市土壤与自然土壤、农业土壤相比，既继承了原有自然土壤的某些特征，又由于人为干扰活动的影响，形成了不同于自然土壤和耕作土壤的特性。

（1）土壤密实、结构差　在城市地区，土壤坚实度明显大于郊区的土壤，一般越靠近地表坚实度越大。土壤坚实度的增大使土壤的空气减少，导致土壤通气性下降，土壤中氧气常不足，这对树木根系进行呼吸作用等生理活动产生及不利的影响，严重时可使根组织窒息死亡。

（2）土壤污染严重　城市污染物主要有污水、污泥和固体废弃物等。污水成分复杂，其含有的悬浮物、有机物、可溶性盐类、合成洗涤剂、有机毒物、无机毒物、病原菌、病毒、寄生虫等成分，进入土壤后可以改变土壤水的性质或成为土壤的组分，影响土壤水分功能的发挥，抑制生物种群数量和生物活性及物质循环。固体废弃物大都含有重金属，甚至含有放射性物质，这些物质经过长期暴露，被雨水冲洗和淋溶后，溶入水中，通过地表径流进入水体从而对土壤造成污染，长此以往将导致城市土壤污染日益严重。

（3）土壤侵入体多　城市土壤很多是建筑垃圾土，建筑土壤中含有大量建筑后留下的砖瓦块、砂石、煤屑、碎木、灰渣和灰槽等建筑垃圾，其常常会使植物的根无法穿越而限制其分布的深度和广度。

（4）土壤养分匮缺　城市植物的枯枝落叶作为垃圾而被清除运走，使土壤营养元素循环中断，降低土壤有机质的含量，城市渣土中所含养分既少且难以被植物吸收，随着渣土含量的增加，土壤可给的总养分相对减少，另外城市行道树周围铺装混凝土沥青等封闭地面，严重影响大气与土壤之间的气体交换，使土壤中缺乏氧气，不利于土壤中有机物质的分解，减少了养分的释放。

2. 城市土壤的改良

（1）合理施肥　增加土壤养分是为改善植物养分贫乏的状况，结合城市土壤改良，进行人工施肥，采取适用于城市植物的施肥器械及施肥方法，增加土壤有机质含量。施肥时间、深度、范围和施肥量等的确定，要以有利于植物根系吸收为宜。还可选栽具有固氮能力的植物以改善土壤的低氮状况。

(2) 改善土壤通气状况　为减少土壤密实对城市植物生长的不良影响，可向土壤中渗入碎树枝和腐叶土等多孔性有机物或混入少量粗砂等。必要时，地下埋设通气管道，安装透气井等。在各项城市建设工程中，应避免对绿化地段的机械碾压，对根系分布范围的地面，应防止践踏。

(3) 调节土壤水分　根据土壤墒情，做到适时浇水，以满足植物对水分的需要。保水差的土壤，浇水要少量多次；板结土壤，浇水时应在吸收根分布区内松土筑梗。另可扩大城市地表水面积，减少地面铺装，增加地下水，提高土壤含水量。

四、土壤退化及其防治

(一) 土壤退化

(1) 土壤退化的概念　土壤退化是指土壤数量减少和质量降低，数量减少表现为表土丧失，或整个土体损坏，或土地被非农业占用；质量降低表现在土壤物理、化学、生物学方面的质量下降。中国科学院南京土壤研究所借鉴国外的分类，根据我国的实情，将土壤退化分为土壤侵蚀、土壤沙化、土壤盐化、土壤污染等（表2-20）。

表2-20　土壤退化分类

一　级	二　级
土壤侵蚀	水蚀，冻融侵蚀，重力侵蚀
土壤沙化	悬移风蚀，推移风蚀
土壤盐化	盐渍化和次生盐渍化，碱化
土壤污染	无机物污染，农药污染，有机废物污染，化学废料污染，污泥、矿渣和粉煤灰污染，放射性物质污染，寄生虫、病原菌和病毒污染
土壤性质恶化	土壤板结，土壤潜育化和次生潜育化，土壤酸化，土壤养分亏缺
耕地非农业占用	

(2) 土壤退化的特性　我国土壤侵蚀严重，水蚀、风蚀面积占国土面积的1/3，流失土壤每年大约50亿t，占世界总流失量的1/5；沙漠戈壁面积110万km^2，沙漠化土壤面积已达32.83万km^2；盐碱荒地0.2亿万km^2，盐碱耕地0.07亿km^2；环境恶化、工业“三废”、化肥、农药、生物调节剂、地膜等严重污染土壤；由于有机肥投入减少，肥料结构不合理造成土壤肥力下降。

土壤退化发生广、强度大、类型多、发展快、影响深远，因此应积极采取措施，进行有效防治（表2-21）。

表2-21　各种土壤退化的含义、危害

类　型	含　义	危　害
土壤侵蚀	土壤及其母质在水力、风力、冻融、重力等外力作用下，被破坏、侵蚀、搬运和沉积的全过程	土壤质量退化；生态环境恶化；引起江河湖库淤积
土壤沙化	因风蚀，土壤细颗粒物质丧失，或外来沙粒覆盖原有土壤表层，造成土壤质地变粗的过程	严重影响农牧业生产；使大气环境恶化；危害河流、交通；威胁人类生存
土壤盐渍化	易溶性盐在土壤表层积累的现象或过程	引起植物生理干旱；降低土壤养分有效性；恶化土壤理化性质；影响植物吸收养分

（续）

类　型	含　义	危　害
土壤潜育化	土壤处于受积滞水分的长期浸渍，土体内氧化还原电位过低，并出现青泥层或腐泥层或泥炭层或灰色斑纹层的过程	还原物质较多；土性冷；养分有效性低；结构不良
土壤污染	人类活动所产生的污染物，通过不同途径进入土壤，其数量和速度超过了土壤的容纳能力和净化速度的现象	导致严重经济损失；导致农产品污染超标、品质不断下降；导致大气环境次生污染；导致水体富营养化并成为水体污染的祸患；成为农业生态安全的克星

（二）土壤退化的防治

1. 土壤侵蚀的防治

1）水利工程措施。按其作用可分为梯田、坡面蓄水工程和截流防冲工程。梯田是防坡工程的有效措施；坡面蓄水工程主要是为了拦蓄坡面的地表径流，解决人畜和灌溉用水；截流防冲工程可以改变坡长，拦蓄暴雨，并将其排至蓄水工程中，起到截、缓、蓄、排等调节径流的作用。

2）生物工程措施。为了防治土壤侵蚀、保持和合理利用水土资源而采取的造林种草，绿化荒山，农林牧综合经营，以增加地面覆被率，改良土壤，提高土地生产力，发展生产，繁荣经济的水土保持措施，也称水土保持林草措施。

3）耕作措施。主要包括以改变地面微小地形、增加地面粗糙率为主的水土保持农业技术措施；以增加地面覆盖为主的水土保持农业技术措施；以增加土壤入渗为主的农业技术措施3个方面。

2. 土壤沙化的防治

1）营造防沙林带。建立封沙育草带、前沿阻沙带、草障植物带、灌溉造林带、固沙防火带等。

2）实施生态工程。建立农林草生态复合经营方式。

3）合理开发水资源。调控河流上、中、下游流量，挖蓄水池、打井机等。

4）控制农垦。正在沙化的地区，应合理规划，控制农垦；草原地区应控制载畜量，原则上不宜农垦。

5）综合治沙措施。将机械固沙、化学固沙、生物固沙等方法综合运用。

3. 土壤盐渍化的防治

1）水利工程措施。利用排水、洗盐或放淤压盐的方法，将土壤中过多盐分排出土体或淋洗到底土层。

2）农业改良措施。通过种植水稻、耕作改良与增施有机肥等方法加速洗盐、防止返盐、培肥盐碱土。

3）生物措施。主要包括植树造林和种植绿肥牧草等，培肥改土或抑制返盐。

4）化学改良措施。碱土与重碱化土壤，由于pH太高，一般的水利与生物改良措施均难以达到土壤改良的目的，因此，在改良中往往要配施一些化学物质。

4. 土壤潜育化的防治

1）排水除渍。开挖截洪沟、环田沟等，排出山洪水、冷泉水、铁锈水、渍水和矿毒水，降低地下水位。

2）合理耕作。冬季耕作层犁翻晒白，且早耕早晒，晒白晒透，利于土壤结构的形成和改善土壤的通气性和渗漏性。

3）合理轮作。改单连作为轮作，进行水旱轮作，既可改良土壤，提高肥力，又可提高土壤的生产效益。

4）合理施肥。潜育化土壤有机质含量较高，但有效养分少，应实际因土施肥。

5）多种经营。采取稻田与养殖或种植相结合的经营模式。

5. 土壤污染的防治

1）减少污染源。加强对土壤环境污染的调查和监测，控制和消除工业“三废”，控制化学农药使用，合理施用肥料。

2）综合治理。一是采取客土、换土、隔离法等工程措施；二是采取生物吸收、生物降解等生物措施；三是加入沉淀剂、抑制剂等化学改良剂；四是增施有机肥、控制土壤水分、合理施用肥料、改变耕作制度等农业措施；五是完善法制，发展清洁生产。

【知识归纳】

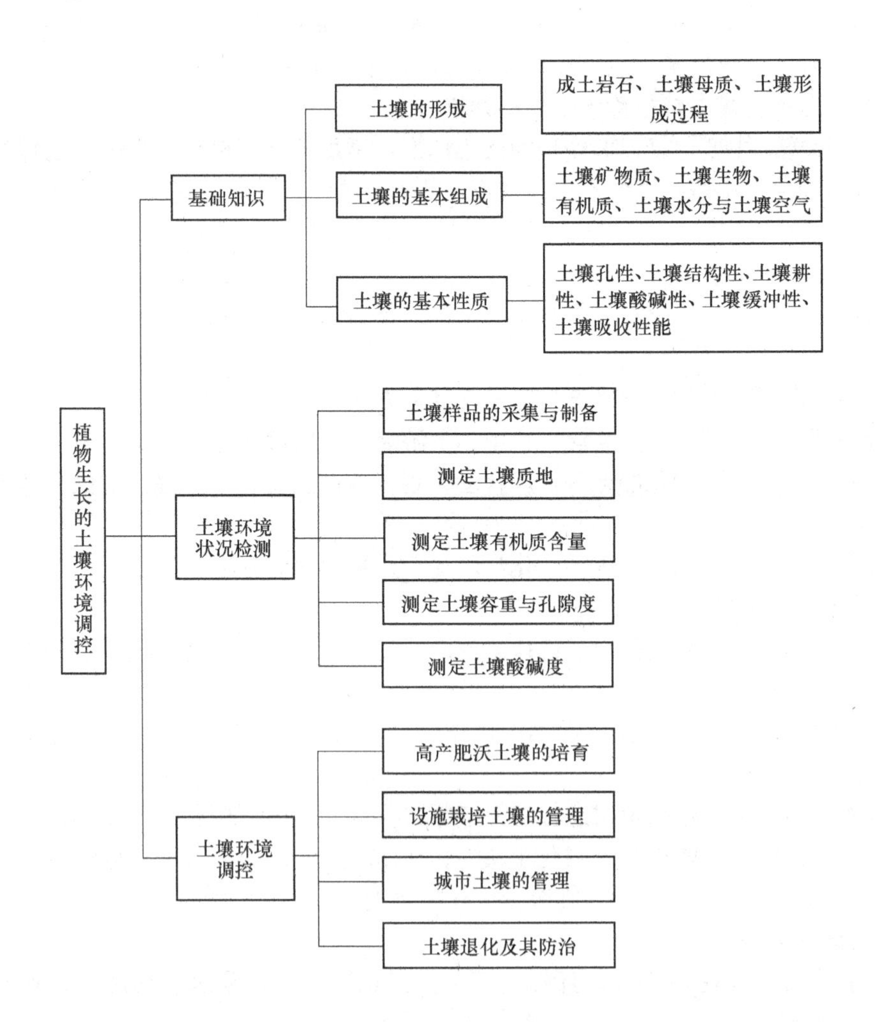

【知识巩固】

一、名词解释

土壤 土壤肥力 土壤质地 土壤有机质 土壤容重 团粒结构 土壤耕性 土壤缓冲性 土壤侵蚀 土壤沙化

二、填空题

1. 土壤肥力的四大因素是指________、________、________和________。

2. 土壤是由________、________和________三相基本物质组成的多相混合体系。

3. 土壤固相物质主要包括________、________和________。

4. 土壤质地一般分为________、________和________3类；其中________的肥力特征和农业生产特点均介于________和________之间，是一种比较优良的质地类型，兼有________和________的优点，却没有两者的不足。

5. 通过各种途径进入土壤的有机质一般呈3种形态：________、________和________；________是土壤有机质的最重要的一种形态。

6. 按照结构体的大小、形状和发育程度，土壤结构体可分为________、________、________、________和________5大类，其中________是农业生产中最理想的结构体。

7. 根据我国的实际情况，将土壤退化分为________、________、________、________、土壤性质恶化及耕地的非农业占用6大类。

三、选择题

1. 下列质地中________“发小苗不发老苗”；________“发老苗不发小苗”；________“既发老苗又发小苗”。

A. 沙土　　B. 壤土　　C. 黏土　　D. 无法判断

2. 下列土壤结构体中________俗称“蚂蚁蛋”、“米糁子”等；________俗称“坷垃”；________俗称“蒜瓣土”；________俗称“卧土”。

A. 团粒结构　　B. 片状结构　　C. 块状结构　　D. 核状结构

四、分析题

1. 列表比较3种质地的肥力特征与农业生产特性。

2. 土壤有机质对植物生长有何作用？如何提高土壤有机质含量？

3. 团粒结构的主要特征是什么？与土壤肥力的关系如何？创造良好结构体的主要生产措施是什么？

4. 土壤酸性、碱性产生的原因是什么？对土壤肥力和植物生长有何影响？

5. 高产肥沃土壤的特征是什么？怎样培育高产肥沃的土壤？

6. 分析各种退化土壤的主要障碍因素及改良利用措施。

植物生长的水分环境调控

【知识目标】

- 了解土壤水的形态及有效性
- 熟悉空气湿度、降水、水分的表示方法
- 掌握水分对植物生长的影响和植物生长对水分环境的适应
- 熟悉当地主要水分环境的调控途径

【能力目标】

- 能熟练操作土壤水分、土壤田间持水量、空气湿度与降水量的测定
- 能结合当地种植植物，正确进行水分环境状况评价
- 能熟练应用水分环境的调控措施

任务1　认识水分环境与植物生长

土壤的水分状况导致土壤的肥力差异，土壤水分是土壤肥力因素中不可分割的组成部分。农业生产上，水是决定收成有无的重要因素，“有收无收在于水”，保持植物体内的水分平衡是提高作物产量和改善产品质量的重要前提。生产上对土壤水分的调节和控制，针对地区气候和水资源状况调节土壤的水分含量与状态，增加土壤有效水含量，是农业增产增收的重要措施之一。由于长期生活在不同的水环境中，植物会产生固有的生态适应特征。在植物生产实践中，可以从蓄积自然降水、改善灌水质量、减少水分输送及田间水分蒸发与沙漏损失、减少污染等方面来提高农田水分的生产效率，发展节水高效农业。

一、土壤水分的形态

土壤水的主要来源是降水、灌溉和地下水补给。土壤中水的形态有固态、液态和气态三种。作物直接吸收利用的是液态水。按水的一般物理状态及水分在土壤中所受作用力的不同，将土壤水分基本划分为吸湿水、膜状水、毛管水和重力水四种类型。

1. 吸湿水

土壤颗粒依据分子引力和静电引力，从土壤空气中吸收的气态水称为吸湿水。如图3-1所示，吸湿水是最靠近土粒表面的一层水膜。土壤吸湿水量的大小，主要取决于土粒的比表面积和空气的相对湿度。土壤质地越细，有机质含量越多，吸湿水量越大。空气相对湿度越大，吸湿水量越多。在水汽饱和的空气中，土壤吸湿水可达最大值。此时土壤的含水率，称为吸湿系数或最大吸湿量。

土壤吸湿水受到的土粒吸附力很大，一般应该为 $3\times10^{6}\sim10\times10^{8}$Pa，远远大于植物的

渗透压（平均为1519875Pa），故这部分水植物是不能吸收利用的，实际上属于无效水。该层水分子呈定向紧密排列，密度为1.2～2.4g/cm^3，平均密度为1.5g/cm^3，带有固体性质，不能移动，无溶解能力，只有在100～150℃的温度下进行长时间烘烤，才能使吸湿水与土粒分开，扩散逸出。

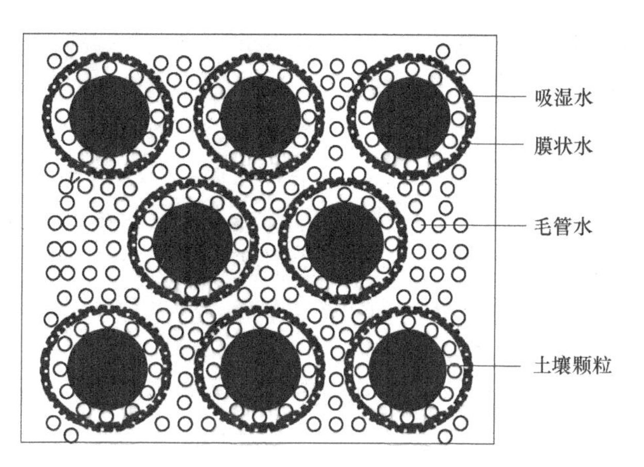

图3-1　土壤水分形态模式示意图

2. 膜状水

土壤含水量达到吸湿系数以后，土粒剩余的分子引力和静电引力吸附的液态水膜称为膜状水。当膜状水达到最大量时的土壤含水量称为最大分子持水量。显然，它是吸湿水和膜状水的总和。土壤膜状水受到土粒吸附力范围为6.3×10^5～31.4×10^5Pa。当作物根系无力从土壤中吸收水分并开始发生永久性萎蔫时，土壤的含水百分数称为萎蔫系数（凋萎系数），萎蔫系数常因土壤质地和作物种类不同而发生变化。

落叶果树一般在土壤含水量达5%～12%时，叶片开始凋萎（葡萄5%、苹果和桃7%、梨9%、柿12%）。萎蔫系数一般比膜状水最大量低2%～3%，每种作物的萎蔫系数通过实测确定，一般情况下是个常数。

3. 毛管水

土壤水分超过最大分子持水量时，依靠毛管力保持在毛管孔隙（孔径0.002～0.2mm）中的液态水称为毛管水。毛管水所受吸附力在10.1×10^4～63.3×10^4Pa之间，小于作物根系的渗透压，所以植物可以吸收，同时毛管水依靠毛管力可以上、下、左、右移动。一般是由吸力弱的粗毛管向细毛管移动，毛管吸力相同时，由水多的地方向水少的地方移动。根据地下水与土壤毛管是否相连，可将毛管水分为毛管上升水与毛管悬着水。

（1）毛管上升水　毛管上升水是指地下水沿毛管上升并被毛管保持在土壤中的水分。土壤中毛管上升水达到最大量时的土壤水分含量称为毛管持水量。它是吸湿水、膜状水和毛管上升水的总和。毛管上升水的高度与毛管半径有密切的关系。毛管半径越小，土壤质地越细，上升高度越大。但在土壤中实际的上升高度，以粉砂质轻壤土的毛管水上升高度为最大，最高达3m左右，砂土孔径大，水分上升较低。黏质土由于孔径过于细小，孔径内主要被吸湿水和膜状水所占据，阻碍了毛管水运动，上升高度反而较低。

毛管持水量时的土壤水吸力相当于8106Pa。在水质较好、地下水位深浅适宜时，毛管上升水可到达根系分布层，供作物充分吸收利用。一般地下水位在2～3m时，可补充50%～60%的植物所需水分。如果地下水位过浅而且矿化度高，则易引起湿害和盐害。通常把在蒸发强烈的季节，能引起地表面积含盐量达到有害程度的最低地下水位称为临界水位（深度）。它因土壤质地而不同，一般多为1.5～2m。砂土最小，壤土最大，黏土居中。水利工程设计时，排水沟最浅的深度要以地下水深度为基础，再加0.5m的安全超高为宜。

（2）毛管悬着水　毛管悬着水是指地下水位很深时，在降雨或灌溉后，借助毛管力吸持在毛管孔隙里的水分。毛管悬着水达到最大量时的土壤含水量称为田间持水量，此时土壤吸持水分的力约为10132.5～50662.5Pa，一般取平均值30397.5Pa。田间持水量是吸湿水、膜状水和毛管悬着水的总和，对某一土壤来说，田间持水量近似一个常数。田间持水量可以用来计算毛管孔隙度，也可作为土壤有效水的上限，还可作为计算旱田灌水定额的依据。

$$毛管孔隙度(\%) = 田间持水量 \times 容重$$

毛管悬着水因作物吸收、土壤蒸发等原因，当水分含量减少到一定程度时，粗毛管悬着水的连续状态断裂，但细毛管孔隙中的水分仍是连续状态，此时的土壤含水量称为毛管断裂含水量，壤土的毛管断裂含水量约占田间持水量的65%～70%。

4. 重力水

当进入土壤的水分超过田间持水量后，多余的水因重力作用，沿大孔隙向下流失，这部分水称为重力水。旱田土壤若在50cm以上深处出现黏土层，在降雨量大时可出现内涝，引起土壤缺氧、通气不良、产生还原物质，对根系发育不利，同时多余的重力水向下运动时还带走土壤养分，所以对旱作来说，重力水一般是多余的。而水田被犁底层或透水性差的土层阻滞时，重力水对作物生长是有效的水。

土壤重力水达到饱和，即土壤全部孔隙都充满水时的土壤含水量称为土壤全持水量（又称为饱和持水量），它是吸湿水、膜状水、毛管水和重力水的总和。一般用于稻田淹灌和测田间持水量时的灌水定额计算。

二、土壤含水量的表示方法

1. 质量含水量

质量含水量是指土壤水分质量占烘干土壤质量的比值，通常用百分数来表示，这是一种最基本、最常用的表示方法。

$$质量含水量 = \frac{土壤水分质量}{烘干土壤质量} \times 100\%$$

2. 容积含水量

容积含水量是指土壤水的容积占土壤容积的百分数，它可表明土壤水填充土壤孔隙的程度以及水分与空气在土壤孔隙中所占容积的比例。

$$容积含水量 = \frac{水的容积}{土壤容积} \times 100\%$$

例：某土壤质量含水量为30.3%，土壤容重为1.2g/cm^3，则土壤容积含水量=30.3%×1.2=36.36%。土壤孔隙度为55%，则空气所占体积为55%－36.36%=18.64%。

3. 相对含水量

相对含水量是指土壤实际含水量占该土壤田间持水量的百分数。土壤相对含水量是以土壤实际含水量占该土壤田间持水量的百分数来表示。一般认为，土壤含水量为田间持水量的60%～80%时，最适宜旱地植物的生长发育。

$$相对含水量 = \frac{土壤实际含水量(质量百分比)}{田间持水量(质量百分比)} \times 100\%$$

例：某土壤的田间持水量为24%，今测得该实际含水量为15%，则相对含水量为

$$相对含水量 = \frac{15}{24} \times 100\% = 62.5\%$$

4. 墒情表示法

我国北方地区，群众喜欢把土壤的适度称为墒，把土壤适度的变化称为墒情。我国北方各省群众在生产中根据土壤含水量的变化与土壤颜色及性状的关系，把墒情类型分为五级，见表3-1。

表3-1　土壤墒情类型和性状（轻壤土）（%）

墒　情	汪　水	黑　墒	黄　墒	灰　墒	干　土　面
土色	暗黑	黑至黑黄	黄	灰黄	灰至灰白
手感干湿程度	湿润，手捏有水滴出	湿润，手捏成团，落地不散，手有湿印	湿润，捏成团，落地散碎，手微有湿印和凉爽指感	潮干，半湿润，捏不成团，手无湿印，有微温暖的感觉	干，无湿润感，捏散成面，风吹飞动
含水量（质量百分比）	>23	20～23	10～20	8～10	<8
相当含水量		100～70	70～45	45～30	<30
性状和问题	水过多，空气少，氧气不足，不宜播种	水分相对稍多，氧气稍嫌不足，为适宜播种的墒情上限	水分、空气都适宜，是播种最好的墒情，能保全苗	水分含量不足，是播种的临界墒情，由于昼夜墒情变化，只一部分种子出苗	水分含量过低，种子不能出苗
措施	排水，耕作散墒	适时播种，春播稍作散墒	适时播种，注意保墒	抗旱抢种，浇水补墒后再种	先浇后播

在田间验墒时，要既看表层又要看下层。先量干土层厚度，再分别取土验墒。若干土层在3cm左右，而以下墒情为黄墒，则可播种，并适宜植物生长；若干土层厚度达6cm以上，且其下墒情也差，则要及早采取措施，缓解旱情。

三、水分环境与植物生长

1. 水分对植物生长的影响

生命离不开水，没有水就没有生命。水是植物的重要组成成分，水利是农业的命脉，水对植物的生命具有决定性作用。

（1）水分是原生质的主要成分　细胞原生质含水量在70%～90%时，才能保持新陈代谢活动正常进行，随着细胞内水分减少，植物的生命活动就会大大减弱。如风干种子的含水量低，使其处于静止状态，不能萌发；如细胞失水过多，会引起其结构破坏，导致植物死亡。图3-2为具有一定含水量的种子。

（2）水分是植物新陈代谢过程的重要物质　水是植物光合作用、合成有机物的重要原料，植物有机物质的合成及分解过程必须有水分参与。还有其他生物化学反应，如呼吸作用中的许多反应，脂肪，蛋白质等物质的合成和分解反应，也需要水参与。

（3）水是各种生理生化反应和运输物质的介质　细胞内外物质运输、植物体内的各种生理生化过程、矿质元素的吸收与运输、气体交换、光合产物的合成、转化和运输以及信号物质的传导都需要以水分作为介质。土壤中的无机物和有机物，要溶解在水中才能被植物吸收。许多生化反应，也要在水介质中才能进行。植物体内物质的运输，是与水分在植物体内不断流动同时进行的。

（4）水分能使植物体保持固有的姿态　植物细胞含有的大量水分，可降低水压，以维持细胞的紧张度，保持膨胀状态，使植物枝叶挺立，花朵开放，根系得以伸展，从而有利于植物体获取光照，交换气体、吸收养分等。如水分供应不足，植物便萎蔫，不能正常生活。如图 3-3 所示，植物细胞含有大量水分使花朵开放。

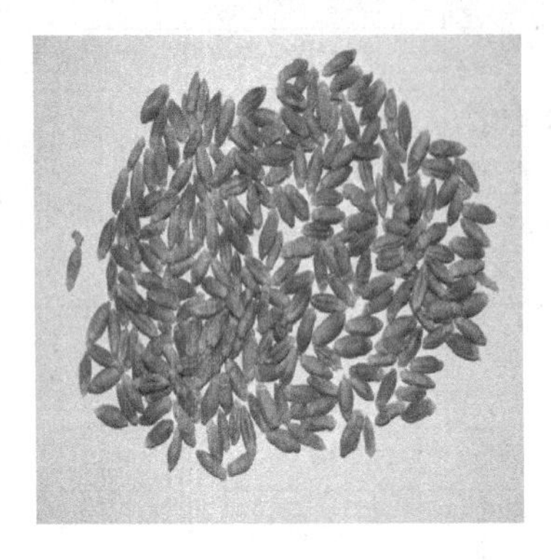

图 3-2　具有一定的含水量的种子

图 3-3　植物细胞含有大量水分使花朵开放

（5）水分具有重要的生态作用　水所具有的特殊理化性质，为植物的生命活动提供许多便利。因此，水分可作为生态因子，在维持适合植物生活的环境方面起着特别重要的作用。例如，水的汽化热（2.26kJ/g）、比热（4.19J/g）较高，导热性高，植物可通过蒸腾散热，调节体温，以减少烈日的伤害；水温变化幅度小，在寒冷的环境中也可保持体温不下降得太快。在水稻育秧遇到低温时，可以浅水护秧；如遇高温干旱时，也可通过灌水来调节植物周围的温度和空气湿度，改善田间小气候。此外，可以通过水分促进肥料的释放而调节养分的供应速度。水有很大的表面张力和附着力，对于物质和水分的运输有重要作用。

2. 水分与植物分布

降水在地球上的分布是极不均匀的，但存在一定的规律性。一般可根据降水量分为潮湿赤道带、热带荒漠带、中纬荒漠带、湿润亚热带、中纬、极地及亚极地带。水分条件与温度条件是决定植物分布的重要生态因子，而森林、草地与荒漠植被的分布主要取决于降水条件。在我国常用年降水量 400mm 等雨量线作为森林和草原的分界线，高于此指标的东部和南部为森林分布区。

我国常用干燥度（*K*）来反映当地的水分状况，干燥度是指潜在蒸发量与降水量的比值。水分状况或年降水量与该地区的植被分布有密切关系，并影响到该地区的物种数量，群落结构演替等，见表 3-2。

表 3-2　我国水分状况与植被类型关系

干　燥　度	水分状况	自然植被
≤0.99	湿润	森林
1.00～1.49	半湿润	森林草原
1.50～3.99	半干旱	草甸、草原、荒漠草原
≥4.00	干旱	荒漠

3. 植物生长对水分环境的适应

由于长期生活在不同的水环境中，植物会产生固有的生态适应特征。根据水环境的不同以及植物对水环境的适应情况，可以把植物分为水生植物和陆生植物两大类。

（1）水生植物　生长在水体中的植物统称为水生植物。水生环境的主要特点是弱光、缺氧、密度大、黏性高、温度变化平稳，以及能溶解各种无机盐类等。水生植物对水体环境的适应特点：首先是体内有发达的通气系统，根、茎、叶形成连贯的通气组织，以保证身体各部位对氧气的需要。例如，荷花从叶片气孔进入的空气，通过叶柄、茎进入地下茎和根部的气室，形成了一个完整的通气组织，以保证植物体各部分对氧气的需要。其次，其机械组织不发达甚至退化，以增强植物的弹性和抗扭曲能力，适应于水体流动。同时，水生植物在水下的叶片多分裂成带状、线状，而且很薄，以增加吸收阳光、无机盐和 CO_2 的面积。最典型的是伊乐藻属植物，叶片只有一层细胞。有的水生植物，出现异性叶，水生毛茛在同一植株上有两种不同形状的叶片，在水上呈片状，而在水下则丝裂成带状。

水生植物类型很多，根据生长环境中水的深浅不同，可以划分为挺水植物、浮水植物和沉水植物三类。

1）挺水植物。挺水植物是指植物体大部分挺出水面的植物，根系浅，茎秆中空，如荷花、千屈菜、香蒲、黄菖蒲、芦苇、花叶水葱等。

2）浮水植物。浮水植物是指叶片漂浮在水面的植物，气孔分布在叶的上面，维管束和机械组织不发达，茎疏松多孔，根漂浮或伸入水底，包括不扎根的浮水植物（如凤眼莲、浮萍等）和扎根的浮水植物（如睡莲、菱角和眼子菜、粉绿狐尾藻等）。

3）沉水植物。沉水植物是指整个植物沉没在水下，与大气完全隔绝的植物，具有发达的通气组织，有利于进行气体交换。根退化或消失，表皮细胞可直接吸收水体中的气体、营养和水分，叶多为狭长或丝状，能吸收水中部分养分，叶绿体大而多，适应水体中弱光环境，无性繁殖比有性繁殖发达，如金鱼藻、轮叶黑藻、狸藻和黑藻等。

（2）陆生植物　陆地上生长植物的统称为陆生植物。它可分为旱生植物、湿生植物和中生植物三种类型。

1）旱生植物。旱生植物是指适宜在干旱环境下生长，可耐受较长期或较严重干旱的植物。这类植物在形态上或生理上有多种多样的适应干旱环境的特征，多分布在干热草原和荒漠区。根据旱生植物的生态特征和抗旱方式，可分为多浆液植物和少浆液植物两类。

① 多浆液植物。多浆液植物又指肉质植物，例如仙人掌、番杏、猴狲面包树、景天、马齿苋、龙舌兰、芦荟等，如图3-4所示。这类植物的主要特点是：蒸腾面积很小，多数种类叶片退化而由绿色茎代替光合作用；其植物体内有发达的贮水组织；植物体的表面有一层厚厚的蜡质表皮，表皮下有厚壁细胞层，大多数种类的气孔下陷，且数量少；细胞质中含有一种特殊的五碳糖，提高了细胞质浓度，增强了细胞保水性能，大大提高了抗旱能力。有人在沙漠地区做过一个试验，把一颗37.5kg重的球状仙人掌放在屋内不浇水，6年后仅蒸腾了11kg水。这类植物在湿润地区多在温室内盆栽，炎热干旱地带则可露地栽培。

② 少浆液植物。少浆液植物又称为硬叶旱生植物，如柽柳、沙拐枣、夹竹桃、梭梭、骆驼刺、木麻黄等，如图3-5所示。这类植物的主要特点是：叶面积小，大多退化为针刺状或鳞片状；叶表具有发达的角质层、蜡质层或茸毛，以防止水分蒸腾；叶片栅栏组织多层，排列紧密，气孔量多且大多下陷，并有保护结构；根系发达，能从深层土壤内和较广的范围

内吸收水分；维管束和机械组织发达，体内含水量很少，失水时不易显出萎蔫的状态，甚至在丧失 1/2 含水量时也不会死亡；细胞液浓度高、渗透压高、吸水能力特强，细胞内有亲水胶体和多种糖类，抗脱水能力也很强。这类植物适于在干旱地区的沙地、沙丘中栽植，潮湿地区只能栽培于温室的人工环境。

图 3-4　多浆液仙人掌植物

图 3-5　少浆液柽柳植物

2）湿生植物。湿生植物是指生长在过度潮湿环境中的植物。根据湿生环境的特点，可分为耐阴湿生植物和喜光湿生植物两种类型。

① 耐阴湿生植物。耐阴湿生植物也称为阴性湿生植物，主要生长在阴暗潮湿环境。例如多种蕨类植物、兰科植物，以及海芋、秋海棠、翠云草等植物。这类植物大多数叶片很薄，栅栏组织与机械组织不发达而海绵组织发达，防止蒸腾作用的能力很小，根系浅且分枝少。它们适应的环境光照弱，空气湿度高。

② 喜光湿生植物。喜光湿生植物也称为阳性湿生植物，主要生长在光照充足、土壤水分经常处于饱和状态的环境中。例如池杉、水松、灯芯草、半边莲、小毛茛以及泽泻等。它们虽然生长在经常潮湿的土壤上，但也常有短期干旱的情况，加上光照度大，空气湿度较低，因此湿生形态不明显，有些甚至带有旱生的特征。这类植物叶片具有防止蒸腾的角质层等适应特征，输导组织也较发达；根系多较浅，无根毛，根部有通气组织与茎叶通气组织相连，木本植物多有板根或膝根。

3）中生植物。中生植物是指适于生长在水湿条件适中的环境中的植物。这类植物种类多，数量大，分布最广，它们不仅需要适中的水生条件，同时也要求适中的营养、通气、温度条件。中生植物具有一套完整的保持水分平衡的结构和功能，其形态结构及适应性均介于湿生植物与旱生植物之间，其根系和输导组织均比湿生植物发达，随水分条件的变化可趋于旱生方向，或趋于湿生方向。有的种类生活在接近湿生的环境中，称为湿生中生植物，如椰子、水榕、杨树、柳树等。有的生活在接近旱生的环境中，称为旱生中生植物，如洋槐、马尾松和各种桉树。处于二者之间的称为真中生植物，如樟树、荔枝、桂圆等。

任务 2　测定土壤含水量

测定土壤含水量的方法很多，常用的有酒精燃烧法和烘干法。酒精燃烧法测定土壤水分快，但精确度较低，只适合田间速测。烘干法是目前测定水分的标准方法，其测定结果比较准确，适合于大批量样品的测定，但这种方法需要时间长。

酒精燃烧法测定水分的原理是：利用酒精在土壤中燃烧放出的热量，使土壤水分蒸发干燥，通过燃烧前后质量之差，计算土壤含水量的百分数。酒精燃烧在火焰熄灭的前几秒钟，即火焰下降时，土温才迅速上升到180～200℃，然后温度很快降至85～90℃，再缓慢冷却。由于高温阶段时间短，样品中有机质及盐类损失很少，故此法测定的土壤水分含量有一定的参考价值。

烘干法测定水分的原理是：在（105±2）℃下，水分从土壤中全部蒸发，而结构水不被破坏，土壤有机质也不致分解。因此，将土壤样品置于（105±2）℃下烘至恒重，根据烘干前后质量之差，可计算出土壤水分含量的百分数。

一、酒精燃烧法测定土壤含水量

1. 任务目的

通过实训，使学生掌握酒精燃烧法测定土壤含水量的方法，能够熟练准确地测定土壤水分含量，为土壤耕作、播种、土壤墒情分析和合理排灌等提供依据。土壤含水量是衡量对植物供应水分状况的重要指标，同时也是土壤各项分析结果计算的基础。

2. 材料用品

烘箱、天平（感量为0.01g和0.001g）、称样皿、铝盒、量筒（10mL）、无水酒精、滴管、小刀、土壤样品。

3. 操作规程

选择种植农作物、蔬菜、果树、花卉、园林树木、草坪、牧草、林木等田间，进行下列全部内容。

1）新鲜样品采集。用小铲子在田间挖取表层土壤1kg左右装入塑料袋中，带回实验室以便测定。

2）称空重。用感量为0.01g的天平对洗净烘干的铝盒称重，记为铝盒重（W_1），并记下铝盒的盒盖和盒帮的号码。

3）加湿土并称重。将塑料袋中的土样倒出约200g，在实验台上用小铲子将土样稍研碎混合。取10g（精确到0.01g）左右的土样放入已称重的铝盒中，称重，记为铝盒加新鲜土样重（W_2）。

4）酒精燃烧。将铝盒盖开口朝下扣在实验台上，铝盒放在铝盒盖上。用滴管向铝盒内加入工业酒精，直至将全部土样覆盖。用火柴点燃铝盒内酒精。任其燃烧至火焰熄灭，稍冷却；小心用滴管重新加入酒精至全部土样湿润，再点火任其燃烧；重复燃烧3次即可达到恒重，即前后两次称重之差小于3mg。

5）冷却称重。燃烧结束后，待铝盒冷却至不烫手时，将铝盒盖盖在铝盒上，待其冷却至室温，称重，记为铝盒加干土重（W_3）

6）结果计算。平行测定结果用算术平均值表示，保留小数后1位。

$$土壤含水量\% = \frac{(W_2 - W_3)}{(W_3 - W_1)} \times 100\%$$

式中　W_1——铝盒的重量（g）；

W_2——土样与铝盒的重量（g）；

W_3——烘干土与铝盒的重量（g）。

二、烘干法测定土壤含水量

1. 任务目的

通过实训，使学生掌握烘干法测定土壤含水量的方法，能够熟练准确地测定土壤水分含量，为土壤耕作、播种、土壤墒情分析和合理排灌等提供依据。土壤含水量是衡量对植物供应水分状况的重要指标，同时也是土壤各项分析结果计算的基础。

2. 材料用品

烘箱、天平（感量为 0.01g 和 0.001g）、干燥器、称样皿、铝盒、量筒（10mL）、滴管、小刀、土壤样品。

3. 操作规程

1）称空重。用感量为 0.001g 的天平对洗净烘干的铝盒称重，记为铝盒重（W_1），并记下铝盒的盒盖和盒帮的号码。一般测定土壤自然含水量，使用感量 0.01g 天平，测定风干土样使用感量 0.0001g 天平。

2）加风干土并称重。取 10g 左右的土样放入已称重的铝盒中，称重，记为铝盒加新鲜土样重（W_2）。

3）烘干。将铝盒放入预先温度升至（105 ± 2）℃的电热烘箱内烘 6 ~ 8h。稍冷却后，将铝盒盖盖上，并放入干燥器中进一步冷却至室温。

4）冷却称重。待铝盒冷却至不烫手时，将铝盒盖盖在铝盒上，待其冷却至室温，称重，记为铝盒加干土重（W_3），即前后两次称重之差不大于 3mg。

5）结果计算。平行测定结果用算术平均值表示，保留小数后 1 位。

$$\text{土壤含水量}(\%) = \frac{(W_2 - W_3)}{(W_3 - W_1)} \times 100\%$$

式中 W_1——铝盒的重量（g）；

W_2——土样与铝盒的重量（g）；

W_3——烘干土与铝盒的重量（g）。

6）数据记录。格式参见表 3-3。

表 3-3 土壤含水量测定数据记录表

样品盒	盒盖号	盒帮号	铝盒重（W_1）	盒加新鲜土重（W_2）	盒加干土重（W_3）	含水量（%）	平均值

任务 3 测定土壤田间持水量

田间持水量在地势高、水位深的地方是毛管悬着水最大含量，但在地下水位高的低洼地

区，它则接近毛管持水量。它的数值反映土壤保水能力的大小。实际测定时常采用实验室法和田间测定法。

其测定原理是：在自然状态下，加水至毛管全部充满。取一定量湿土放入105～110℃烘箱中，烘至恒重。水分占干土重百分数即为土壤田间持水量。

一、田间持水量室内测定方法

1. 任务目的

能够理解烘干法和酒精燃烧法测定土壤田间持水量的原理，能够熟练准确地测定土壤田间持水量，土壤田间持水量是反映土壤水分状况的重要指标，与土壤保水供水有密切的关系。为确定灌水定额，指导农业生产等提供依据。

2. 材料用品

环刀（$100cm^3$）、滤纸、纱布、橡皮筋、玻璃皿、天平（1/100）、小刀、铁锹、小锤子、烘箱、烧杯、滴管、铁框或木架（面积1m×1m或2m×2m、高20～25cm）、水桶、铝盒、土钻。

3. 操作规程

1）选点取土。在田间选择挖掘的土壤位置，用小刀修平土壤表面，按要求深度将环刀向下垂直压入土中，直至环刀筒中充满土样为止，然后用小刀切开环刀周围的土样，取出已充满土的环刀，细心削平刀两端多余的土，并擦净环刀外围。

2）湿润土样。在环刀底端放大小合适滤纸2张，用纱布包好后再用橡皮筋扎好，放在玻璃皿中。玻璃皿中事先放2～3层滤纸，将装土环刀放在滤纸上，用滴管不断地滴加水于滤纸上，使滤纸经常保持湿润状态，至水分沿毛管上升而全部充满达到恒重为止（W_2）。

3）测定含水量。取出装土环刀，去掉纱布和滤纸，取出一部分土壤放入已知重量的铝盒（W_1）内称重，放入105～110℃烘箱中，烘至恒重，取出称重（W_3）。

4. 结果计算

$$\text{重量田间持水量}(\%)=\frac{(W_2-W_3)}{(W_3-W_1)}\times 100\%$$

$$\text{容积田间持水量}=\text{重量田间持水量}\times\text{容积}$$

二、土壤田间持水量的野外测定方法

1. 任务目的

能够理解烘干法和酒精燃烧法测定土壤田间持水量的原理，能够熟练准确地测定土壤田间持水量，土壤田间持水量是反映土壤水分状况的重要指标，与土壤保水供水有密切的关系。为确定灌水定额，指导农业生产等提供依据。

2. 材料用品

环刀（$100cm^3$）、滤纸、纱布、橡皮筋、玻璃皿、天平（1/100）、剖面刀、铁锹、小锤子、烘箱、烧杯、滴管、铁框或木架（面积1m×1m或2m×2m、高20～25cm）、水桶、铝盒、土钻。

3. 操作规程

1）选地。在田间选择代表性的地块，其面积可为1m×1m或2m×2m，将地表整平。

2）筑埂。在四周筑起内外两层坚实的土埂（或用木棍），土埂高20～25cm，内外埂相距0.25m（沙质土壤）或1m（重黏土），内外土埂之间为保护带，带中地面应与内埂中测区一样平。

3）计算灌溉所需水量并灌水。一般按总孔隙度的一倍计算，然后按照需水量进行灌水。

4）取样。灌水后沙壤土及轻壤土停留1~2昼夜，重壤土及黏土停留3~4昼夜，在所需深度用土钻进行取样。在测定区，按正方形对角线打钻，每次打3个钻孔，从上至下按土壤发生层分别采土15~20g。

5）测定含水量。将所采土壤迅速装入已知重量（W_1）的铝盒中盖紧，带回室内称重（W_2），在电热板上干燥，再放在烘箱中经105℃烘至恒重（W_3），计算含水量。

6）重复。1~2天后再次取样，重复测定一次含水量，至土壤含水量的变化小于1%~1.5%时，此含水量即为田间持水量。

4. 结果计算

$$重量田间持水量(\%)=(W_2-W_3)/(W_3-W_1)\times100\%$$

$$容积田间持水量=重量田间持水量\times容积$$

5. 常见技术问题处理

1）尚未测定上述取样地块的容量、比重，不能计算总孔隙度时，可参考如下数字确定孔隙度，黏土及重壤土为45%~50%，中壤土及轻壤土为40%~45%，沙壤土为35%~40%。

2）第一次先灌计划水量的一半，半天后再加入其余的水量，为了防止倒水量冲击表土，可以在倒水外垫一些草，灌完水后，用草覆盖，以防水分蒸发。

3）数据记录格式参见表3-4。

表3-4　土壤田间持水量测定数据纪录表

铝盒号	铝盒质量/g	湿土加铝盒质量/g	烘干土与铝盒质量/g	水质量/g	烘干土质量/g	土壤质量含水量（%）	田间持水量（%）

任务4　测定降水量与空气湿度

一、降水量的测定

1. 任务目的

能够准确地说明降水量观测仪器的构造原理，熟练准确地进行降水量的观测。

2. 材料用品

雨量器、虹吸式雨量计（或翻斗式雨量计）、小型蒸发器、专用量杯、蒸馏水等。

3. 仪器

（1）雨量器　雨量器主体为金属圆筒。目前我国所用的雨量器筒口直径为20mm，它包括盛水器、储水器、漏斗和储水筒。每一个雨量器都配有一个专用的量杯，不同雨量器的量

杯不能混用。盛水器为正圆形，器口为内直外斜的刀刃形，以防止盛水器以外的雨水溅入盛水器内。专用雨量杯上的刻度是根据雨量器口径与雨量杯口径的比例确定的，每一小格为0.1mm，每一大格为1.0mm，如图3-6所示。

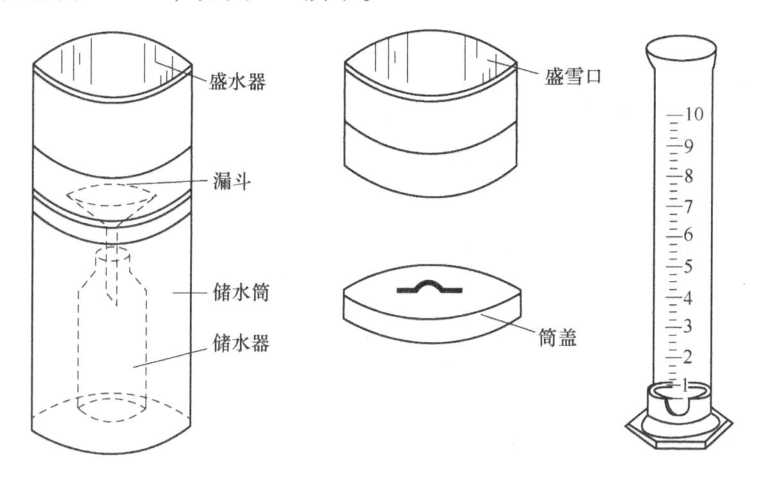

图3-6　雨量筒及量杯示意图

（2）虹吸式雨量计　虹吸式雨量计是用来连续记录液态降水量和降水实数的自记仪器。由盛水器、浮子室、自记钟、虹吸管等组成。当雨水通过盛水器进入浮子室后，浮子室的水面就升高，浮子和笔杆也随之上升，于是自记笔尖就随着自记钟的转动，在自记纸上连续记录降水量的变化曲线，而曲线的坡度就表示降水强度。当笔尖达到自记纸上限时，借助虹吸管，使水迅速排出，笔尖回落到零位重新记录，笔尖每升降一次可记录10.0mm降水量。自记钟给出降水量随时间的累积过程。

（3）翻斗式雨量计　翻斗式雨量计是可以连续记录降水量随时间变化和测量累积降水量的有线遥测仪器，分为感应器和记录器两部分，其间用电缆连接。感应器用翻斗测量，它是用中间隔板间开的两个完全对称的三角形容器，中隔板可绕水平轴转动，从而使两侧容器轮流接水，当一侧容器装满一定量雨水时（0.1mm或0.2mm），由于重心外移而翻转，将水倒出。随着降雨持续，将使翻斗左右翻转，接触开关将翻斗翻转次数变成电信号，送到记录器，在累积计数器和自记钟上读出降水资料。

4. 安置仪器

1）雨量器要水平固定在观测场上，器口距地面高度为70cm。

2）雨量计应安装在雨量器附近，盛水器口离地面的高度以仪器自身高度为准，器口应水平。

5. 实地观测

（1）降水量每天观测两次（8：00时、20：00时）；蒸发量每天在20：00时观测一次。

（2）雨量器观测降水量　观测降雨时，将瓶内的水倒入量杯，用食指和拇指平夹住量杯上端，使量杯自由下垂，视线与杯中水凹液面最低处齐平，读取刻度。

若观测时仍在下雨，则应启用备用雨量器，以确保观测记录的准确性，观测降雪时，要将漏斗、储水器取出，使降雪直接落入储水筒内，也可以将盛水器换成盛雪器。对于固体降水，必须用专用台秤称量，或加盖后在温室下等待固态降水物融化，然后，用专用量杯测量。不能用烈日烤的方法融化固体降水。

（3）雨量计观测降水量　可从记录纸上直接读取降水量值。如果一日内有降水时（自记迹线≥0.1mm），必须每天换自记纸一次；无降水时，自记纸可8～9d换一次，在换纸时，人工加入1.0mm的水量，以抬高笔尖，避免每天迹线重叠。

6. 观测记录

将观测结果和计算结果填在表格里（表3-5）。记录降水量时，当降水量<0.05mm，或观测前虽有微量降水，因蒸发过快，观测时没有积水，量不到降水量时，均记为0.0mm；0.05mm≤降水量≤0.1mm时，记为0.1mm。

表3-5　降水量观测记录表

观测时间	8：00	20：00
降水量		

二、空气湿度的观测

1. 任务目的

能够准确地描述空气湿度观测仪器的构造原理，熟练准确地进行空气湿度的观测。

2. 材料用品

干湿球温度表、通风干湿表、毛发湿度表、毛发湿度计和蒸馏水等。

3. 仪器

（1）干湿球温度表　干湿球温度表是由两支型号完全一样的普通温度表组成的，放在同一环境中（如百叶箱）。其中一支用来测定空气温度，称为干球温度表，另一支球部缠上湿的纱布，称为湿球温度表。湿球温度表的读数与空气湿度有关。当空气中的水汽未饱和时，湿球温度表球部表面的水分就会不断蒸发，消耗湿球及球部周围空气的热量，使湿球温度下降，干、湿球温度表示度出现差值，称为干湿差。所以，湿球温度表的示度要比干球温度表低，空气越干燥，蒸发越快，湿球示度低得越多，干湿差越大；反之，干湿差越小。只有当空气中的水汽达到饱和时，干湿球温度才相等。

（2）通风干湿表　通风干湿表携带方便，精准度较高，常用于野外测定气温和空气湿度。是用两支相同的温度表，其中一支温度表的球部缠有湿润的纱布，称为湿球温度表，如图3-7所示，另一支用来测空气温度，称为干球温度表。湿球温度表感应部分在双层辐射防护管内，防护管借三通管和两支温度表之间的中心圆管与风扇相通。工作时用插入通风器上特制的钥匙上发条以开动风扇，在通风器的边沿有缝隙，使得从防护管口引入的空气经过缝隙排到外面去，就这样风扇在温度表感应部分周围形成了恒定速度的气流（2.5m/s），以促进感应部分与空气之间的热交换，减少辐射误差。

（3）毛发湿度表　毛发湿度表的感应部分是脱脂毛发，它具有随空气湿度变化而改变其长度的特性。其构造如图3-8所示。当空气相对湿度增大时，毛发伸长，指针向右移动；反之，相对湿度降低时，指针向左移动。

（4）毛发湿度计　毛发湿度计由感应、传递放大和自已装置三部分组成，形同温度计。感应部分由一束脱脂毛发组成，当相对湿度增大时，发束伸长，杠杆曲臂使笔杆抬起，笔尖上移；反之，笔尖下降。随时间便于连续记录出相对湿度的变化曲线。

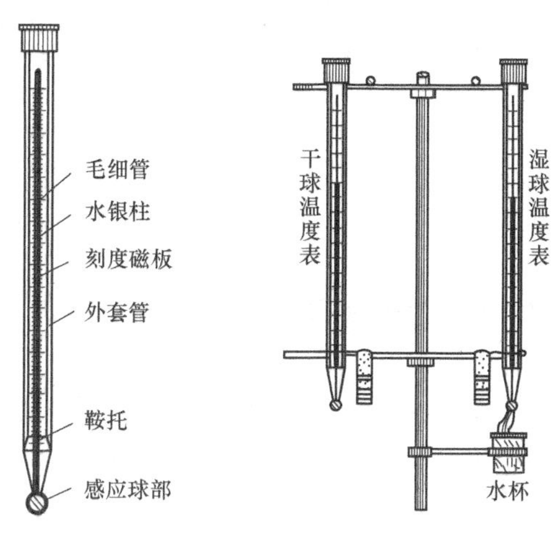

图3-7　干湿球温度表的安置示意图

图3-8　毛发湿度表示意图

4. 安置仪器

1）干湿球温度表安置在小百叶箱内，球部中心距地面1.5m高。球部要用纱布包扎，包扎时先用清洁的水将湿球温度表的球部洗净，然后将长10cm的纱布在蒸馏水中浸润，平贴、无皱地包卷在水银球上，包好后用纱线将高出球部的纱布扎紧，靠近球部下面的纱布也用纱线扎好，并将多余的纱布剪掉。湿球下部的纱布浸到一个带盖的水杯中，杯口距球部约3cm。

2）毛发湿度表应垂直悬挂在温度表支架的横梁上，表的上部用螺丝固定。

3）毛发湿度计要安置在百叶箱内温度计的后上方架子上，底座保持水平。

4）通风干湿表于观测前将仪器挂在测杆上（仪器温度表感应部分离地面高度视观测目的而定）。

5. 实地观测

1）各仪器每天观测4次（2时、8时、14时、20时）。

2）观测时，要保持视线与水银柱顶或刻度盘齐平，以免因视差而使读数偏高或偏低。

3）观测顺序为干球温度→湿球温度→毛发湿度表→湿度计。

4）湿度计的读数压迫读取湿度计瞬时值，并做时间记号。每天14时换纸，换纸方法同温度计。

5）通风干湿观测时间和次数与农田中观测时间和次数一致，在观测结果的基础上查算出的空气湿度见表3-6。

表3-6　空气湿度观测记录表

观测结果	观测时间（7：00）	观测时间（13：00）	观测时间（17：00）
干球温度表读数/℃			
湿球温度表读数/℃			
毛发湿度表（%）			
水汽压/hPa			
相对湿度（%）			

（续）

观测结果	观测时间（7：00）	观测时间（13：00）	观测时间（17：00）
露点温度/℃			
饱和水汽压/hPa			
毛发湿度计（%）			

任务5　调控植物生长的水分环境

在植物生产实践中，可以从蓄积自然降水、改善灌水质量、减少水分输送及田间水分蒸发与沙漏损失、减少污染等方面来提高农田水分的生产效率，发展节水高效农业。

一、调控植物生长的水分环境技术

1. 集水蓄水技术

蓄积自然降水，减少降水径流损失是解决农业用水的重要途径。除了拦河筑坝、修建水库、修筑梯田等大型集水蓄水和农田基本建设工程外，在干旱少雨地区，采取适当方法，汇集、积蓄自然降水，发展径流农业是十分重要的措施，如修建坑塘、水窖等贮水措施，以接纳雨水，并采取适当的水分利用配合技术。

沟垄覆盖集中保墒技术是指平地（或坡地沿等高线）起垄，农田呈沟、垄相间状态，垄作后拍实，紧贴垄面覆盖塑料薄膜，降雨时雨水顺薄膜集中于沟内，渗入土壤深层沟要有一定深度，保证有较厚的疏松土层，降雨后要及时中耕以防板结，雨季过后要在沟内覆盖秸秆，以减少蒸腾水分。

等高耕作种植是指沿等高线筑埂，改顺坡种植为等高种植，埂高和带宽的设置既要有效地拦截径流，又要节省土地和劳力。适宜等高耕作种植的山坡厚为1m以上，坡度为6～10℃，带宽为10～20m。

我国的鱼鳞坑就是微集水面积种植形式之一，即在山坡上挖掘有一定蓄水容量、交错排列、类似鱼鳞状的半圆形或月牙形土坑。

2. 节水灌溉技术

目前，节水灌溉技术在植物生产上发挥着越来越重要的作用，主要有喷灌、地下灌、微灌、膜上灌等技术。

喷灌是利用专门的设备将水加压，或利用水的自然落差将高位水通过压力管道送到田间，再经喷头喷射到空中散成细小水滴，均匀散布在农田上，达到灌溉目的。喷灌可按植物不同发育期的需水要求，适时、适量供水，且具有明显的增产、节水作用，与传统地面灌溉相比，还兼有节省灌溉用工、占用耕地少、对地形和土质适应性强，能改善田间小气候等优点。

地下灌是把灌溉水输入地下铺设的透水管道中或采用其他工程措施普遍抬高地下水位，依靠土壤的毛细管作用浸润根层土壤，供给植物所需水分的灌溉技术。地下灌溉可减少表土蒸发损失，水分利用率高，与常规沟灌相比，一般可增产10%～30%。

微灌技术是一种新型的节水灌溉工程技术，包括滴灌、微喷灌和涌泉灌等。它具有以下优点：一是节水节能。一般比地面灌溉省水60%～70%，比喷灌省水15%～20%；微灌是

在低压条件下运行，比喷灌能耗低。二是灌水均匀，水肥同步，有利于植物生长。微灌系统能有效控制每个灌水管的出水量，保证灌水均匀，均匀度可达80%～90%；微灌能适时适量向植物根区供水供肥，还可调节株间温度和湿度，不易造成土壤板结，为植物生长发育提供良好条件，有利于提高产量和质量。三是适应性强，操作方便。可根据不同的土壤渗透特性调节灌水速度，适用于山区、坡地、平原等各种地形条件。

膜上灌技术是在地膜栽培的基础上，把以往的地膜旁侧改为膜上灌水，水沿放苗孔和膜旁侧灌水渗入进行灌溉。膜上灌投资少，操作简便，便于控制水量，加速输水速度，可减少土壤的深层渗漏和蒸发损失，因此可显著提高水分的利用率。近年来由于无纺布（薄膜）的出现，膜上灌技术应用更加广泛。膜上灌适用于所有实行地膜种植的作物，与常规沟灌玉米、棉花相比，可省水40%～60%，并有明显增产效果。调亏灌溉是从植物生理角度出发，在一定时期内主动施加一定程度的有益的亏水度，使作物经历有益的亏水锻炼后，达到节水增产，改善品质的目的，通过调亏可控制地上部分的生长量，实现矮化密植，减少整枝等工作量。该方法不仅适用于果树等经济作物，而且适用于大田作物。

3. 少耕免耕技术

少耕的方法主要有以深松代翻耕，以旋耕代翻耕、间隔带状耕作等。我国的松土播种法就是采用凿形或其他松土器进行松土，然后播种。带状耕作法是把耕翻局限在行内，行间不耕地，植物残茬留在行间。

免耕主要有以下优点：省工省力；省费用、效益高；抗倒伏、抗旱、保苗率高；有利于集约经营和发展机械化生产。国外免耕法一般由三个环节组成：利用前作残茬或播种牧草作为覆盖物；采用联合作业的免耕播种机开沟、喷药、施肥、播种、覆土、镇压一次完成作业；采用农药防治病虫、杂草。

4. 地面覆盖技术

沙田覆盖在我国西北干旱、半干旱地区十分普遍，它是由细沙甚至砾石覆盖于土壤表面，起到抑制蒸发，减少地表径流，促进自然降水充分渗入土壤中，从而起到增墒、保墒的作用。此外沙田还有压碱，提高土壤温度，防御冷害作物的作用。

秸秆覆盖利用麦秆、玉米秆、稻草、绿肥等覆盖于已翻耕过或免耕的土壤表面，在两茬植物间的休闲期覆盖或在植物生育期覆盖，可以将秸秆粉碎后覆盖，也可整株秸秆直接覆盖，播种时将秸秆扒开，形成半覆盖形式。

地膜覆盖能提高地温，防止蒸发，湿润土壤，稳定耕层含水量，起到保墒作用，从而显著增产。

化学覆盖是利用高分子化学物质制成乳状液，喷洒到土壤表面，形成一层覆盖膜，抑制土壤蒸发，并有增湿保墒作用。

5. 耕作保墒技术

耕作保墒技术主要是指适当深耕、中耕松土、表土镇压、创造团粒结构体、种树种草、水肥耦合技术、化学制剂保水节水技术等。

6. 水土保持技术

水土保持技术主要有：一是水土保持耕作技术，主要包括两大类。一类是以改变小地形为主的耕作方法，包括等高耕作、等高带状间作、沟垄种植（如水平沟、垄作区田、等高沟垄、等高垄作、蓄水聚肥耕作、抽槽聚肥耕作等）、坑田、半旱式耕作、水平犁沟等。另一类是以增加地面覆盖为主的耕作方法，包括草田带轮作、覆盖耕作（如留茬覆盖、秸秆覆盖、地膜覆盖、青草覆盖等）、少耕（如少耕深松、少耕覆盖等）、免耕、草田轮作、深耕密植、间作套种、增施有机肥料等。二是工程措施，主要措施有修筑梯田、等高沟埂（如地埂、坡或梯田）、沟头防护工程、谷坊等。三是林草措施，主要措施有封山育林、荒坡造林（如水平沟造林、鱼鳞坑造林）、护沟造林、种草等。

二、制定当地植物生长水分环境的调控方案

根据上述调查情况，针对当地植物生长的水分环境情况，制定合理调控植物生长水分环境的实施方案，并撰写一份调查报告。由于各个地方所在地区水利条件、地形条件、气候条件等差异较大，因此，在实际进行调查时，可选择与本地地区植物生长水分环境调控有关的措施进行调查，调控方案的制定、调查报告的编写也要结合本地区实际进行。

【知识归纳】

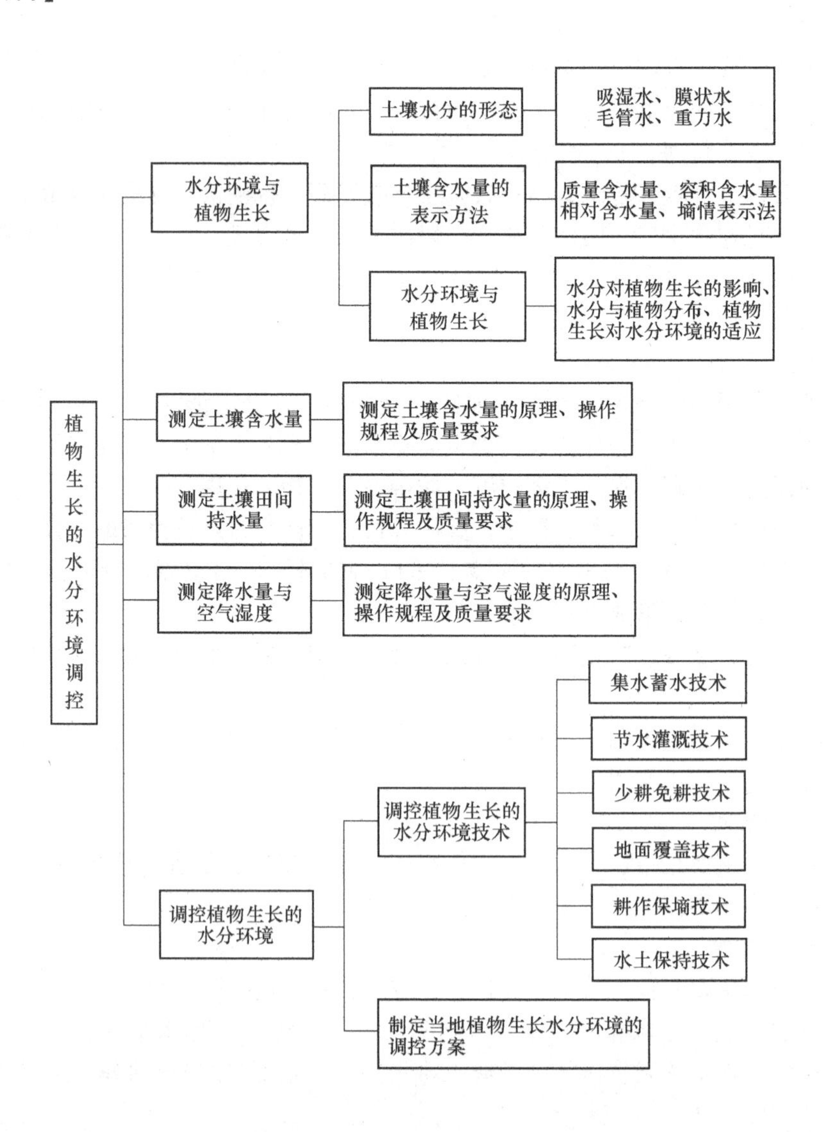

【知识巩固】

一、名词解释

吸湿水　膜状水　毛管水　田间持水量　相对含水量　沉水植物　浮水植物　挺水植物

二、填空题

1. 土壤水分基本划分为________、________、________、________四种类型。

2. 土壤含水量的表示方法有________、________、________、________四种类型。

三、选择题

1. 大多数植物适宜在（　　）土壤中生长。

A. 中性　　B. 酸性　　C. 碱性　　D. 中性微酸性

2. 根系漂于水中，叶完全浮于水面，可随水漂移的水生花卉是（　　）。

A. 浮水类　　B. 沉水类　　C. 挺水类　　D. 漂浮类

3. 下列水生花卉中，属于漂浮类的是（　　）。

A. 浮萍　　B. 睡莲　　C. 荇菜　　D. 荷花

4. 例：某土壤的田间持水量为24%，今测得该实际含水量为15%，则相对含水量为（　　）。

A. 72.5%　　B. 62.5%　　C. 42.5%　　D. 55.5%

四、分析题

1. 简述毛管悬着水与毛管上升水的区别。

2. 土壤水有哪些形态?

3. 简述水分对植物生长的影响。

4. 简述调控植物生长的水分环境技术。

植物生长的光环境调控

【知识目标】

- 了解太阳辐射光谱各成分对植物生长的影响
- 熟悉光照度、光质、光照时间对植物生长发育的影响
- 关注城市中的人工光环境对植物的影响
- 能利用植物对光环境的适应知识，调控植物生长的光环境

【能力目标】

- 能熟练测定光照度、日照时间
- 了解当地的光照时间、光照度情况，结合当地种植的植物，能正确进行光环境状况评价，并提出光环境调控措施

地球上几乎所有生命活动所必需的能量都直接或间接地来源于太阳光。光是一切绿色植物所必需的重要生存条件之一。光是植物生长发育必需的重要条件之一，不同种类的植物在生长发育过程中要求的光照条件不同，植物长期适应不同光照条件并形成相应的适应类型。

通过学习，能掌握光质、光照度、光照时间对植物生长发育的影响及植物对光环境的适应知识，并能熟练应用到实践中。

任务1　认识光环境与植物生长

一、太阳辐射

自然界中的一切物体，只要其温度高于绝对零度，就以电磁波的形式不停地向周围空间传递能量，这种传递能量的方式称为辐射。以电磁波的方式传递的能量称为辐射能，简称辐射。太阳是一个炽热的气体球，表面温度约6000℃，越向内部温度越高，中心约为1500万℃，光球表面不停地以电磁波的形式向四周发射能量，称为太阳辐射。太阳辐射能量的99%以上的电磁波长为0.15～4μm。

1. 日地距离与太阳常数

太阳是距地球最近的一颗恒星。日地间平均距离是1.495×10^8km，每日不等。1月2日，地球离太阳最近，距离为1.47×10^8km，称为近日点。7月4日，地球离太阳最远，距离为1.52×10^8km，称为远日点。

在地球大气层上界，太阳光的强度是恒定的，强度数值称为太阳常数，是指在地球大气层外日地间平均距离的条件下，单位时间通过与太阳光束垂直的单位面积的能量，以S_0表示。1981年世界气象组织规定太阳常数的取值为1.367kW/m。由于每天的日地距离不等，

太阳常数稍有差异。太阳辐射通过大气时会发生减弱，其中一部分被大气中的氧、臭氧、二氧化碳、水汽和尘埃等吸收，一部分被大气中的空气分子和浮游物质所散射，还有一部分被云层和较大的颗粒反射到宇宙空间。实际上，到达地面上的太阳辐射强度小于太阳常数。

2. 太阳高度角

太阳在天空中的位置常用太阳高度角（h）和方位角（A）来标定。太阳高度角是指太阳光线与某测定点地平面的夹角，简称太阳高度。同一时刻，各纬度上的太阳高度角不等，即使正午时刻也只有个别地区的太阳高度是90°，称为直射；多数地区的太阳高度角小于90°，称为斜射。太阳高度具有周期性的日变化规律，即正午时刻最大，日出和日落时为零。

太阳高度与纬度和季节有关。就北半球来说，北回归线以南至赤道范围内，一年中有两天正午是太阳直射，赤道上分别是春分日和秋分日。北回归线上，只有夏至日的正午，太阳直射地面。北回归线以北地区，无直射，但全年仍以夏至日的太阳高度最高，冬至日最低。

3. 太阳方位角

太阳方位角是指太阳光线在地平线上的投影线与测定点子午线之间的角度。正午时，太阳方位角为零，定为正南，顺时针取正值，即正西为90°，逆时针取负值，即正东为-90°。可见，一年中只有春分日和秋分日，太阳才是东升西落。北半球，春分日后，太阳日出时的方位逐渐向北偏，纬度越高，偏角越大；夏至日偏角最大，以后偏角又逐日减小。秋分日后，日出时的方位向南偏，直到冬至日，向南偏的角度最大，以后偏角又逐日减小，春分日为-90°。

4. 太阳辐射光谱

太阳辐射能按其波长顺序排列而成的波谱称为太阳辐射光谱。太阳辐射光谱按其波长分为紫外线（波长小于0.4μm）、可见光（波长0.4～0.76μm）和红外线（波长大于0.76μm）三个光谱区。在全部太阳辐射能中，红外光约占43%，紫外光约占7%，其余的可见光占50%，由红、橙、黄、绿、青、蓝、紫七种光色组成（图4-1）。太阳辐射中能被植物色素吸收并具有生理活性的波段称为生理有效辐射或光合有效辐射，波长约为0.38～0.74μm，这个波段与可见光的波段基本相符，对植物有重要意义。

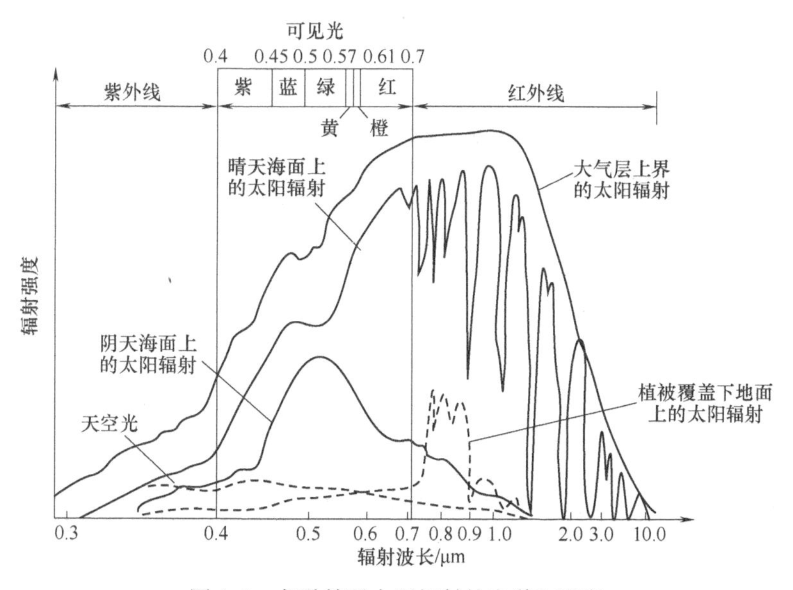

图4-1 各种情况太阳辐射的光谱和强度

5. 太阳总辐射

太阳辐射到达地面上的有两部分：一部分是以平行光线的形式直接投射到地面上的太阳直接辐射；另一部分是经散射后，自天空射到地面的散射辐射，两者之和即为总辐射。

由于地球的自转和公转，使总辐射有明显的日变化和年变化。一天中，总辐射在夜间为零，日出后随太阳高度角的增大而逐渐增强，到中午最大，午后又随太阳高度角的减小而逐渐减弱。但是，大气透明度的影响可使这种规律受到破坏。例如中午对流旺盛，云量增多，大气透明度减小，总辐射的最大值会提前或推迟出现。

一天中，到达地面单位面积上的太阳辐射总量，称为太阳辐射日总量。日总量的大小不仅与太阳高度角和大气透明度有关，而且还与日照时间的长短有密切关系。一年中，在中、高纬度地区，夏季太阳高度角大，日照时间长，太阳辐射总量大；冬季太阳高度角小，日照时间短，太阳辐射总量小。但由于各地水汽含量、云量和雨量的分布情况不同，所以有些地区太阳辐射的最大值不一定出现在夏季，而出现在春季或秋季。在低纬度地区，一年中太阳高度角和日照时间的变化不大，所以太阳辐射的年变化也不大。

一年中，到达地面单位面积上的太阳辐射总量，称为太阳辐射年总量。由于太阳高度角随纬度的增高而逐渐减小，所以太阳辐射年总量一般也随纬度的增高而减小。但是，受海拔高度、云量和雨季等因子的影响，太阳辐射年总量的空间分布是很复杂的。

二、光对植物生长发育的影响

太阳辐射在地球上的时空分布是不均匀的，其差异主要表现在光照强度、光谱成分（光质）和日照长度方面，这三个方面的变化都能影响植物的生长发育、形态结构和生理生化活动，尤其是在光合作用和植物器官分化上。而在一定光照条件下长期生活的植物，对光照强度、光质和日照长度有一定要求，形成了与光照环境特点相适应的特征。

（一）光质与植物生长发育

光质又称为光的组成，是指具有不同波长的太阳光谱成分。光质主要由紫外线、可见光和红外线组成。不同波长的光具有不同的性质，对植物的生长发育具有不同的影响。

1. 光质对光合作用的影响

在太阳辐射中，可见光具有最大的生态学意义，它既有热效应，又有光效应，植物利用它进行光合作用并将其转化为化学能，形成有机物质。太阳连续光谱中，植物光合作用对光能的利用和色素吸收，具有生理活性的波段称为生理辐射，植物叶片只吸收生理辐射部分。叶绿素对光能的吸收有两个高峰：一个波长为640～660nm，以红、橙光为主，是植物光合作用效率最高的波长，是生理辐射中具有最大的光合活性部分；一个波长为430～450nm，以蓝紫光为主，能被类胡萝卜素吸收；绿光为生理无效光，多被反射，所以植物叶片多为绿色。不同波长的光对光合产物的形成有影响。实验表明，红光有利于碳水化合物的合成，蓝光有利于蛋白质的合成。

2. 光质对植物生长的影响

在太阳辐射中，不同波长的光具有不同的性质，对植物的生长发育具有不同的作用。红外线的生态作用是促进植物茎的延长生长，有利于种子的萌发，提高植物体的温度。植食性昆虫能利用其红外光感应性能来找出生理病弱植株，并进行侵害。

来自太阳的大部分紫外辐射被大气上层的臭氧层吸收，所以到达地面的紫外辐射很少，

这些波段很难透过植物的角质层，多被该层细胞吸收，因此紫外线在植物生理中没有公认的基本作用。紫外光能抑制植物茎的生长。没有受到角质层数层细胞或吸收紫外线的色素保护的细胞会被这些波段的高水平光化学能量伤害。藻类、真菌以及细菌对紫外线都是敏感的，利用这个现象，可以用紫外辐射进行表面消毒和杀死微生物。

一般长波光能促进植物的伸长生长。如红橙光有利于叶绿素的形成，促进种子萌发，加速长日植物的发育；波长 660nm 的红光和波长 730nm 的远红光能影响长日照植物和短日照植物的开花。短波光能抑制植物的伸长生长，如短波的蓝紫光和紫外线能抑制茎节间伸长，促进多发侧枝和芽的分化，并且引起植物的向光敏感性，有助于促进花青素等植物色素的合成。因此，高山及高海拔地区因紫外线较多，植株矮小且生长缓慢，花卉色彩更加浓艳，果色更加艳丽，品质更佳。

在农业上，可以通过光质促进植物生长，控制光合作用的产物，改善农作物的品质。如有色薄膜育苗，红色薄膜有利于提高叶菜类产量，紫色薄膜对茄子有增产作用。红光下甜瓜植株加速发育，果实提前 20d 成熟，果肉的糖分和维生素含量也有增加。

3. 光质对植物产品品质的影响

不同波长的太阳辐射，可形成不同的光合产物。红光有利于碳水化合物的合成，蓝紫光有利于蛋白质和有机酸的合成。高山茶经常处于短波光成分较多的环境，纤维素含量少，茶素和蛋白质含量高，易生产名茶。短波光能促进花青素的合成，使植物茎叶、花果颜色鲜艳；但短波光能抑制植物生长，阻止植物的黄化现象，在蔬菜生产上可利用这一原理生产韭黄、蒜黄、豆芽、葱白等蔬菜。在生产实践中，使用有色薄膜，通过改变光质就可促进植物生长。

总之，不同波长的光对植物的作用不同，不同波段的太阳辐射对植物的主要生理生态效应见表 4-1。

表 4-1 不同波段的太阳辐射对植物的主要生理生态效应

波段/nm	光 色	吸 收 特 性	生理生态效应
>1000	远红	能被组织中水分吸收	没有特殊效应，只是转化成热能
1000～720	远红	植物稍有吸收	促进种子萌发，促进植物延伸
720～610	红光	被叶绿素强烈吸收	对植物的光合作用和光周期有强烈影响
610～510	黄橙	叶绿素吸收作用稍有下降	表现为低光合作用与弱成形作用
510～400	蓝光	被叶绿素和胡萝卜素强烈吸收	强烈影响光合作用，抑制植物的伸长作用，使之形成矮粗形体
400～315	绿蓝	被叶绿素与原生质吸收	对植物的光合作用稍有影响，对植物无特殊影响
315～280	紫光	被原生质吸收	强烈影响植物形态建成，影响生理过程，刺激某些生物合成，对大多数植物有害
<280	紫外	被原生质吸收	可立即杀死植物

（二）光照强度与植物生长发育

太阳辐射除了有热效应外，其可见光还具有光效应。表示光效应的物理量称为光照强度，简称照度。光照强度是指光照的强弱，以单位面积上所接受可见光的能量来量度，单位为勒克斯（Lux 或 Lx）。光照度随地理位置、地势高低、云量等的不同呈规律性的变化。即随纬度的增加而减弱，随海拔的升高而增强。一年之中以夏季光照最强，冬季光照最弱；一天之中以中午光照最强，早晚光照最弱。

1. 光照强度对植物光合作用的影响

光照强度是影响植物光合作用的重要因素。绿色植物的光合作用是在光照条件下进行的，在一定的光照度范围内，随着光照强度的增强，光合速率也随着增加，当光照强度达到某一数值后，光合速率不再随光照强度的增强而增加，这种现象称为光饱和现象，开始达到光饱和现象时环境中的光照强度称为光饱和点。这时如果光照强度继续增加，光合速率将保持不变。若光照强度还继续增加，反而会使光合速率下降，这是因为太阳辐射的热效应使叶面过热的缘故。叶片只有处于光饱和点的光照下，才能发挥其最大的制造与积累干物质的能力；在光饱和点以上的光照强度不再对光合作用起作用。植物的光合速率和光照强度的关系如图 4-2 所示。

一般来说，C_4 植物的光饱和点比 C_3 植物高，对于水稻、小麦等 C_3 植物，光饱和点为 3 万 ~5 万 Lx，C_4 植物如玉米和甘蔗，光饱和点为 3000 ~6 万 Lx，有些甚至在 10 万 Lx 也未能达到饱和。植物群体的光饱和点较单叶为高，小麦单叶光饱和点为 2 万 ~3 万 Lx，而群体在 10 万 Lx 尚未达到饱和。阳生植物比阴生植物的光饱和点高，阴生植物的光饱和点在 1 万 Lx 以下；而阳生植物，尤其是荒漠植物或高山植物，在中午直射光下也未达到光饱和。

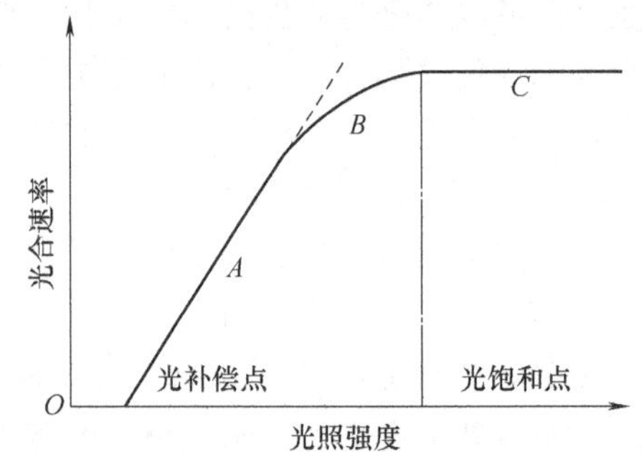

图 4-2　植物的光合速率和光照强度的关系

A—光合速率随光照强度的增强而呈比例的增加

B—光合速率随光照强度的增强速度转慢

C—光照强度达到光饱和点，光合速率随光照强度的增强不发生变化

植物光合积累的同时也有呼吸消耗，当光照强度降低时，光合强度也随之降低，当光照强度降低到一定程度时，植物光合作用制造的有机物与呼吸作用消耗的有机物量相等，即植物的光合强度与呼吸强度达到平衡时的光照强度值称为光补偿点。在光补偿点以下，植物的呼吸作用超过光合作用，消耗植物体内贮存的有机物质。如长期在光补偿点以下，植物将逐渐枯黄直至死亡。一般来说，喜阴植物的光补偿点约为 100Lx，而喜阳植物的可达 500 ~1000Lx。阴生植物的光补偿点比较低，如茶树、生姜、韭菜、苋菜、白菜等，植物群体的光补偿点也较单株、单叶为高。对于植物的光合作用来说，光照度在光补偿点与光饱和点之间光合作用能正常进行，低于光补偿点或高于光饱和点对植物的生长都是不利的。

光合作用是一个非常复杂的过程，不单纯依赖于太阳辐射，还有其他外界因素以及植物本身特性的影响，如增加二氧化碳的含量，可以降低光补偿点，提高光饱和点；温度升高则提高光补偿点等。因此分析植物光合作用与光照强度的关系时，必须综合考虑植物的生长条件。

2. 光照强度对植物生长发育的影响

（1）光照强度对种子发芽有一定影响　植物种子的发芽对光照条件的要求各不相同，有的种子需要在光照条件下才能发芽，如紫苏、胡萝卜、桦树等；有的植物需要在遮阴的条

件下才能发芽，如百合科的植物；而多数植物的种子，只要温度、水分、氧气条件适宜，有无光照均可发芽，如小麦、水稻、棉花、大豆等。

（2）光照强度影响着植物的周期性生长　光照强度有规律的日变化和季节变化，影响植物的气孔开闭、蒸腾强度、光合速率及产物的转化运输等生理过程，与温度等因子共同影响着植物的生长，从而使植物生长表现出昼夜周期性和季节周期性。

（3）光照强度影响植物的抗寒能力　秋季天气晴朗，光照充足，植物光合能力强，积累糖分多，抗寒能力较强。若秋季阴天时间较多，光照不足，积累糖分少，植物抗寒能力差。

（4）光照强度影响着植物的营养生长　光能促进植物的组织和器官的分化，制约着各器官的生长速度和发育比例。强光对植物茎的生长有抑制作用，但能促进组织分化，有利于树木木质部的发育。如在全光照下生长的树木，一般树干粗壮，树冠庞大。在高强光中生长的树木较矮，但是干重增加，根茎比提高，叶子较厚，栅栏组织层数较多。但强光往往导致高温，易造成水分亏缺，气孔关闭和二氧化碳供应不足，引起光合作用下降，影响植物的生长；而光照不足，枝长且直立生长势强，表现为徒长和黄化。另外，光能促进细胞的增大和分化，控制细胞的分裂和伸长，植物体积的增大、重量的增加等。

（5）光照强度影响着植物的生殖生长　适当强光有利于植物生殖器官的发育，若光照减弱，营养物质积累减少，花芽的形成也减少，已经形成的花芽，也会由于体内养分供应不足而发育不良或早期死亡。如在强光下，小麦可分化更多的小花，黄瓜雌花增加；在弱光下，小麦小花分化减少，黄瓜雌花减少，棉花营养体徒长，落铃严重，果树已形成的花芽可能退化，开花期和幼果期遇到长期光照不足会导致果实发育停滞甚至落果。因此为了保证植物的花芽分化及开花结果，必须保持充足的光照条件。

3. 光照强度与植物产品品质

（1）植物花的颜色及果实着色与光照强度有关　在强光照射下，有利于花青素的形成，这样会使植物花朵的颜色鲜艳、果实颜色鲜艳。光照的强弱对植物花蕾的开放时间也有很大影响，如半支莲、酢浆草在中午强光下开花，月见草、紫茉莉、晚香玉在傍晚开花，昙花在晚 21：00 之后的黑暗中开放，牵牛花、大花亚麻则盛开在早晨。

（2）光照强度影响植物叶的颜色　光照充足，叶绿素含量多，植物叶片呈现正常绿色。如果缺乏足够的光量，叶片中叶绿素含量少，呈现浅绿色、黄绿色甚至黄白色。

（3）光照强度还影响植物产品的营养成分　光照充足、气温较高及昼夜温差较大的条件下，果实含糖量高，品质优良。

4. 植物对光照强度的适应

植物长期生长在一定的光照条件下，在其形态结构及生理特性上表现出一定的适应性，进而形成了与光照条件相适应的不同生态类型。

叶片是植物接受光照进行光合作用的器官，在形态结构、生理特征上受光的影响最大，对光有较大的适应性。叶长期处于光照强度不同的环境中，其形态结构、生理特征上往往产生适应光的变异，称为叶的适光变态。阳生叶与阴生叶是叶适光变态的两种类型，一般在全光照或光照充足的环境下生长的植物叶片属于阳生叶，此类型的特征是叶片短小、角质层较厚、叶绿素含量较少；而在弱光条件下生长的植物叶片属于阴生叶，其特征是叶片排列松散、叶绿素含量较多。

自然界中，有些植物只能在较强的光照条件下才能正常生长发育，如月季；而有些植物则能适应比较弱的光照条件，在庇荫条件下生长，如某些蕨类植物。不同植物对光照强度的适应能力不同，特别是对弱光的适应能力有显著的差异。植物忍耐庇荫的能力称为植物的耐阴性。根据植物对光照强度的适应程度，可把植物分为阳性植物、阴性植物、中性植物。

（1）阳性植物　阳性植物是指在全光照或强光照下生长发育良好，在隐蔽或弱光下生长发育不良的植物。阳性植物需光量一般为全日照的70%以上，多生长在旷野和路边等阳光充足的地方，如桃、杏、枣、苹果等绝大多数落叶果树，多数露地一二年生花卉及部分宿根花卉，仙人掌科、景天科等多浆植物，茄果类及瓜类等，一般草原和沙漠植物以及先叶开花的植物都属于阳性植物。

（2）阴性植物　阴性植物是指在弱光条件下能正常生长发育，或在弱光下比强光下生长更好的植物。阴性植物需光量一般为全日照的5%～20%，在自然群落中常处于中、下层或生长在潮湿背阴处，如木本植物云杉、蚊母树、海桐、枸骨、雪柳、瑞香、八仙花、六月雪、杜鹃花等，蕨类植物、兰科、凤梨科、姜科、天南星科及秋海棠类植物。

（3）中性植物　中性植物是指介于阳性植物与阴性植物之间的植物。一般对光的适应幅度较大，在全日照下生长良好，也能忍耐适当的蔽阴，或在生育期间需要较轻度的遮阴，大多数植物属于此类。如木本植物中的雪松、罗汉松、樟树、木荷、桂花、夹竹桃、棕榈、苏铁、元宝槭、枫香、珍珠梅、紫藤、七叶树、君迁子、金银木、樱花等；草本植物中的石碱花、剪秋罗、龙舌兰、萱草、紫茉莉、天竺葵、桔梗、白菜、萝卜、甘蓝、葱蒜类等。中性植物中的有些植物随着其年龄和环境条件的差异，常常又表现出不同程度的偏喜光或偏阴生特征。

阳性植物与阴性植物在形态结构、生理特性及其个体发育等各方面有明显的区别。阳性植物与阴性植物的特点比较见表4-2。

表4-2　阳性植物与阴性植物的特点比较

特　　性	阳 性 植 物	阴 性 植 物
叶型变态	阳生叶为主	阴生叶为主
茎	较粗壮，节间短	较细，节间较长
单位面积叶绿素含量	少	多
分枝	较少	较多
茎内细胞	体积小，细胞壁厚，含水量少	体积大，细胞壁薄，含水量高
木质部和机械组织	发达	不发达
根系	发达	不发达
耐阴能力	弱	强
土壤条件	对土壤适应性广	适应比较湿润、肥沃的土壤
耐旱能力	较耐干旱	不耐干旱
生长速度	较快	较慢
生长发育	成熟早，结实量大，寿命短	成熟晚，结实量低，寿命长
光补偿点、光饱和点	高	低

植物忍耐蔽阴的能力称为植物的耐阴性。阳性植物的耐阴性最差，阴性植物的耐阴性强。我国北方地区常见树种的耐阴性由弱到强的次序大致为：落叶松、柳、山杨、白桦、刺

槐、臭椿、枣、油松、栓皮栎、白蜡树、红桦、白榆、水曲柳、华山松、侧柏、红松、锐齿栎、槭、千金榆、椴等。

植物对光照强度的适应性，除了内在的遗传性外，还受年龄、气候、土壤条件的影响。植物在幼年阶段，特别是1~2年生的小苗是比较耐阴的，随着年龄增加耐阴能力减小；在湿润、肥沃、温暖的条件下，植物的耐阴性较强，而在干旱、瘠薄、寒冷的条件下，则表现为喜光。因此，生产管理中可适当增加空气湿度和增施有机肥来调节植物的耐阴性。

植物对光强的生态适应性在育苗生产及栽培中有着重要的意义。对阴生植物和耐阴性强的植物育苗要注意采用遮阳手段。还可根据不同环境的光照强度，合理地选择栽培植物，做到植物与环境相统一，促进植物的生长发育。

（三）日照长度与植物生长发育

日照长度（日照时间）以小时为单位，是指不计天气状况，仅考虑大气折射，从日出到日落太阳照射的时间。日照长度取决于地域纬度和季节，是较有规律的。在北半球，夏半年（春分~秋分）昼长夜短，夏至这一天，昼最长、夜最短，并且随着纬度的增加，夏半年昼越长；冬半年（秋分~春分）则相反。所以把我国北方地区称为长日照地区，南方地区称为短日照地区。大多数植物都在夏半年的温暖季节内生长发育。

在不同地区，日照长度随季节的更替而产生周期性的变化，这种周期性变化称为光周期。植物这种对日照长度（光周期）的反应称为植物的光周期性反应。

1. 光周期对植物生长的影响

（1）光周期对植物开花的影响　植物的开花与随季节变化的昼夜长短有关。许多植物的成花，在生长季节要求每天有一定的光照与黑暗的时数的现象称为光周期现象。研究证实，在光周期现象中，对植物开花起决定作用的是暗期的长短。也就是说，短日照植物必须超过某一临界暗期才能形成花芽，长日照植物必须短于某一临界暗期才能开花。

闪光试验证明了暗期的重要性。如在暗期中间给予短暂的光照（用闪光），即使光期总长度短于临界日长，由于临界暗期遭到中断，使花芽分化受到抑制，因此短日照植物不开花；而同样情况却可促进长日照植物开花。但不存在暗断现象，黑暗不能间断光期的作用。不同时间的光照处理对短日照植物和长日照植物开花的影响如图4-3所示。

研究表明，波长为640~660nm的红光对中断黑夜所起的诱导作用最有效，用它进行光间断处理，明显抑制短日照植物的花芽形成，而促进长日照植物的花芽形成。秋季用短光照中断长时间的黑夜，抑制短日照植物的开花，可有效地控制植物的花期，以满足人们在不同季节对植物开花观赏的需求。

用适宜植物开花的光周期处理植物，称为光周期诱导。经过足够日数的光周期诱导的植物，即使再处于不适合的光周期下，那种在适宜的光周期下产生的诱导效应也不会消失，植物仍能正常开花。在光周期诱导期间，所需的光周期诱导日数随植物而异，主要与该种植物的地理起源有关。通常起源于北半球的植物，越靠近北方起源的种或品种的短日照植物所需要光周期诱导的短日数越少；长日照植物则越是靠近南方起源的需要光周期诱导的长日数越少。在光周期诱导期间，如果光照强度过弱，会降低开花反应。

值得注意的是，植物的开花不仅受日照长短的影响，还受其他环境因子的影响，如温度、水分等，生产实践中认为控制光照长短的同时，还要协调其他因子，才能真正达到控制花期的目的。

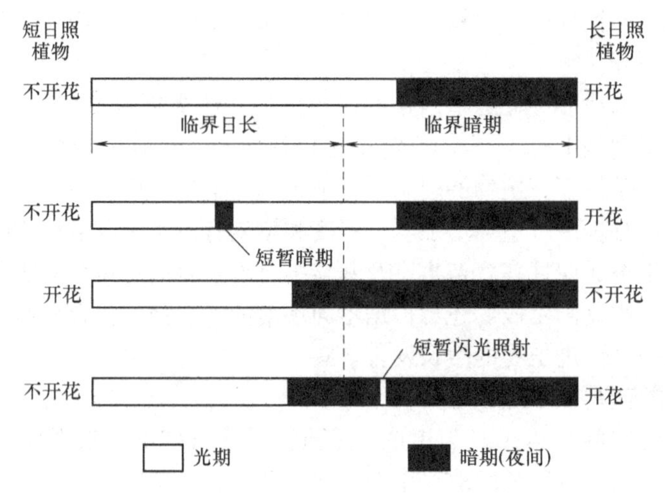

图 4-3　不同时间的光照处理对短日照植物和长日照植物开花的影响

（2）光周期对植物休眠的影响　光周期对植物的休眠有重要影响。一般短日照促进植物休眠而使生长减缓，长日照可以打破或抑制植物休眠，使植物持续不断地生长。如生长在北方的植物，深秋植物落叶，停止生长，进入休眠，就与短日照诱导有关。南方起源的树木北移时，由于秋季北方的日照时间长，往往造成南方树木徒长，秋季不封顶，这样很容易遭受初霜的危害。为了使其在北方安全越冬，可对其进行短日照处理，使树木的顶芽及早木质化，进入休眠状态，增强抗寒越冬的能力。

有些植物只有在长日照下才会休眠，如夏休眠的常绿植物和原产于夏季干旱地区的多年生草本花卉，如水仙、百合、仙客来、郁金香等。

（3）光周期对植物其他方面的影响

1）光周期影响植物的伸长。短日照植物置于长日照下，常常长得高大；而把长日照植物置于短日照下，则节间缩短，甚至呈莲座状。

2）光周期影响植物性别的分化。一般来说，短日照促进短日照植物多开雌花，长日照促进长日照植物多开雌花。瓜类中的黄瓜在长日照下雄花居多，短日照下雌花居多。

3）光周期对有些植物地下贮藏器官的形成和发育有影响。如短日照植物菊芋，在长日照下仅形成地下茎，但并不加粗，而在短日照下，则形成肥大的块茎；二年生植物白花草木樨，在进入第二年生长以前，由于短日照影响，能形成肉质的贮藏根，但如果给予连续的长日照处理，则不能形成肥大的肉质根。

植物对光周期的敏感性是各不相同的。通常木本植物对光周期的反应不如草本植物敏感。利用植物对光周期的不同反应，可通过人工控制光照时数来调整植物的生长发育。

2. 植物对日照长度的适应

由于长期适应不同光照周期的结果，有些植物需要在长日照条件下才能开花，而有些植物需要在短日照条件下才能开花。根据植物对光周期的不同反应，可把植物分为长日照植物、短日照植物和日中性植物。

（1）长日照植物　长日照植物是指当日照长度超过临界日长才能开花的植物，也就是说，光照长度必须大于一定时数（这个时数称为临界日长）才能开花的植物。当日照长度不够时，只进行营养生长，不能形成花芽。这类植物的开花通常是在一年中日照时间较长的

季节里。如凤仙花、唐菖蒲、蒲包花、倒挂金钟、令箭荷花、风铃草、除虫菊等，用人工方法延长光照时数可使这类植物提前开花，而且光照时数越长，开花越早。否则将维持营养生长状态，不开花结实。

（2）短日照植物　短日照植物是指日照长度适于临界日长时才能开花的植物。一般深秋或早春开花的植物多属于此类，如牵牛花、一品红、菊花、蟹爪兰、落地生根、一串红、芙蓉花、苍耳、菊花、水稻、大豆、高粱等，用人工缩短光照时间，可使这类植物提前开花，而且黑暗时数越长，开花越早。否则在长日照下只能进行营养生长而不开花。

（3）日中性植物　日中性植物是指开花与否对光照时间长短不敏感的植物，只要温度、湿度等生长条件适宜，就能开花的植物。如月季、香石竹、紫薇、大丽花、仙客来、蒲公英、番茄、黄瓜、四季豆等，这类植物受日照长短的影响较小。

将植物能够通过光周期而开花的最长或最短日照长度的临界值，称为临界日长。对于短日照植物是指成花所需的最长日照长度；对于长日照植物是指成花所需的最短日照长度。一般认为，临界日长为每日 12～14h 光照。有的短日照植物如苍耳，临界日长可达 15.5h，而有的长日照植物如天仙子，临界日长仅为 12h。每种植物有其自身的临界日长，不一定长日照植物所需的日照时数一定比短日照植物长。例如，长日照植物菠菜的临界日长为 13h，也就是说它们需要在长于 13h 光照下才能开花，少于 13h 就不能开花；短日照植物菊花（大多数品种）的临界日长为 15h，只要日照数不超过 15h，菊花就能开花。因此对于长日照植物来说，只要在日照时数长于临界日长的条件下就能开花；而对于短日照植物来说，只要在日照时数短于临界日长的条件下就能开花。

植物对光周期的反应是植物在进化过程中对日照长短的适应性表现，在很大程度上与原产地所处的纬度有关。长日照植物大多为原产于高纬度的植物，短日照植物大多为原产于低纬度的植物，因此在引种中，必须考虑植物对日照长度的反应。

三、城市光环境与植物生长

1. 城市光环境

城市地区由于空气中污染物较多，使水汽凝结核随之增加，较易形成低云，同时由于城市中建筑物的摩擦作用易引起空气的湍流运动，在湿润气候条件下也有利于低云的形成。因此，城市地区的低云量、雾、阴天日数都比郊区多，而晴天日数、日照时数则少于郊区。城市中太阳直接辐射减少，散射辐射增多。由于城市地区云雾增多，空气污染严重，使得城市大气浑浊度增加，从而使到达地面的太阳直接辐射减少，散射辐射增多。

城市中建筑物林立，太阳辐射到达地面过程中被阻拦遮挡，所以城市中的遮阴处较多，如高桥下、大厦间、建筑物的北侧等，从而造成太阳辐射的不均匀性。一般东西向街道北侧接受的太阳辐射比南侧多。随着城市空间的上层发展，建筑物的遮阴效果越来越明显。由于城市建筑物的相互遮阴，不仅对太阳辐射形成不均匀分布，也会减少城市范围内的太阳辐射时间。

总之，城市的自然光照条件与自然界有很大的区别，还存在着人为光污染，如白昼污染、白亮污染、彩光污染等，这些都会影响到植物的生长发育，在栽培管理过程中应予重视。

2. 城市光环境对植物生长的影响

城市光环境对植物的影响主要是指人工白昼和彩光污染的影响，主要表现在以下方面：

（1）对植物生物节律的影响　植物白天利用光合作用积累的有机物质生长，夜间进行呼吸作用停止生长，即日长夜息，具有明显的生长周期性。具体表现是植物按体内生物节律活动，如果夜间室外灯光照射植物，就会破坏植物体内生物节律，影响其正常生长，特别是夜里长时间、高辐射能量作用于植物，就会使植物的叶或茎变色，甚至枯死。

（2）对植物花芽形成的影响　植物对白日（光照）和黑夜（黑暗）时间长短的反应非常灵敏，黑暗期的小小改变，如只插入几分钟的人工照明，植物也能“测量”出来。许多植物通过黑夜的长短来控制开花，660nm 的红光能有效地抑制短日照植物的开花，而诱导长日照植物开花；人眼不能见到的远红光（730nm）则能诱导短日植物开花，抑制长日照植物开花。因此，根据不同光源所含红光或红外光的不同（如长时间、大量的夜间人工光照射），就会导致植物花芽的过早形成。

（3）对植物休眠和冬芽形成的影响　植物叶片通过测量黑夜的长短，能预测季节的变化，这是触发植物落叶和冬眠的信号。如果夜间室外灯光照射植物，就会使休眠受到干扰，引起落叶形态的失常和冬芽的形成。易受灯光影响的树种有枫树、四照花、垂柳等，桃花按不同叶龄，对灯光的灵敏度也不一样，受到强光照射的部位，跟其他部位的叶和花明显不同。由于光的照射，梧桐树、刺槐的叶片将逐渐减少，留下的叶片也会慢慢枯死。

（4）对阴性植物生长的影响　阴性植物的光补偿点较低，也就是说，这类植物在较弱光照条件下比在较强光照下生长更好，比如城市绿化常见的一些地被植物（酢浆草、春兰、宽叶麦冬、吉祥草等）和一些阴性木本（如珠兰、茶、柃木、紫金牛、中华常春藤等）。长时间和过强的夜间照明会使这些阴性植物生长不良。

任务 2　测定光照强度

光照强度大小取决于可见光的强弱，一天中正午最大，早晚最小；一年中夏季最大，冬季最小。而且随纬度增加，光照度减小。照度计是测定光照强度（简称照度）的仪器，通过照度计的测定，对植物生长的光环境进行正确的评价，并根据当地的光能资源状况及植物生长状况，调控植物生长的光环境。

一、照度计的构造与工作原理

照度计是测定光照强度（简称照度）的仪器，它是利用光电效应的原理制成的。整个仪器由感光元件（硒光电池）和微电表组成。当光线照射到光电池后，光电池即将光能转换为电能，反映在电流表上。电流的强弱和照射在光电池上的光照度呈正相关，电流表上测得的电流值经过换算即为光照度。为了方便，把电流计的数值直接标成照度值，可以直接读出光照强度，单位是勒克斯（Lx）。

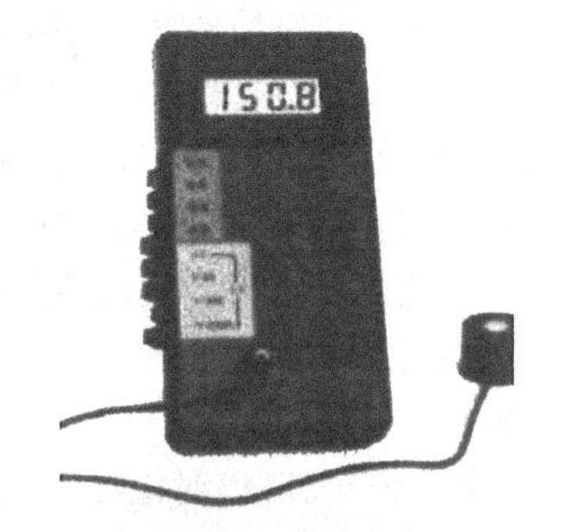

图 4-4　ST-80C 数字照度计

二、照度计的操作规程和质量要求

1. 仪器和场所的选择

仪器可选用 ST-80C 数字照度计（图 4-4），场所可选择操场上阳光直射的位置、树林内、田间或日光温室，应选择

晴朗无风天气。

ST-80C 数字照度计由测光探头和读数单元两部分组成，两部分通过电缆用插头和插座连接。读数单元左侧的各按键作用分别为

"电源"：按下此键为电源接通状态，自锁键，再按此键抬起为电源断开状态。

"保持"：按下此键为数据保持状态，自锁键，再按此键抬起为数据采样状态，测量时应抬起此键。

"照度"：进行照度测量时按下此键，同时注意将"扩展"键抬起，"照度"键与"扩展"键为互锁键，轻按"扩展"键则"照度"键抬起。

"扩展"：根据要求选配件后进行功能扩展。进行扩展功能测量时按下此键，同时注意将"照度"键抬起。"X1""X10""X100"和"X1000"为4量程按键。

2. 光照强度的测定

（1）操作规程

1）压拉后盖，检查电池是否装好。

2）按下"电源""照度"和任一量程键（其余键抬起），然后将大探头的插头插入读数单元的插孔内。完全遮盖探头光敏面，检查读数单元是否为零，不为零时仪器应检修。

3）打开探头护盖，将探头置于待测位置，光敏面向上，根据光的强弱选择适宜的量程按键按下，此时显示窗口显示数字，该数字与量程因子的乘积即为照度值（单位 Lx）。（注意："照度"键和"扩展"键切勿同时按下）

4）如要将测量数据保持，可按下"保持"键。（注意：不能在未按下量程键前按"保持"键）读完数后应将"保持"键抬起恢复到采样状态。

5）测量完毕将"电源"键抬起，断开电源。

6）同上测定其他样点照度值。全部测完则抬起所有按键，小心取出探头插头，盖上探头护盖，照度计装盒带回。

（2）质量要求

1）根据光的强弱选择适宜的量程按键。

2）电缆线两端严禁拉动而松脱，测点转移时应关闭"电源"键，盖上探头护盖。

3）测量时探头应避免人为遮挡等影响，探头应水平放置使光敏面向上。

4）每个测点连测3次，取平均值。

3. 操作注意事项

1）测量前必须熟悉使用方法，应特别注意"照度""扩展"、"保持"键的使用。

2）如果显示窗口的左端只显示"1"表明照度过载，应按下更大的量程键测量，或表明在按下量程键前已误将"保持"键先按下了，应抬起"保持"键后再施测。若显示窗口读数≤19.9Lx，则改用更小的量程键，以保证数值更精确。

3）当液晶显示板左上方出现"LOBAT"字样或"←"时，应更换机内电池。

三、数据记录

用照度计测定不同光环境条件下的光照度，如阳光直射的位置、树林内、田间与日光温室内，将测量结果填入表4-3中。汇总不同测点的观测值，求出各测点的平均值，然后进行对比分析。要求数据齐全，计算结果正确，分析结论准确。

表 4-3　光照度的观测记录表　　（单位：Lx）

测　点	次　数	读　数	选用量程	光照度值	平均值
阳光直射的位置	1				
	2				
	3				
树林内	1				
	2				
	3				
田间	1				
	2				
	3				
日光温室内	1				
	2				
	3				

任务3　测定日照时数

日照是指太阳辐射中可见光的照射，常用日照时数和日照百分率表示。太阳照射的时间称为日照时数，以小时为单位，包括可照时数和实照时数两种。不受任何障碍物和云雾的影响，从日出（太阳中心出地平线）到日落太阳照射的时间称为可照时数。日照时数的多少取决于地理纬度和季节。在北半球，夏半年（春分～秋分）可照时数大于12小时，并且随纬度的增高而增长；冬半年（秋分～春分）可照时数小于12小时，并且随纬度的增高而缩短。北半球可照时数可参考表4-4。

表 4-4　北半球可照时数简表　　[各月15日值，单位：(时：分)]

月　份	纬　度								
	0°	10°	20°	30°	40°	50°	60°	65°	70°
1	12：08	11：36	11：04	10：25	9：39	8：33	6：42	5：01	0
2	12：07	11：49	11：30	11：09	10：41	10：06	9：10	8：22	7：22
3	12：07	12：04	12：02	11：58	11：55	11：52	11：48	11：41	11：34
4	12：06	12：22	12：36	12：55	13；15	13：45	14：31	15：11	16：08
5	12：07	12：35	13：05	13：41	14：23	15：23	17：06	18：44	23：00
6	12：07	12：43	13：20	14：04	15：00	16：20	18：49	21：42	24：00
7	12：08	12：40	13：14	13：54	14.45	15：58	18：06	20：23	24：00
8	12：07	12：27	12：49	13：14	13：47	14：32	15：43	16：45	18：20
9	12：06	12：11	12：14	12：14	12：30	12：40	12：57	13：12	13：30
10	12：07	11：55	11：41	11：27	11：12	10：40	10：15	9：50	9：12
11	12：07	11：41	11：21	10：39	10：00	9：03	7：36	6：19	3：58
12	12：07	11：33	10：57	10：15	9：22	8：08	5：56	3：50	0

地面因受障碍物和云雾等影响，从日出到日落太阳实际照射的时间，称为实照时数，可

用日照计观测。日常生活中所讲的日照时间实际上就是实照时数。日照百分率是指某地实际日照时数与该地同期可照时数的百分比，即：

$$日照百分率 = 实照时数/可照时数 \times 100\%$$

日照百分率是相对值，它说明了某地日照的多少。日照百分率大，说明该地区日照充足，有利于植物的生长，对种植业生产较为有利。

一、日照计构造及工作原理

测定某一地方在一天中太阳所照射地面时间的长短的仪器，称为日照计。日照计分为玻璃球式（聚焦式）日照计与暗筒式日照计两种。通过对日照时数的测定，可以对植物生长的光环境进行正确的评价，从而调控植物生长的光环境。

日照这一词是指与突现于天空背景漫射光的日盘亮度相关的，或易于由人眼观测的，并在受照射物后面出现阴影有关的现象。最初的日照定义是直接的、比较简单的，由康培尔—斯托克（Campbell—Stokes 日照计）确立，它是由一特制的透镜聚焦太阳光束的能量，在一特制的黑纸卡上烧出焦痕，以此检测日照。这种日照计早在 1880 年就引入了气象站，现仍在很多站网中使用。因为对特制部件的尺寸和质量无国际统一的规定，随之执行不同原则性的规程，则产生不同的日照时数值。为了使日照时数全球范围网络的资料均一化，一种专门设计的康培尔—斯托克日照计，即“暂定标准日照计”（IRSR），由 WMO 在 1962 年建议作为标准（WMO，1962）。

康培尔—斯托克日照计又称为玻璃球式日照计，主要是一个实心的玻璃球，玻璃球能将照射到球上的阳光聚成一个焦点。不论太阳在天空中任何一个方向上，都能得到一个焦点，焦点能使纸片发生焦痕。当太阳从东往西运动时，焦点也会以相反的方向随着移动，因而焦痕的痕迹是由西向东移动，通过观察焦痕的长短就可计算出日照时间。

目前，我国在地面气象观测业务中长期使用暗筒式日照计进行日照时数观测。暗筒式日照计又称乔唐式日照计，（图 4-5）由暗筒、底座、隔光板、进光孔、筒盖、压纸夹、纬度刻度盘、纬度刻度线组成。暗筒底端密闭，筒口带盖，筒的两侧各有一个进光小孔，两孔前后位置错开，与圆心的夹角为 120°，筒内附有压纸夹。圆筒固定在支架上，松开固定螺钉圆筒可绕轴旋转，使圆筒轴与地平夹角为当地纬度，使太阳一年四季在南北纬度 23.5°变化时，就相当于在暗筒洞孔的垂直切面南北 23.5°范围内变化，故一年内太阳光照射时，光线都会落到暗筒内。在春、秋分这两天阳光垂直筒身，感光线是一条垂直圆筒轴的直线，夏半年阳光偏于北半球，感光线位于直线的下方，冬半年阳光偏于南半球，阳光迹线偏于直线上方。筒内放一涂有药水的感光纸，光线在上下午都能穿过小孔而射入筒内，使感光纸感光，而留下一条蓝色线条。筒上装一隔光弧板，使上下午光明确分开（除正午一、二分钟内，阳光可同时进入两孔，其余时间阳光均只能从一孔进入），筒口有一盖紧紧盖住筒口，以免日光进入使感光纸失效。通过感光纸

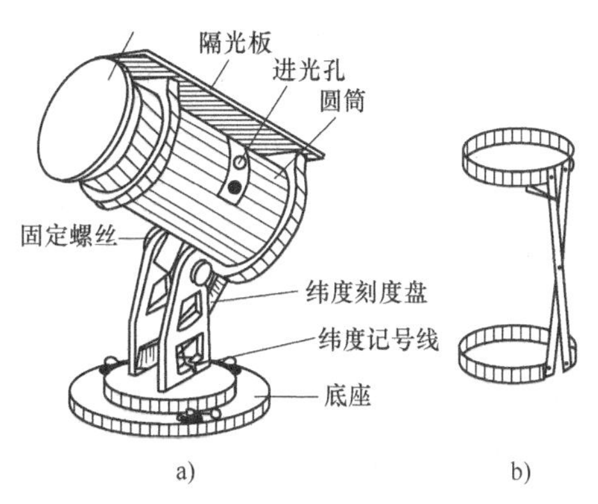

图 4-5　乔唐式日照计
a）外形　b）压纸夹

上感光线条的长度就可计算出日照的时间。

二、暗筒式日照计的操作规程和质量要求

1. 日照计的安置

通常安装在观测场内或平台上。如安装在观测场内，首先埋设铁架（高度以便于观测为宜），铁架顶部要安装一块水平而又牢固的台座，座面上要精确标出南北线。如将日照计安装在铁架平台上，底座要水平，日照计暗筒的筒口对准正北，并将日照计底座加以固定，转动筒身，纬度记号线对准纬度盘的当地纬度。

2. 日照时数的测定

（1）日照计自记纸的涂药　日照计自记纸使用前需在暗处涂刷感光药剂，日照记录的准确性与否与涂药质量关系密切。所用药剂为显影药剂赤血盐（$K_3Fe(CN)_6$）和感光药剂柠檬酸铁铵［$Fe_2(NH_4)_4(C_6H_5O_7)_3$］。

药液的配制方法：用柠檬酸铁铵（感光剂）与清水以3∶10的比例配成感光剂；用赤血盐（显影剂）与清水以1∶10的比例配成显影剂。分别装入褐色瓶中放于暗处保存备用。每次配量以能涂刷10张日照纸为宜，以免涂了药的日照纸久存失效。

涂药方法：涂药时取两种药液等量均匀混合，在暗处或红光灯下进行。涂药前，先用脱脂棉把需涂的日照纸表面擦净，再用脱脂棉蘸药液薄而均匀地涂在日照纸上，涂后的纸放于暗处阴干。或者先将柠檬酸铁铵药液涂刷在日照纸上，阴干后逐日应用。

（2）换纸　每天日落后换纸（阴天也换），换下日照纸并签好名，将涂有感光药液填好年、月、日的另一张纸，放入暗筒内，并将纸上10时线对准暗筒正中线，纸孔对准进光孔，压紧纸，盖好盖。每天在日落以后换自记纸，即使是全日阴雨，没有日照记录，也应照常换下，以供日后查考。上纸时，将填好次日日期的日照纸（涂药一面朝里卷成筒状），放入金属圆筒内，使纸上10时线对准筒口白线，14时线对准筒底白线，纸上的两个圆孔对准两个进光孔，压纸夹交叉处向上，将纸压紧，盖好筒盖。

（3）记录　每天换下日照纸后，在感光迹线处用脱脂棉涂上赤血盐，便可显出蓝色迹线。当天换下的日照纸，应根据感光迹线的长短，在迹线下方用铅笔描画，然后将日照纸放入足量的清水中浸漂3～5min拿出（全天无日照的自记纸，也应浸漂），阴干后，再重新检查感光迹线与铅笔线是否一致，如感光迹线比铅笔线长，则应补上这一段铅笔线，最后按铅笔线长度计算日照时数。将各小时的日照时数逐一相加，精确到0.1h，即可得到全天的实照时数。若全天无日照，日照时数记为0.0。

3. 操作注意事项

1）配药要混合均匀，不可过量，以能涂10张日照纸的量为宜，以免日久受光失效。

2）涂药时用脱脂棉擦净日照纸表面，再用新的脱脂棉涂药。脱脂棉用后不能再次使用。

3）不要把药液溅到皮肤和衣服上。

4）日照纸在换的过程中不能感光，否则将没有感光迹线。

5）描铅笔线时，注意和感光迹线长度一致，计算时把上午、下午的迹线相加即可。

4. 日照计的检查与维护

每月应检查一次日照计，发现问题及时纠正，每日日出前应检查日照计的小孔，有无小虫、尘沙堵塞或雪、霜遮盖。每月查看日照计的水平、方位纬度的安置情况。常见技术问题处理：

1）日照纸上没有感光迹线，检查日照纸是否感光；天气情况，是否为阴天；暗筒上的小孔是否被遮住。

2）日照纸上的感光迹线有间断，说明1天中出现太阳被云遮住的现象，计算时这段没迹线的部分，不计入1天的日照时间中。

三、数据记录

连续进行1个月的观测，观测结果列表，并查出当地相同时间内的可照时数，计算日照百分率（表4-5、表4-6）。

表4-5　日照时数观测表

时间/日	日照时数/h	时间/日	日照时数/h	时间/日	日照时数/h
1		11		21	
2		12		22	
3		13		23	
4		14		24	
5		15		25	
6		16		26	
7		17		27	
8		18		28	
9		19		29	
10		20		30	

表4-6　可照时数及日照百分率

时间/日	可照时数/h	日照百分率	时间/日	可照时数/h	日照百分率	时间/日	可照时数/h	日照百分率
1			11			21		
2			12			22		
3			13			23		
4			14			24		
5			15			25		
6			16			26		
7			17			27		
8			18			28		
9			19			29		
10			20			30		

任务4　调控植物生长的光环境

一、提高植物的光能利用率

1. 我国各地的光能资源情况

光资源是农业气候资源的重要组成部分，影响着一个地区的种植制度、作物布局、植物的引种及植物的生长状况。我国是光能资源非常丰富的国家，在各省（区）中，西藏西部光能资源最丰富，居世界第二位，仅次于撒哈拉大沙漠。根据各地接受太阳总辐射量的多少，可将全国划分为5类地区。

一类地区为我国光能资源最丰富的地区，年太阳辐射总量为6680～8400MJ/m^2，年日照时数为3200～3300h。包括宁夏北部、甘肃北部、新疆东部、青海西部和西藏西部等地。

二类地区为我国光能资源较丰富的地区，年太阳辐射总量为5852～6680MJ/m^2，年日照时数为3000～3200h。包括河北西北部、山西北部、内蒙古南部、宁夏南部、甘肃中部、青海东部、西藏东南部和新疆南部等地。

三类地区为我国光能资源中等类型地区，年太阳辐射总量为5016～5852MJ/m^2，年日照时数为2200～3000h。主要包括山东、河南、河北东南部、山西南部、新疆北部、吉林、辽宁、云南、陕西北部、甘肃东南部、广东南部等地。

四类地区是我国光能资源较差地区，年太阳辐射总量为4180～5016MJ/m^2，年日照时数为1400～2000h。包括湖南、湖北、广西、江西、浙江、福建北部、广东北部、陕西南部、安徽南部等地。

五类地区是我国光能资源最差地区，年太阳辐射总量为3344～4180MJ/m^2，年日照时数为1000～1400h。包括四川大部分地区和贵州省。

其中一、二、三类地区，年日照时数大于2000h，年辐射总量高于5000MJ/m^2，是我国光能资源丰富或较丰富的地区，面积较大，约占全国总面积的2/3，具有利用光能资源的良好条件。四、五类地区虽然光能资源条件较差，但仍有一定的利用价值。

2. 提高植物的光能利用率途径

根据叶绿体的光化学角度分析结果，光能利用率最高为20%～25%，在自然条件下生长的植物和栽培作物，其光能利用率只有1%左右。在植物叶面积最大的旺盛生长期的短时间内，最高利用率也不过5%左右。最大限度地有效利用太阳光，并不是简单地提高每一植物个体的光合利用率，而是努力使整个植物群体最大限度地获得太阳辐射能。要提高光能利用率，主要通过延长光合作用时间、增加光合作用面积和提高光合作用效率等途径。

（1）培育和引进高光效植物品种　优良品种是夺取植物高产优质的内因，良种具有合理的株形结构，能充分利用光能，积累有机物质多。据研究，有利于光合作用的叶、蘖、茎应具备叶片直立、叶片较厚、叶面积较大、分蘖力中等、分蘖比较紧凑而整齐、成穗率高、茎秆矮或半矮、坚硬粗壮、茎壁厚、整个株形呈倒伞形等特征，这种株形结构的品种，能充分利用光能，提高植物的产量和品质。

（2）改善种植制度　通过提高复种指数和土地、气候资源利用率来提高光能利用率。如对于旱耕地，属于中低产田，单产水平低，只要不断改善种植制度，其增产潜力是很大的。高秆、矮秆植物间种、套种，有利于植物分层用光和改善通风透光条件，同时提高复种指数，延长植物绿叶覆盖面积和时间，充分利用光能利用率。

（3）合理密植　合理密植是解决植物群体与个体矛盾的根本途径，也是改善光合性能和保证个体营养从而获得丰产的主要环节。如种植太稀，光能就得不到充分利用；种植太密，植株互相遮挡，植物也不会茁壮生长。总之，无论是栽种农作物，还是种植观赏植物，种植的密度都应当合理。

二、植物生长的光环境调控

利用光对植物的生态效应和植物对光的生态适应性，适当调整光与植物的关系，可调控植物的生长发育，提高植物的栽培质量及其观赏价值，更好地满足人类日益增长的生产、生活需求。

1. 控制花期

（1）利用人工控制日照长短可提早或推迟开花　利用人工控制日照长短的方法可提早或推迟开花时间，这在园艺花卉栽培上很重要。短日照植物（如一品红、菊花、蟹爪兰等）在长日照条件下，减少其照射时间，则可提早开花。如原产墨西哥的短日照花卉一品红，在北京地区的正常花期是12月下旬。一般单瓣品种在8月上旬开始遮光处理，早8时打棚，下午5时遮盖，每天日照时间为8～10h，经过45～55d，10月1日就可开花，满足国庆节造景的需要。菊花的正常花期通常在10月份以后，为了观赏目的，可进行遮光处理，20d即可现花蕾，50～60d就可开花，从而使它在6～7月份，甚至在劳动节开花；也可延长日照时间或利用光进行暗期间断、施肥和摘心等措施，使菊花延迟到元旦或春节期间开花。到目前为止，菊花在温室内通过遮光处理，实现了四季供花。同样，长日照植物，如瓜叶菊、唐菖蒲、晚香玉等在秋、冬及早春的短日照条件下不开花，如在温室内用白炽灯或日光灯等人造光源对其进行每天3h以上的补充光照，让每天的光照时间达到15h左右，可达到催花的预期效果。采取相反的措施，则会延迟开花时间。

（2）光暗颠倒可改变植物的开花习性　昙花在夏秋季晚间9点左右开花，从绽蕾到绽放以至凋谢一般只有3～4h。如果在花蕾长6～10cm时，白天遮光，夜间用日光灯给以人工照明，经过4～6d处理，可以使其在上午8：00～10：00开花，而且花期延长到17：00左右凋谢。

（3）控制花期解决种间或种内杂交时花期不遇　控制花期在育种上对克服杂交亲本花期不遇也是很重要的。例如，利用人工控制日照长短的方法，使双方亲本同时开花，便于进行杂交，扩大远缘杂交范围。又如，甘薯是短日照植物，在北方种植时，由于当地日照长，不能开花，所以不能进行有性的杂交育种，但若利用人工遮光方法，使每天光照时间缩短到8～10h，1～2个月即可开花。因此控制花期可以解决种间或种内杂交时花期不遇的问题。

2. 科学引种

从异地引进新的作物或品种时，首先要了解被引进植物的光周期特性。如果原产地和引入地区光周期条件相差太大，就可能因生育期太长而不能成熟，或者因生育期太短而产量过低。我国南方的长日照植物和短日照植物其临界日长一般比北方的相应短一点，而生产季节中春夏季的长日照偏南地区比偏北地区来得要晚一些，夏秋的短日照偏南地区比偏北地区来得要早一些。因此短日照植物南种北引，生长期会延长，开花期推后；北种南引生长期推后，开花期提前。所以对于收获果实和种子的植物必须考虑引进后能否适时开花结实，否则就会导致颗粒无收。因此短日照植物南种北引应引早熟品种，北种南引应引晚熟品种为宜；长日照植物南种北引应引晚熟品种，北种南引应引早熟品种为宜。以大豆为例，南方大豆在北京种植时，从播种到开花日期延长，枝叶繁茂，但由于开花期晚（如在广州种植的大豆品种番禺豆在北京种植大约在10月15日才开花），此时天气已冷，结实率低，产量不高。东北大豆品种在北京种植，从播种到开花的时间很短，植株很小就开花，产量也不高。

同纬度地区的日照长度相同，若海拔高度相近，则温度差异一般不大。因此如果其他的生长条件合适，相互引种比较容易。但如果引种地区和原产地相距过远，还有留种的问题，如广东、广西的红麻引种到北方种植，9 月下旬才能现蕾，种子不能及时成熟，可在留种地采用苗期短日处理方法，解决种子的问题。

北方植物园引种时，可利用短日照处理来促使树木提前休眠，准备御寒，增强越冬能力；长日照促使营养生长，如对树苗进行长日照处理可大大促进树苗生长。

3. 缩短育种周期

育种所获得的杂种，常需要培育很多代，才能得到一个新品种，通过人工光周期引导，使花期提前，在一年中就能培育一代或多代，从而缩短育种时间，加速良种繁育的进程。将冬小麦于苗期连续光照下进行春化，然后移植给予长日照条件，就可以将生产期缩短为 60 ~ 80 天，一年之内就可以繁殖 4 ~ 6 代。在进行甘薯杂交育种时，可以人为缩短光照，使甘薯生长整齐，以便进行有性杂交培养新品种。根据我国气候多样性的特点，可进行作物南繁北育，利用导地种植以满足作物发育条件。例如，短日照植物玉米、水稻均可在海南岛繁育种子，能做到一年内繁育 2 ~ 3 代。根据光周期理论，同一作物的不同品种对光周期的敏感性不同，所以在育种时，应注意亲本光周期的敏感性的特点，一般选择敏感性弱的亲本，其适应性强些，有利于良种的推广。

4. 维持植物营养生长

收获营养器官的作物，如果开花结实，会降低营养器官的产量和品质，因而需要防止或延迟这类作物开花。甘蔗有些品种是短日照植物，在短日照来临时，可用光照来间断暗期，以抑制甘蔗开花，一般只需在午夜用强的闪光进行处理，就可继续维持营养生长而不开花，使甘蔗的蔗茎的产量提高，含糖量也增加。麻类中的黄麻、洋麻等属于短日照植物，其开花结实会降低纤维的产量和质量，生产上采用延长光照或南麻北引的方法来延迟开花。例如，河北省从浙江省引种黄麻，浙江省从广东省引种黄麻，由于植物要求的短日照在偏北地区来得较晚，就能延迟开花，延长营养生长期，增加株高，提高产量。

5. 改变休眠与促进生长

日照长度对温带植物的秋季落叶和冬季休眠等特性有着一定的影响。长日照可以促进植物萌动生长，短日照有利于植物秋季落叶失眠。城市中的树木，由于人工照明延长了光照时间，从而使其春天萌动早，展叶早；秋季落叶晚，休眠晚，这样就延长了园林树木的生长期，因此控制光照时间可以促进植物的萌动或调整休眠。北方树种利用对光照的敏感性，使它们在寒冷或干旱等特定环境因子到达临界点之前进入休眠。生长季节的日照长度比原产地长一些，易于满足它对光照的需求，生长就会延长，树形也长得高大，甚至结实，但这些植物容易受到早霜的危害，北方植物园的引种工作中，可利用短日照处理促进树木提前休眠，增强越冬能力。

在植物育苗过程中，调节光照条件，可提高苗木的产量和质量。在高温、干旱地区，应对苗木适当遮阳，但在气候温暖雨量多的地区，对一些植物，特别是喜光植物进行全光育苗，更能促进生长。在有条件的地方，通过人工延长光照时间，促进苗木生长，可取得显著效果。据资料记载在连续光照下，可使欧洲赤松苗木生长加速 5 倍，而且苗木的直径和针叶也增长许多。许多植物的幼苗发育阶段要进行弱光处理，照射强度过大，容易发生灼伤。有些对光照强度反应比较敏感的大树也会因光强过大而受到伤害，如对其进行涂白等人为保护措施则可避免受强光的伤害。

6. 合理栽植配置

掌握植物对光环境的生态适应类型，在植物的栽植和配置过程中非常重要。只有了解植

物是喜光性的还是耐阴性的种类，才能根据环境的光照特点进行合理种植，做到植物与环境的和谐统一。如在城市高大建筑物的阳面和背光面的光照条件差异很大，在其阳面应以阳性植物为主，在其背光面则以阴性植物为主。在较窄的东西走向的楼群中，其道路两侧的树木配置不能一味追求对称，南侧树木应选耐阴性树种，北侧树木应选阳性树种。否则，必然会造成一侧树木生长不良。再如碧桃和蜡梅都是喜光树种，在园林养护管理上就应该进行合理修剪整枝，改善其通风透光条件，加强树体的生理活动机能，使枝叶生长健壮，花芽分化良好，花繁色艳，以充分满足人们的观赏需求。

【知识归纳】

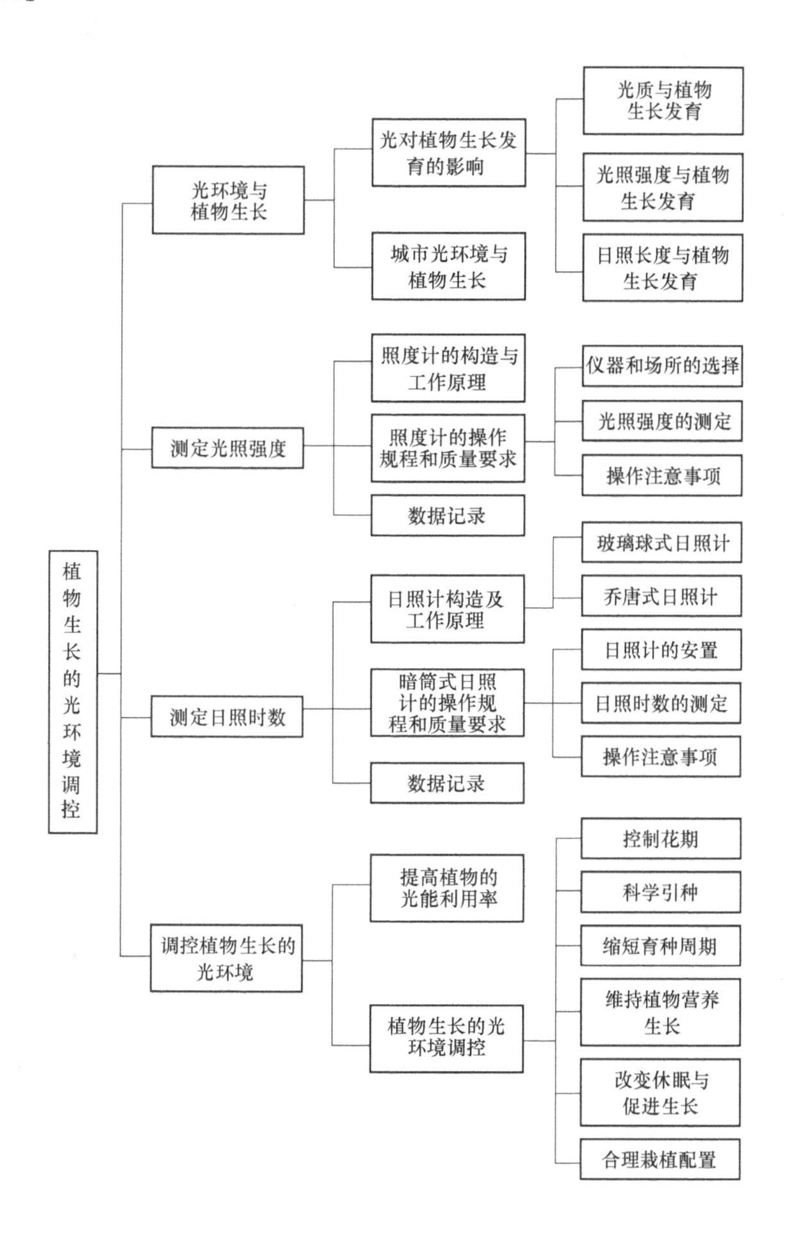

【知识巩固】

一、名词解释

光饱和点　光补偿点　长日照植物　短日照植物　日中性植物　阳性植物　阴性植物

二、分析题

1. 太阳辐射中的不同光谱对植物生长发育有何影响？
2. 根据植物对光照强度、日照长度的要求，可将植物分成哪几类并举例说明。
3. 高山植物主要的形态特征是什么？造成的主要原因是什么？

植物生长的温度环境调控

【知识目标】

- 了解土壤的热特性
- 熟悉土壤温度、空气温度的变化规律
- 掌握土壤温度对植物生长的影响
- 了解气温的变化规律
- 掌握生产上常用的温度指标
- 熟悉温度对植物生长的影响、植物对极端温度的适应
- 掌握用合理的方式调控植物生长的温度环境

【能力目标】

- 能利用有利的条件，熟练地测定当地土壤温度和空气温度，并为当地植物生长提供科学的依据

任务1　认识植物生长与温度环境

适宜的温度是植物生长发育必不可少的条件之一。植物生长过程中的各个生理生命活动只有在适宜的温度下才能顺利进行，它对植物的生命活动的影响是综合性的，温度直接影响光合作用、呼吸作用、蒸腾作用，直接影响到植物根系对水肥的吸收和运输，进而影响到植物的正常生长发育。植物的生长与环境温度主要包括土壤温度和空气温度两个方面。

一、土壤温度

土壤温度变化对植物生长发育所产生的意义不亚于大气温度的变化，在植物的栽培生产过程中，提供适宜的土壤温度会比单纯提高空气温度更加重要，尤其是在冬季或早春进行栽培活动的时候。土壤温度的变化直接影响根系的活动，同时又制约着土壤中各种盐类的溶解速度、土壤微生物的活动以及土壤有机质的分解和养分转化等。

1. 土壤的热特征

在影响土壤温度变化的诸多因素中，土壤热容量和土壤导热率是最主要的因素。

（1）土壤热容量　土壤热容量是指每单位土壤温度升高1℃时所需的热量。土壤热容量有两种表现形式，为土壤重量热容量和土壤容积热容量。土壤重量热容量是指每1g土壤增温1℃时所需的热量；土壤容积热容量是指每1cm^3土壤增温1℃时所需的热量。两者的关系如下：

土壤的容积热容量 = 土壤重量热容量 × 土壤容重

因为空气的容积热容量很小，约0.0003卡/cm^3，水的容积热容量很大，约为1卡/cm^3，而土壤中有机质的容积热容量变化不大。在实际生产中，土壤有机质和矿物质的变化很慢，但土壤水分和空气的含量变化很快。空气含量的变化对土壤容积热容量改变不大，因此可以改变土壤的湿度来改变土壤的容积热容量。

土壤热容量的大小主要影响土壤温度的变化速率，热容量大，则土壤温度变化慢；热容量小，则土壤温度变化快。因此当土壤含水量低时，热容量小，土温升降相对容易。农业生产上就是通过水分管理来调节土壤温度，如低洼易积水地区在早春采取排水措施促使土壤增温，以利种子发芽等。一般来说，砂性土的热容量小，含水量低，温度容易改变，称为“热性土”，黏质土的含水量高，热容量大，温度不易改变，称为“冷性土”。

（2）土壤导热率　土壤导热率是指土壤导热性质的物理参数或导热系数，表示土壤将其所吸收的热量传导到邻近的土层中的性能，这种能力称为土壤导热性，其大小用导热率来表示。即1cm厚度的土层，温度差1℃时，每秒钟经断面1cm^2通过的热量的焦耳数，单位为J/cm^2·s·℃。不同组分的土壤结构土壤导热率会有很多差异，以固体形式存在的矿物质导热率最高，以液态形式存在的水导热率次之，以气态形式存在的空气导热率最小。与影响土壤热容量的影响因素一样，因矿物质的存在形式相对固定，所以影响土壤导热率的因子主要是土壤含水量和土壤空气的相对含量。质地轻、土壤空气的相对含量高的土壤，导热性能好，同时当土壤含水量增加时，土壤的导热性能也随之增加。在农业生产上，可以通过在土壤介质中掺入一定比例的疏松介质如泥炭，来改变土壤的导热性能，也可以通过灌水增加土壤的含水量，从而增加导热性能，以防霜冻并促进农业生产。

（3）土壤的导温率　土壤导温率是指标准状况下，在单位厚度土层中温度相差1℃时，单位时间（1s）经单位断面面积（1cm^2）流经的热量使单位体积土壤发生的温度变化值。更直接地描述土壤导温率就是土壤导热率与土壤体积热容的比值。

土壤导温率直接决定着土壤温度的垂直分布。导温率小的土壤中，土壤升降温较慢，因此表层的土壤温度升降温明显，温度变化大；而深层的土壤升降温较慢，温度变化小。

土壤各成分的导热率和导温率见表5-1。

表5-1　土壤各成分的导热率和导温率

土壤成分	导热率/[J/(cm^2·s·℃)]	导温率/(cm^2/s)
土壤空气	0.00021～0.00025	0.1615～0.1923
土壤水分	0.0054～0.0059	0.0013～0.0014
矿质土粒	0.0167～0.0209	0.0087～0.0108
土壤有机质	0.0084～0.0126	0.0033～0.0050

2. 土壤温度变化

土壤温度的变化直接影响着植物的生长发育，土壤温度的周期变化主要是由于太阳辐射的昼夜变化或季节变化引起的。它的变化幅度受到植被、土层组成及特性、土层厚度等几方面的共同作用。

（1）土壤温度的日变化　日较差是指一天中土壤最高温度和最低温度之差。土壤温度的日变化是指一昼夜内土壤温度的连续变化。土壤温度日变化的原因是土壤表层白天接受太阳辐射吸收热量，夜间放射辐射散发热量。通常情况下，土壤表面的最高温度出现在当天的

13时左右，最低温度出现在日出之前。

决定土壤温度日较差的因素主要是地面辐射差额的变化和土壤导热率，同时还受到地面和大气间乱流热量交换的影响。因此，大气云量、风和降水对土壤温度的日较差有较大的影响。晴天时，由于土壤白天接受太阳辐射较多，吸收的热量就多，夜间地面有效辐射大，土壤降温迅速，温度降低，故日较差大。阴雨天时，白天吸热和夜间的放热均少，故日较差小。土壤的日较差还受到土层深度的影响而有所不同。土表直接接受太阳辐射，日较差最大，随着深度的增加，日较差不断变小，到达一定深度时，日较差为零。一般日较差为零的土壤深度为80~100cm。土壤最高、最低温度的出现也随着土壤深度的增加而延后，每增深10cm左右，延后2.5~3.5h。

（2）土壤温度的年变化　土壤温度的年变化是指在一年中，土壤温度随着月份连续变化的过程。在中、高纬度地区，土壤表面最高温度出现在7月份或8月份，最低温度出现在1月份或2月份。在热带地区，温度的年变化规律随着云量、降水情况的变化而有所差异。如印度，因受到6~7月雨季的影响，6~7月太阳辐射比较少，因此最高土壤温度并不是出现在7月，而是出现在雨季来临前的5月。最高、最低温度月份的出现时间落后于最大辐射差额和最小辐射差额出现的月份，具体落后的情况随植被情况的分布有所不同。凡是有利于土壤表层增温和冷却的因素，如土壤干燥、无植被、无积雪等因素都能使极值出现的时间提前，反之，则使最高、最低温度的出现月份推迟。

土壤的年较差随着土壤深度的增加而逐渐减小，直至一定深度时，年较差为零。这个深度的土层称为年温度不变层或常温层。土壤温度变化消失的深度随纬度而有差异，低纬度地区，年较差消失层为5~10m，中纬度地区消失层为15~20m，高纬度地区最深，可达20m。

各层土壤温度最低温度月份和最高温度月份出现的时间随深度的增加而延迟，每深1m，延迟20~30d。利用土壤深层温度变化小的特点，冬天窖内可贮藏蔬菜和种薯，高温季节可贮藏禽、蛋、肉等食品，可防止腐烂变质。

（3）土壤温度的垂直变化　一天中土壤温度的垂直分布随着土壤中各层热量的昼夜不断交换而有一定的规律和特点。一般来说，土壤温度的垂直变化分为4种类型，包括辐射型（放热型或夜型）、日射型（受热型或昼型）、清晨转变型和傍晚转变型。辐射型是以1时为代表，此时土壤温度随着土壤深度增加而升高，热量由下而上输导。日射型以13时为代表，此时土壤温度随土壤深度增加而降低，热量从上而下输导。清晨转变型是以上午9时为代表，此时土壤温度在5cm以上深度是日射型，5cm以下是辐射型。傍晚转变型则是以晚上19时为代表，即上层为放热型，下层为受热型。

一年中的土壤温度垂直变化可分为放热型（冬季，相当于辐射型）、受热型（夏季，相当于日射型）和过渡型（春季和秋季，相当于上午转变型和傍晚转变型）。

3. 影响土壤温度变化的因素

（1）纬度与地形　纬度较高的地区，由于太阳是以倾斜的方式射向地面，地面单位面积上接受太阳辐射能较少，土温低。而低纬度地区，太阳以直射的方式射向地面，单位面积接受的太阳辐射较多，土温高。

不同的地形对土壤温度也会有所不同，高山大气流动频繁，气温较平地低，土壤接受辐射的能量多，但由于与大气热交换平衡的原因，土温仍低于平地。

（2）坡向　因坡向的不同而引起的土壤温度变化，主要是受到阳光照射时间的影响，一般南坡及西南坡光照时间长，受热多，土温高。

（3）大气透明度　白天空气干燥，杂质较少（大气透明度高），地面吸收太阳辐射能较多，土温上升也快。在晴空的夜晚，土壤散热也多，昼夜温差就大，若是在阴雨潮湿天气，情况则正好相反。

（4）地面覆盖　地面覆盖既包括植被又包括设施，它可以直接阻止太阳的直射，减少地面因蒸发而损失的热能。霜冻前，地面增加覆盖物可以让土温不持续下降，冬季的积雪也同样具有保温的功能。增高土温最有效的方法就是地膜覆盖，既不阻碍太阳的直接照射，又能减少热量的损失。

（5）土壤颜色与质地　深色物质吸热快，向下散热也快；相反，浅色物质吸热慢而少。土壤的颜色决定了土壤的吸热快慢，通过改变土壤覆盖物的颜色，如撒草木灰等方法可以提高土温。

土壤质地中的砂土持水量低，土壤疏松，孔隙度大，表土受热后向下传导慢，热容量小，地表增湿快，且温差大，所以早春砂性土可提早播种。黏性土与砂土则正好相反，春季播种应适当推迟。

4. 土壤温度对植物生长的影响

土壤温度的高低直接影响植物根系的生长，从而影响根系对水分、养分的吸收，影响植物整体的生长发育。

（1）土壤温度对植物水分吸收的影响　随着土壤温度的升高，植物根系的吸水量也会随之增加，间接地影响到了气孔阻力，限制了光合作用。

（2）土壤温度对植物养分吸收的影响　低温会影响植物对养分的吸收。有研究表明，对30℃和10℃短期处理比较而言，低温影响水稻对矿物质吸收顺序是磷、氮、硫、钾、镁、钙；但长期冷水灌溉降低土壤温度3～5℃，则影响顺序为镁、锰、钙、氮、磷。

（3）土壤温度对植物根系生长的影响　土壤温度在10℃左右时，根系生长最活跃，超过30～35℃时，根系生长明显会受到抑制。有试验证明，在土温24℃时，根系量是最多的。不同植物对土壤温度的要求有所不同，一般原产温带、寒带的落叶树种需要的温度低些，而热带、亚热带树种所需的温度较高。

（4）土壤温度对植物生长发育的影响　土壤温度的变化对植物的营养生长和生殖生长起着直接的作用，同时也间接地影响土壤微生物的活动、土壤有机质的转化等，最终影响植物的生长发育。

（5）土壤温度影响昆虫的发生、发展　土壤温度对昆虫的生长发育影响，主要是针对地下害虫。如金针虫，当10cm土壤温度达到6℃左右时，开始活动，当达到17℃时，活动旺盛，并开始危害种子或幼苗。冬季温度很低时，也会出现将幼虫冻死的现象，因此暖冬对于植物的生长未必是好现象。

二、空气温度

植物生长发育不仅需要提供适宜的土壤温度，也需要适宜的空气温度，从而保证其正常生长发育。空气温度也就是气温，是表示空气冷热程度的物理量。

1. 气温的变化规律

气温的变化规律一般是指日变化、年变化和非周期性的变化。

(1) 日变化 气温的日变化与土壤的日变化一样，只是最高、最低温度出现的时间推迟，通常最高温度出现在14~15时，最低温度出现在日出前后的5~6时。气温的日较差小于土壤温度的日较差，并且随着距离地面高度的增加而逐渐减小。

气温的日较差还受到纬度、季节、地形、土壤变化、地表状况等因素的影响。气温日较差随着纬度的增加而减小。热带气温日较差平均为10~20℃；温带为8~9℃；而极地只有3~4℃。一般夏季气温的日较差大于冬季，而一年中气温日较差在春季最大。陆地气温日较差大于海洋，距离海洋越远，日较差越大。砂土、深色土和干松土的气温日较差，分别比黏土、浅色土和潮湿土大。在有植物覆盖的地方，气温日较差小于裸地。晴天气温日较差大于阴天；大风天和有降水时，气温日较差小。

(2) 年变化 年变化是一年中气温高低的周期性变化。与土壤的年变化规律十分相似，大陆性气候区和季风性气候区，一年中最热月和最冷月分别出现在7月份和1月份，海洋性气候区落后1个月左右，分别在8月份和2月份。

影响气温年较差的因素有纬度和海陆情况。纬度越高，年较差越大。赤道地区附近年较差仅为1℃，中纬度地区年较差为20℃，而高纬度地区年较差为30℃。由于海陆热力特性不同，就同一纬度而言，年较差会有所不同。海上气温年较差小，距离海洋越近，年较差越小；距离陆地中心越近，年较差越大。

2. 生产上常用的温度指标

(1) 植物生长的三基点温度 植物生长的三基点温度是指最低温度、最高温度、最适温度。植物在最适温度范围内时，植物的生命活动最强，生长发育最快；在最低温度以下或最高温度以上时，植物的生长发育停止。不同植物的生长三基点温度是不同的，这与植物的原产地气候条件有关。原产高纬度或寒冷地区的植物，三基点温度范围低；原产低纬度或温热带的植物，三基点温度范围就高。如热带水生花卉王莲的种子，需要在35℃水温下才能发芽；原产温带的芍药，在北京冬季零下十余度时，地下部分不会枯死，次春10℃左右才能萌动出土。

当然，同一个植物的不同品种的三基点温度也有差异；同一品种植物不同生育阶段的三基点温度也是不同的。

(2) 界限温度 界限温度在农业生产上是指具有指标或临界意义的温度。界限温度的出现日期、持续日数对确定地区的作物布局、耕作制度、品种搭配等都具有十分重要的意义。农业上常用的界限温度有0℃、5℃、10℃、15℃、20℃等。在农业生产上掌握好界限温度，可以合理地安排生产与计划。

0℃：初冬时，越冬的植物开始停止生长；初春时，土壤开始解冻，越冬植物开始萌动，早春可以开始播种。从早春日平均气温通过0℃到初冬通过0℃期间为“农耕期”，低于0℃的时期为“农闲期”。

5℃：春季，多数树木开始生长抽芽；深秋，越冬的植物开始进行抗寒锻炼，多数植物开始落叶。

10℃：春季喜温植物开始播种，喜凉的植物开始迅速生长。秋季喜温植物开始停止生长，温带植物进入活跃生长期。

15℃：大于15℃期间为喜温植物的活跃生长期，暖温带树种进入活跃生长期。

20℃：大于20℃期间为热带、亚热带植物进入活跃生长期。

(3) 积温和有效温度

1) 积温。植物完成其生命周期，要求一定的积温，即植物从播种到成熟，要求一定量的日平均温度的累积。一定时期的积累温度，即温度总和，称为积温。积温能表明植物在生育期内对热量的总要求，包括活动积温和有效积温。在某一时期内，如果温度较低，达不到植物所需要的积温，生育期就会延长，成熟期推迟。相反，如果温度过高，很快就达到植物所需要的积温，生育期就会缩短，有时会引起高温逼熟。

2) 活动积温和有效积温。活动温度是指日平均温度高于或等于生物学下限温度的温度。植物在生育期间的活动温度称为活动积温。有效温度是指活动温度与生物学下限温度的差值。生育时期内有效温度的总和称为有效积温，多应用于生物有机体发育速度的计算。

3) 积温的应用。积温在农业气象中是一个重要的热量指标，有着较为广泛的用途，主要应用于下列 3 个方面：反映生物体对热量的要求，可作为植物引种的科学依据，避免盲目引种；可以用来分析气候热量资源：通过分析某地积温的大小、季节分配及保证率，判断该地区热量资源状况，作为规划种植制度和发展优势作物的重要依据；作为物候期、收获期、病虫害发生期等预报的重要依据，也可根据杂交育种、制种工作中父母本花期相遇的要求，利用积温推算适宜的播种期。

积温指标除因生物种类和发育期不同而有异外，在地区之间和年际之间也有变动。这是因为植物的生长发育是外界环境条件综合作用的结果，只有在其他条件如光照、水分、营养等条件都满足时，温度才会对植物的生长发育起主导作用。而实际生产中，外界条件总是在不断地变化，植物对温度都有一定范围的适应作用，因此，利用生物积温对植物进行判断是相对的，不能作为绝对的指标。

3. 气温对植物生长发育的影响

植物生命周期中的各项生命活动，都是在一定的温度条件下发生的。不同的温度环境决定了植物种类的分布，也对生长发育的各项活动产生重要的影响。

(1) 气温日变化与植物生长发育　气温日变化对植物生长发育的影响，主要表现在有机质的积累、产量和品质的形成。在最适温度范围内植物的生长发育随着温度的升高而加快，当超过有效温度时，就对植物产生危害。昼夜变温对植物生长有明显的促进作用，白天高温有利于光合作用，夜间低温则减弱了呼吸作用，光合产物消耗减少，而积累增加，促进植物的生长发育。

(2) 气温年变化与植物生长发育　温度的年变化对植物的生长发育也有较大的影响，高温对喜凉植物生长不利，而喜温植物却需要一段相对的高温期，才能生长良好。如春化阶段和花芽分化，部分植物有明显的春化阶段，这是花芽分化的前提，但通过春化阶段以后，也必须有适宜的温度条件，花芽才能正常分化和发育，品种不同，所要求的适温也不同。

(3) 气温的非周期性变化与植物生长发育　气温的非周期性变化对植物生长发育的影响表现为易产生低温灾害和高温热害。

4. 植物生长发育对温度环境的适应

植物对有规律的温度变化和无规律的温度变化，都有一定的适应性。如昼夜温度不同、四季温度变化都可称为有规律的温度变化，而夏季的炎热、冬季的冻害发生的温度变化是无节律的、没有周期性的。

(1) 植物的感温性　植物的感温性主要是指植物长期适应环境温度的规律性变化，形

成其生长发育对温度的感应特性。某些植物在生长发育过程中需要一定时期的较高温度，在一定的温度范围内随温度升高生长发育速度加快。

而春化作用是植物感温性的另一表现。春化作用是指许多秋播植物在其营养生长期必须经过一段低温诱导，才能转为生殖生长（开花结实）的现象。根据花芽分化所要求的适温不同，可以分为冬性类型、半冬性类型和春性类型。

冬性类型是指春化必须经历低温，春化时间也较长，如果没有经过低温条件则植物不能进行花芽分化和开花，如秋播品种毛地黄、雏菊等品种。春性类型是指春化对低温要求不严格，春化时间也较短，如唐菖蒲、美人蕉等品种。半冬性类型是指植物春化对低温要求介于冬性和春性类型之间。

（2）植物的温周期现象　植物的温周期现象是指在自然条件下气温呈周期性变化，许多植物适应温度的这种节律性变化，并通过遗传成为其生物学特性的现象，主要是指日温周期现象。如热带植物适应于昼夜温度高，温差小的日温周期，而温带植物则适应于昼温高，夜温低，温差大的日温周期。

（3）植物对温度适应的生态类型　根据植物对温度要求的不同，一般将植物分为以下3种：

1）耐寒植物。这类植物的特点是地上部分能耐高温，但一到冬季地上部分枯死，而地下部分的宿根越冬，一般能耐0℃以下的低温，如玉簪、金光菊、一枝黄花等。

2）半耐寒植物。这类植物的特点是不能长期忍受0℃以下的低温，但在冬季有大棚等保护措施时，可安全越冬，如紫罗兰、桂竹香等。

3）不耐寒植物。这类植物的最适生长温度较高，不能忍受0℃以下的低温，其中部分品种不能忍受5℃以下的低温，它的生长发育都在一年内无霜期进行，春季晚霜过后开始生长，秋季早霜来临前死亡，如半支莲、万寿菊等品种。

三、调节温度的方法

合理地调控环境的温度，有利于植物的生长发育，也是提高树木和花卉生产质量的首要条件。调控土壤温度的主要方法有：

1. 合理耕作

合理耕作能改变土壤的孔隙度、土壤水分状况等，起到一定的调节土壤的作用。

（1）耕翻松土　耕翻松土的主要作用是疏松土壤、通气增温、调节水汽、保肥保墒等。松土增湿的作用在于，通过松土使土壤表层粗糙，降低反射率，增加太阳辐射的吸收。在日间或暖季，热量积聚在表层，温度比未耕地高，下层温度则比较低；而夜间或冷季，则相反。

另一方面，耕翻松土切断了土壤毛管联系，使下层土壤水分向表层土壤供水减少，土壤水分蒸发减弱，因此使表层土温增高，土壤水分降低，而下层土壤温度降低、湿度增大，有保墒效应。

（2）镇压　镇压与松土是一个相反的过程，目的在于压紧土壤，破碎土块。镇压后土壤孔隙度减少，土壤热容量、导热率随之增大。在降温的季节，通过镇压可以使土壤温度比未镇压的高。在寒流袭击时，可有效地防止冷风渗入土壤，危害植物。

（3）垄作　垄作的目的是增大受光面积，提高土壤温度，排除渍水，土松通气。在温暖的季节，垄作可以提高表层土壤温度，有利于种子的发芽和出苗。在实际生产中，垄作更大的作用在于具有排涝通气的效应，多雨季节可以较好地起到排水抗涝。此外，垄作也增强了田间的光照强度，改善了通风状况，有利于喜温、喜光植物的生长，减轻病害。

2. 地面覆盖

对土壤温度的调控中，地面覆盖的作用最大，也是最常用的措施，尤其是在冬季育苗和硬枝扦插中。主要方式有地膜覆盖、有机肥覆盖、秸秆覆盖、地面铺沙等。

（1）地膜覆盖　地膜覆盖的主要功效有增温、保湿、增强近地层光强和 CO_2 浓度。增温的效果以透明膜的效果最好，绿色膜次之，黑色膜效果最小。地膜覆盖的保温措施目前大量应用于蔬菜育苗、植物的扦插繁殖中。

（2）有机肥覆盖　这项措施一般适用于北方的冬天，华东、华中地区较少应用。有机肥也仅限于草木灰，同时也考虑到草木灰的颜色，加深了土层的颜色，增强土壤对太阳辐射的吸收，减少反射。

（3）秸秆覆盖　在田间作业中，秸秆覆盖主要是指利用作物的秸秆或从田间剔除的杂草覆盖，以抵御冬季的冷风，减少土壤表层的水分蒸发，防止土壤热容量降低，有利于保温和深层土壤热量的向上运输。而在日常养护中，杂草覆盖有将杂草种子带入的可能，通常将割下来的草坪草覆盖于树根，就有较好的保温效果。

（4）地面铺沙　地面铺沙的主要作用是保水的效应，可防止土壤盐碱化，温度、湿度条件得到改善，有利于植物光合作用的加强，植株根系发达，叶面积大，促进其生育期的提前。

其他覆盖，如草坪草播种中，常采用无纺布浮面覆盖，可以起到保温的作用，促进种子发芽。也有遮阳网覆盖，防止冬季冷风直灌，起到较好的调温、保墒作用。

3. 灌溉和排水

水分具有大的热容量、导热率和蒸发潜热，土中水分含量又与土壤的反射率有关。通过灌溉，可以使地面太阳辐射增加，有效辐射减少，吸收热量增加。在寒冷季节，通过灌溉可以提高地温，防止冻害的发生。目前在实际生产中，通过使用雾喷可以起到降温的作用，防止高温对植物的伤害。

排水，主要是降低含水量，减小土壤热容量和导热率。土壤白天接受的太阳辐射能量，向下传导的速度降低，且热容量小，土壤表层升温较快，夜间深层土壤热量以辐射形式向大气散失的也较少，对春季作物返青提供了保障。

4. 设施增温与降温

生产中常用到的增温设施有温床、大棚、温室等，降温的设施主要有湿帘、遮阳网等。

（1）设施增温　主要是指在不适宜植物生长的寒冷季节，利用增温或防寒的设施，人为地创造植物生长发育的气候条件进行生产的一种方式。

塑料大棚和温室是目前最为常用的增温设施，尤其是塑料大棚，因其具有材料简单、取材方便、透光和保温性能好等优势。为提高塑料大棚的冬季保温效果，也常采用大棚内套小棚，或者棚内加小拱棚等方式进行增温。为较好地提供棚内的温度，除了设施加温外，常采用地热线的加温方式，以增加棚内土壤的温度，促进植物的生长发育。

（2）设施降温　在高温季节，需要进行降温，最简单的降温措施就是通风，同时也可以防止病虫害的发生。

对于温室来说，可能依靠通风或者打开侧窗等办法，还不能满足植物生长发育的要求时，必须进行人工降温。一是遮阳网降温，在距离棚顶40cm处，加盖一层遮阳网，遮阴率可达70%左右。二是使用湿帘降温，温室另一端用排风扇，使进入室内的空气先经过湿帘被冷却再进入到室内，起到降温效果。

任务2　测定土壤温度

一、任务目的

通过实训，学习土壤温度的测量方法，了解相关仪器设备的使用方法，并能将测量所得的数据进行整理、分析。

二、材料用品

地温表、地面最高温度表、地面最低温度表、曲管地温表、铁锹、记录笔和纸。

三、操作规程

地温表的安装顺序可分为曲管地温表、地面温度表、地面最高温度表、地面最低温度表。

1. 地温表的安装

三支地面温度表水平安放于需测地块，按0cm、最低、最高的顺序自北向南平行排列，感应球部分向东，并使其位于南北向一条直线上，表与表之间距离约为5cm；将表身和感应球的一半埋没于土中，一半裸露于空气中；埋入土中的感应部分必须与土壤紧密贴合，不能留有空隙，露出地表的部分要保持干净、整洁。

2. 曲管地温表的安装

测量地温也可以用曲管地温表，它是观测土壤耕作层温度用的，共5支，分别用于测定土深0cm、5cm、10cm、15cm、20cm的地表温度。安装前先挖一条与东西方向成30°角、宽25~40cm的直角三角形沟，北壁垂直，东西壁向斜边倾斜。在斜边上垂直量测出地温的深度。

3. 土壤温度的观测

观测地温的顺序按照先地面后地中，由浅而深的顺序观测，其中0cm、5cm、10cm、15cm、20cm的地温于每天北京时间2时、8时、14时、20时进行4次观测；地面最高、最低温度只在8时、20时各观测一次。夏季最低温度可在8时观测。观测地温时，应俯视读数，不准把地温表取离地面。观测后应立即将读数记入观测簿相应栏中。

四、结果分析

根据观测资料，画出定时观测的土壤温度和时间变化图。从图中可以了解土壤温度的变化情况和求出日平均温度值，其统计方法是：

若一天4次观测，可用下式求出日平均地温：

日平均地温=[(当日地面最低温度+前一日20时地面温度)/2+8时、14时、20时地面温度之和]/4

任务3　测定空气温度

一、任务目的

通过实训，学习空气温度的测量方法，了解相关仪器设备的使用方法，并能将测量所得的数据进行整理、分析。

二、材料用品

干湿球温度表、最高温度表、最低温度表、计时表、记录笔和纸、百叶箱。

三、操作规程

观测空气温度表时间、次数与测土壤温度相同，常用测量仪器有干球温度表（普通温度表）、最高温度表、最低温度表。最高、最低温度观测也在8时、20时各观测一次，观测后进行调查分析。

安装时要注意把干球温度表球部朝下垂直悬挂在百叶箱内铁架横梁的东侧，最高、最低温度表分别安放在支架下部的横梁上。

四、结果分析

根据观测资料，画出定时观测的空气温度和时间变化图。从图中可以了解空气温度的变化情况和求出日平均温度值，其统计方法是：

日平均气温 =（2 时气温 + 8 时气温 + 14 时气温 + 20 时气温）/4

如果2时气温不观测，可用下式求出日平均气温：

日平均气温 = [（当日地面最低气温 + 前一日 20 时气温）/2 + 8 时、14 时、20 时气温之和]/4

任务4　调控植物生长的温度环境

一、任务目的

通过实训，学习地热线的铺设方法。

二、材料用品

地热线（每根100米长）、沙、小木棍、触电自动开关

三、操作规程

1）在需要铺设地热线的苗床上加一层沙，以起到较好的保温效果，沙厚度约为5cm左右。

2）为方便接线，地热线的最终线头均在同一端，也就是布线条数是双数，两个接头应

该在同一苗床，布线时中间稀、边缘密，使苗床温度均匀。

3）铺设电热线后，再铺上8～10cm厚的床土或沙，一般不建议让地热线直接裸露，或者将营养钵直接放置于地热线上。

4）有条件的地区，可以在苗床上方再加一层小拱棚，夜间盖一层薄膜或草帘，保温效果会更好。

5）如果使用的是旧的地热线，每年都需要检查一次，地热线不用时，要妥善保管，洗净晾干，防止打结。

四、注意事项

地热线使用时应注意事项：

1）电热线必须均匀铺设，不能成捆、成圈地做通电试验，否则会因热量集中而出现塑皮软化故障；

2）电热线若过长，不能剪掉使用，可以在一头加铺一道，若过短，也不能串接使用；

3）地热线铺设时，要注意不利重叠或交叉，更加不能打结；

4）从土中取出回收时，要将土轻轻扒开取出，不能硬拉，以免损坏塑料皮；

5）温床上铺设几条电热线，几条电热线并联连接，每条电热线用一只开关控制，这样可以灵活控制温度，多数作物出苗时要求较高温度，苗期要求温度低一些。

6）根据电热线规格说明和使用经验，选择合适功率的电热线。一般每平方米铺设100到150瓦的电热线，灵活调整铺设的线行间距，温床边缘可适当加密铺设。

【知识归纳】

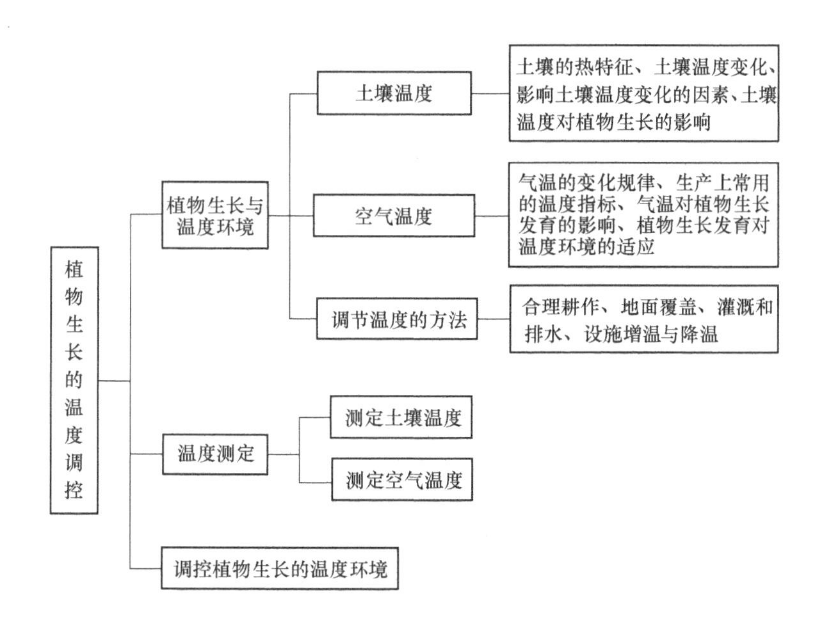

【知识巩固】

一、分析题

1. 在农业生产上，积温一般会应用在哪些方面?

2. 温度对植物生长发育的影响有哪些方面?

3. 农业上调节温度的耕作措施有哪些?

4. 地热线铺设加温时要注意哪些事项?

5. 请思考，实际生产中，为使植物生长更加健壮，调节气温与土壤温度，哪个更加重要?

6. 植物对高温和低温的适应性锻炼有哪些?

项目6

植物生长的营养环境调控

【知识目标】

- 熟悉植物生长必需的营养元素及作用
- 熟悉常用的化学肥料、有机肥料、生物肥料、微量元素肥料等的种类及特性
- 认识植物的配方施肥原理
- 掌握化学肥料、有机肥料、复（混）合肥料、生物菌肥等的合理施肥技术

【能力目标】

- 能熟练进行植物营养元素缺乏原因的判断
- 能熟练进行土壤与叶片营养分析
- 能熟练进行营养土的配制
- 能熟练应用配方施肥技术进行化学肥料、有机肥料、生物肥料、复（混）合肥料、微量元素肥料的科学施用
- 能运用所学知识处理农业生产中出现的施肥问题

任务1　认识植物生长的营养元素

植物营养是植物生长发育过程中必不可少的要素。植物从土壤、水和大气中获取营养物质，满足植物体结构和重要化合物的组成、酶促反应和能量代谢等植物生命活动的需要。营养充足，各种营养元素配比适当，植物生长发育良好；营养不良，植物生长将会受到严重影响。

植物体内的元素组成十分复杂，新鲜植物体内含有75%～95%的水分和5%～25%的干物质。将新鲜植物水分烘干后剩下的干物质中，绝大部分是有机化合物，约占95%，其余的5%左右是无机化合物。干物质经燃烧后，有机物被氧化分解并以气体的形式逸出。据测定，以气体的形式逸出的主要是碳、氢、氧、氮四种元素，其中碳45%左右、氧45%左右、氢6%左右、氮1.5%左右，残留下来的灰分元素占1%～5%，含有钾、钙、镁、铝、锌、铁等金属元素和磷、硫、硅、硼、硒、氯等非金属元素共60多种。

一、植物生长必需的营养元素

60多种化学元素并非全都是植物生长所需要的营养元素。因为，植物不仅吸收它所需的营养元素，也会吸收一些不需要的甚至是有毒的化学元素。某种元素是否为植物生长发育所必需，并不能根据植物体内某种化学元素的有无及含量的多少来判断。因此，要进行植物营养环境调控，就必须分清哪些元素是植物必需的营养元素。

1. 植物必需营养元素的判断标准

1）该元素是完成植物生活周期所不可缺少的，如果缺乏，植物不能正常生长发育。

2）该元素缺乏时，植物将表现出特有的病态症状——缺素症。补充其他化学元素，缺素症状不会消失，只有补充该元素后病症才能减轻或消失。

3）该元素对植物的新陈代谢起着直接的营养作用，而不是改善植物环境条件的间接作用。

2. 植物的必需营养元素

依据植物必需营养元素的判断标准，通过营养液培养法，确定植物生长发育所必需的营养元素共有16种：碳、氢、氧、氮、磷、钾、钙、镁、硫、硼、锰、钼、锌、铜、铁、氯。近年来有人认为镍（Ni）也是植物的必需元素，研究表明，镍是脲酶的组成部分，当缺少该元素时，会因尿素的积累而对植物体产生毒害作用。

（1）有益元素　某些元素对某些植物的生长有益，甚至是不可缺少的，但不是必需的元素，或只对某些植物在特定的条件下是必需的元素，称为有益元素，如钠、硅、钴、钒、硒、铝、碘、铬、砷等。如硅对水稻是必需的，钠对甜菜、硒对紫云英是有益的。

（2）大量元素和微量元素　通常根据植物对16种必需元素的需要量不同（表6-1），可以分为大量元素和微量元素。大量营养元素一般占植物干物质重量的0.1%以上，它们是碳、氢、氧、氮、磷、钾、钙、镁、硫。其中氮、磷、钾为植物营养三要素或肥料三要素，氮、磷、钾肥是植物需要量较多的常用肥料。而钙、镁在土壤中含量较高，一般很少进行肥料补充。植物对硫的需要量不高，但因土壤中含量或有效性的高低不一，有时需要施肥补充，所以，又称钙、镁、硫为中量元素。

表6-1　植物必需营养元素的适合含量（以干重计）**及利用形态**

类别	营养元素	利用形态	含量（%）	类别	营养元素	利用形态	含量/（mg/kg）
大量营养元素	碳（C）	CO_2	45	微量营养元素	氯（Cl）	Cl^-	100
	氢（H）	H_2O	45		铁（Fe）	Fe^{2+}，Fe^{3+}	100
	氧（O）	H_2O、O_2	6		锰（Mn）	Mn^{2+}	50
	氮（N）	NO_3^-，NH_4^+	1.5		硼（B）	BO_3^{3-}，$B_4O_7^{2-}$	20
	磷（P）	$H_2PO_4^-$，HPO_4^{2-}	0.2		锌（Zn）	Zn^{2+}	20
	钾（K）	K^+	1.0		铜（Cu）	Cu^{2+}，Cu^+	6
中量营养元素	钙（Ca）	Ca^{2+}	0.5		钼（Mo）	MoO_4^{2-}	0.1
	镁（Mg）	Mg^{2+}	0.2				
	硫（S）	SO_4^{2-}	0.1				

微量营养元素的含量只占干物质重量的0.1%以下，它们是硼、锰、钼、锌、铜、铁、氯。其中铜仅占植物干物质重量的百万分之几，而钼仅占植物干物质重量的千万分之一。锰在土壤中含量较高，肥料补充少。铁在土壤中含量很高，但其有效性往往过低（石灰性土壤中）或过高（土壤积水），容易缺乏或造成植物毒害。硼、锌、钼、铜四种营养元素，植物的需要量虽然不高，但因有效性高低等因素影响，有时需要施肥补充。氯是一种微量元素，植物对它的需要量不多，雨水和土壤水中的含量足以满足植物的需要。

(3) 不同营养元素的作用　任何一种营养元素对于植物生长都是同等重要的，其功能都不能被其他元素所代替，但不同的营养元素在植物体内的生理功能与作用又是不同的。

1) 氮的作用。氮是构成氨基酸、蛋白质的重要物质，又是叶绿素的主要成分，氮广泛存在于维生素 B_1、维生素 B_2、维生素 B_6 等多种维生素、核酸、磷脂中，生物碱如烟碱、茶碱等也含有氮素，它们参与植物的多种生物转化过程。所以，氮是植物生命活动不可缺少的物质。

植物缺氮时，影响光合作用的进行和蛋白质合成，枝叶量减少，新梢细弱，叶片变小、黄化，落花落果严重，植物产量降低，品质变差；长期缺氮，植物抗逆性降低，寿命缩短。

氮素过多易造成枝叶徒长，营养消耗增加，花芽分化受到影响，成花难。

2) 磷的作用。磷是形成原生质和细胞核的主要成分，又是构成核酸、磷脂、酶、维生素等的主要物质。磷参与植物体内的主要代谢过程，在代谢过程中传递、储存和释放能量，促进化合物的运输和呼吸作用正常进行，有利于光合作用以及生殖器官的形成。磷能促进根系发育，增加吸收面积，提高植物抗旱性；磷能促进糖代谢，增强植物的抗寒能力；磷能提高作物的缓冲能力，提高植物对外界酸碱变化的适应能力；磷还能改善作物产品的质量，提高不同作物蛋白质含量、糖含量、淀粉含量及脂肪含量等。

植物缺磷时，植物萌芽率降低，开花不整齐，根系生长减弱，叶片变小，叶脉、叶柄变紫，严重时叶片呈紫红色，叶缘出现坏死现象，花芽分化不良，果实品质变差，植物的抗逆性降低。

磷素过多，阻碍氮、钾等元素的吸收，引起植物生长不良和缺素症。

3) 钾的作用。钾与植物体内代谢过程有密切关系，是植物体内多种酶的活化剂，促进多种代谢反应，有利于作物的生长发育。钾供应充足，植物光合磷酸化作用效率提高，CO_2 进行同化作用加强。钾能促进糖、氨基酸、蛋白质和脂肪代谢，影响植物体内有机物的代谢和运输。钾供应充足，植物的抗寒性、抗旱性、抗倒伏和抵抗病虫害的能力大大增强。

植物缺钾时，枝条和根系生长减弱，停止生长早，叶片小、果实小、品质差。

钾过多，影响对钙、镁、锌、铁等营养元素的吸收。

4) 钙的作用。钙是细胞壁的结构成分，有助于细胞膜的稳定性，对于提高植物保护组织的功能和植物产品的耐贮性有积极的作用。钙能促进根系生长和根毛形成，增加对养分和水分的吸收。钙是某些酶的催化剂，如钙能抑制番茄青枯病真菌的侵袭，钙能减缓苹果和其他贮藏物的衰老和腐烂，在贮藏期间喷钙可以减轻腐烂，控制皮孔斑病和果肉褐变病，也减轻了苦痘病。

双子叶植物比单子叶植物需钙多；花生、蔬菜、果树等为喜钙植物；较老的茎中含钙多，而幼嫩组织、果实、籽粒中含钙较少，说明钙在植物体内的移动性差。

植物缺钙时，症状首先在根尖、侧芽、顶芽等部位表现出来，表现为植株矮小，节间较短，组织软弱，幼叶卷曲变形，变黄并逐渐坏死，茎、根尖和芽等分生组织腐烂、死亡，果实脐部腐烂。如苹果“苦痘病”，番茄、辣椒的“蒂腐病”或“脐腐病”、马铃薯的“褐斑病”和鸭梨的“黑心病”等。

5) 镁的作用。镁是叶绿素的构成元素，缺乏镁，叶绿素就不能合成。镁还是许多重要酶的活化剂，能加速酶促反应，促进作物体内的新陈代谢。

镁主要存在于幼嫩组织和器官中，到成熟时主要以植素形态存在于种子中。通常豆科作物含量高于禾本科作物，种子中镁含量高于茎叶及根系。

作物缺镁时，症状首先出现在下部老叶上，原因是镁的移动性强。首先出现叶脉间失绿，叶脉仍为绿色；严重时整个叶片变黄或发亮，叶内组织变为褐色而坏死，开花受抑制，产量降低。

一些植物叶片出现缺镁症的临界值为：棉花 0.42%，玉米 0.13%，马铃薯 0.23%，甜菜 0.10%，桃、苹果 0.25% 等。进行缺镁症分析时选用展开的第 3、4 片叶为好。

6）硫的作用。硫是蛋白质和许多酶的组成成分，也是某些生理活性物质和某些特殊物质的组分，如硫胺素、生物素、辅酶 A 等都是含硫有机化合物。硫与呼吸作用、脂肪代谢和氮代谢有关，参与氧化还原反应，而且对淀粉合成也有一定的影响。硫还参与固氮作用。

植物缺硫时，因硫在植物体内移动性很小，较难从老组织向幼嫩组织转移，故上部幼叶首先失绿。植物缺硫的症状还有：植株矮小，整株黄化，叶脉或茎等变红。如玉米苗期缺硫，上部叶片先黄化，随后茎和叶缘变红；又如番茄缺硫，上部叶片黄化，叶柄和茎变红，节间短。

7）硼的作用。硼参与作物体内糖的合成和运输，促进作物生殖器官的正常发育，花粉的萌发和花粉管的伸长都需要硼。硼还能促进核酸和蛋白质的合成及运输，能提高作物的抗旱、抗寒和抗病能力。

作物缺硼时，根系短粗兼有褐色；老叶变厚、变脆、畸形；枝条节间短，出现木质化现象；花发育不全、果实小、畸形、结实率低。如甜菜“腐心病”、油菜“花而不实”、棉花“蕾而不花”、花生“有壳无仁”、芹菜“茎裂病”、苹果“缩果病”等，都是严重缺硼的症状。

硼过多，有毒害作用，一般是中下部叶片尖端或边缘失绿，随后出现黄褐色斑块，甚至枯死。其中梨、葡萄、菜豆最敏感，大麦、玉米、豌豆、马铃薯、烟草、番茄次之。

8）铁的作用。铁是形成叶绿素不可缺少的元素，是许多酶的组成成分和活化剂，参与光合作用、生物固氮作用、呼吸作用、硝酸还原作用等。

土壤含铁量很高，但有效性并不高，植物缺铁已是一个普遍现象。由于铁在植物体内难转移，缺铁首先表现在幼嫩新叶上。典型症状是幼叶失绿黄化，而下部老叶仍保持绿色，严重时，下部叶片也逐渐失绿变白。幼叶失绿开始时是脉间失绿，叶脉仍为绿色。在中性至碱性土壤中铁以沉淀形式存在，容易缺铁，大量施用磷、锌、锰、铜及铵态氮肥会导致缺铁。

9）锌的作用。锌是植物体内谷氨酸脱氢酶、苹果酸脱氢酶、磷脂酶、二肽酶、黄素酶和碳酸酐酶等多种酶的组成成分，对体内物质的水解、氧化还原反应、蛋白质合成、植物体内生长素的合成、光合作用、呼吸作用和脂肪代谢等起重要的作用。锌供应充足，作物的生殖器官发育良好，作物的抗旱、抗热、抗低温和霜冻的能力增强。

锌是可被植物再利用的营养元素。植物缺锌时，生长受抑制，植株矮小，节间较短，分枝少或迟迟不分枝，叶脉间失绿，出现白化症状，如果树的“小叶病”等。对锌敏感的植物有玉米、水稻、高粱、大豆、棉花、麻类、洋葱、蚕豆、柑橘、苹果、梨、桃、葡萄、马铃薯、番茄、甜菜等。

10）锰的作用。锰是柠檬酸脱氧酶、草酰琥珀酸脱氢酶、α-酮戊二酸脱氢酶、柠檬酸合成酶等许多酶的活化剂，在三羧酸循环中起重要作用。锰以结合态直接参与光合作用中水的光解反应，促进光合作用。锰能促进种子萌发和幼苗早期生长，提高结实率，对幼龄果树

有提早结果的作用。

植物缺锰时，由于锰在植物体内不易移动，所以缺锰症状首先从新叶开始，一般是叶肉失绿并出现斑点，叶脉仍保持绿色，如烟草的“花叶病”等。

11）钼的作用。钼是植物体内硝酸还原酶的组成成分，促进植物体内硝态氮的还原及光合作用。钼也是固氮酶的组成成分，直接影响生物固氮。

植物缺钼时，因为钼在作物体内不易转移，缺钼首先发生在幼嫩部位，表现为植物生长不良、矮小，叶脉间失绿或叶片扭曲。缺钼时花的数量减少，花粉的形成和活力降低。缺钼主要发生在对钼敏感的植物上。

12）铜的作用。铜是植物体内多酚氧化酶、抗坏血酸氧化酶、吲哚乙酸氧化酶等多种氧化酶的组成成分，影响植物体内的氧化还原过程和呼吸作用；铜是叶绿体中许多酶的成分，提高叶绿素的稳定性，促进光合作用；铜参与氮代谢，对氨基酸活化及蛋白质的合成有促进作用；铜缺乏会影响根瘤的固氮作用；铜能促进花器官的发育，缺铜会使花粉发育不良。

植物缺铜时，新叶失绿，老叶坏死，叶柄和叶的背面出现紫色。例如，果树缺铜时发生顶枯，树皮开裂，有胶状物流出，呈水池状皮疹，而且果实小，果肉僵硬，严重者果实开裂，顶叶呈簇状，甚至顶梢枯死，如梨的“枯顶病”。禾谷类作物、果树、蔬菜等对铜极敏感。

（4）营养元素间的相互作用　营养元素离子间的相互作用表现为拮抗作用和协助作用两种形式。

1）拮抗作用。拮抗作用是指溶液中一种离子的存在抑制植物对另一种离子的吸收的现象，主要表现在阳离子与阳离子之间或者阴离子与阴离子之间。例如，P-Zn 拮抗，多施磷肥诱发缺锌；K-Fe 拮抗，施钾肥明显影响 Fe^{2+} 的吸收；Ca-B 拮抗，施钙可以防止硼的毒害作用；K-Ca 拮抗，当苹果皮中 K/Ca 或 $(K+Mg)/Ca>10$ 时，可能发生水心病；K-Mg 拮抗，K^{+} 多影响对 Mg^{2+} 的吸收。

2）协助作用。协助作用是指溶液中一种离子的存在促进植物对另一种离子的吸收的现象。例如，氮能促进磷的吸收；K-Zn 相助，施钾肥后，有助于减轻 P-Zn 拮抗现象。

二、植物吸收营养的途径

养分是植物生长发育的基础，植物的根、叶等从土壤、水和大气中获取营养物质，满足植物生长的需要。

1. 根对养分的吸收

植物根系主要从土壤中吸收养分，其吸收的营养称为植物的根部营养。根部吸收养分最多的部位是根尖分生区，另一个重要吸收部位是根毛，它是根系旺盛吸水的区域。

（1）根系吸收养分的形态　植物养分形态包括：

1）气态养分。气态养分包括 CO_2、O_2 和水汽等，主要通过扩散作用进入植物体内，也可由叶片吸收。

2）水溶性离子态养分。矿质养分和氮素几乎都是以离子态形式被吸收的，如 NH_4^+、Ca^{2+}、Mg^{2+}、Fe^{2+}、Cu^{2+}、Zn^{2+}、NO_3^-、$H_2PO_4^-$、SO_4^{2-}、Cl^-、MnO_4^{2-} 等，是植物根系吸收养分的主要形态。

3）分子态有机养分。主要是一些小分子有机物，如尿素、氨基酸、酰胺、生长素、维生素和抗生素等。大多数分子态有机养分需要经过微生物分解转变为离子态养分后，才能被植物吸收利用。

植物根系以吸收离子态养分为主，其次为吸收分子态有机养分。

（2）根系对土壤养分的吸收过程　植物根系对土壤中矿质元素和水的吸收是同时进行的，但其吸收的机理不同。吸收水的动力是根压和蒸腾拉力，而矿质元素的吸收是一个复杂的主动吸收过程，并不是被动地随着水一起从土壤中被带入植物根内，它需要能量消耗。

根系对土壤养分的吸收包括离子向根表的迁移和根部对养分离子的吸收两个过程。

1）养分离子向根表的迁移。养分离子向根表的迁移有截获、扩散、质流三种方式（图6-1）。

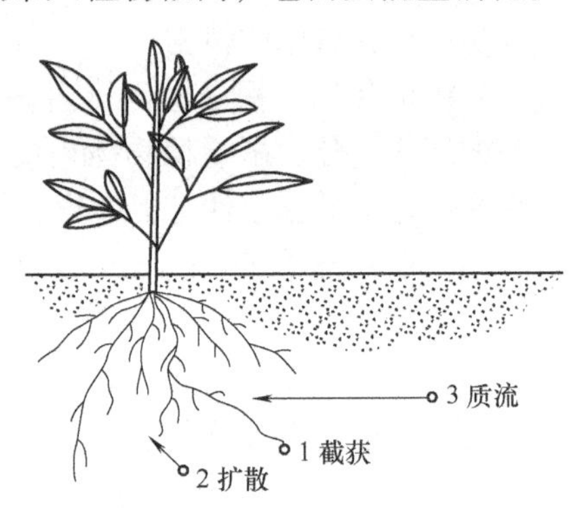

图6-1　土壤中离子移动至根表的途径

① 截获是根系伸展于土壤中直接获取养分的方式。植物根系在土壤中的伸展，使植物根系不断与新的土粒密切接触，就会发生离子交换。但土壤颗粒与根的接触面积毕竟有限，所以，靠接触交换来截获吸收的离子态养分是微不足道的，据推算还不到根系吸收养分总量的10%，远远不能满足植物的生长需要。生产中，钙、镁等离子通过截获方式被吸收的比例较大。

② 扩散是在土壤溶液中某种养分浓度出现差异时所引起的养分运动。由于植物根系对养分的吸收，使根表养分离子浓度下降，在根表土壤与周围土体间产生养分浓度梯度，养分由高浓度向低浓度扩散而向根表土壤运动。这一过程持续进行，养分便不断向根表扩散迁移。一般认为，短距离养分运输，以离子扩散补充根系土壤养分更为重要，例如，对于移动性较小的磷、钾，只有一小部分是由质流输送到根部的，大部分供应的钾和几乎全部的磷，都是由扩散作用到达根部的。

③ 质流是由于植物的蒸腾作用所引起的土壤养分随土壤水分由周围土体向根表土壤运动的养分迁移方式。因植物蒸腾作用消耗了根表土壤中的大量水分，使根表土壤水势降低，与周围土壤形成水势差。这种水势差促使水分从周围土体流向根表土壤，这样溶解于周围土壤水分中的养分也随之移至根表土壤，以补充消耗的养分。一般认为，长距离养分运输，质流是补充根表土壤养分的主要形式，例如，氮素移动性较大，主要靠质流移至根表，钙和镁等元素也主要是由质流过程供给的。

2）根部对养分离子的吸收。土壤养分离子到达根表以后，还需要经过复杂的生物学过程，才能被植物吸收。根部对土壤养分离子的吸收方式包括被动吸收和主动吸收。

①被动吸收。养分离子可以顺着化学势梯度进入根细胞或通过离子交换的方式而被根细胞吸收的过程。这一过程不需要消耗代谢能量，无选择性，因而又称为非代谢性吸收。

简单扩散的动力是化学势，它是指离子自浓度高的区域向浓度低的区域转移的现象。当外部溶液离子浓度高于细胞内部离子浓度时，导致离子由高浓度处向低浓度处扩散，离子可通过扩散进入细胞而被作物吸收。离子浓度梯度是决定简单扩散的前提条件。

杜南平衡学说所涉及的是在膜两侧离子分布不均匀的问题，它的动力是电化学势。它是

指带正电荷质点在膜内外间的移动。植物吸收离子的过程中，即使细胞内某些离子浓度已经超过外界溶液浓度，外界离子仍能向细胞内移动，这是因为植物细胞的质膜具有半透性，在细胞内含有带负电荷的蛋白质分子不能扩散到细胞外，这样细胞的质膜就产生了电场，养分离子在电场的作用下移动。

② 主动吸收。根据分析资料证明，植物体内离子态养分的浓度常比外界土壤溶液的浓度高，有时高达数十倍甚至数百倍，而仍能逆浓度吸收，且吸收养分还有选择性。这种现象单从被动吸收是很难解释的。所以植物吸收养分还存在一个主动吸收过程。主动吸收过程具有以下特点：养分逆电化学势梯度积累；吸收需要消耗代谢提供的能量；不同溶质之间有竞争；吸收速率与细胞内外的浓度梯度呈线性关系；吸收具有饱和性和选择性。

（3）影响根系吸收养分的因素　土壤中养分的有效性是影响植物吸收养分的重要因素，土壤养分的有效性主要受土壤地力状况及理化性状的影响。

1）光照。光照充足，光合作用强大，养分吸收也多。

2）温度。在一定范围内，随温度升高，植物根系吸收养分的能力提高，温度过高、过低，都不利于养分吸收。根系吸收养分要求适宜的土壤温度为15～25℃。不同作物对温度上限的反应不尽相同，棉花、花生、水稻可达35℃，有的可能还更高一些。

3）通气。土壤的通气性好有利于土壤有机养分转化为无机养分，从而对根系吸收养分有利；通气性好，植物有氧呼吸旺盛，释放的能量多，吸收养分多。在农业生产中，施肥结合中耕，目的之一就是促进作物吸收养分，提高肥料利用率。

4）土壤pH。土壤pH影响土壤中营养元素的有效性和植物对不同离子的吸收。试验表明，在酸性条件下，植物吸收阴离子的数量多于阳离子；反之，在碱性条件下，吸收阳离子的数量多于阴离子。对于绝大多数植物，只有在中性和微酸性条件下，才有利于养分的吸收。

5）土壤水分。水分是养分溶解、迁移的介质，土壤中肥料的溶解、有机肥的矿化、营养的迁移等都离不开水分。土壤水分缺乏，引起土壤渗透压过高；水分过多，使养分浓度降低，土壤中O_2供应不足，都不利于养分的吸收。

6）根的营养特性。不同类型植物的根系，对不同离子的吸收能力是不同的。如直根系，阳离子交换量大，对Ca^{2+}、Mg^{2+}的吸收能力强，对K^+的吸收能力差；而须根系，阳离子交换量小，对Ca^{2+}、Mg^{2+}吸收能力差，对K^+的吸收能力强。

2. 叶片对养分的吸收

植物叶片和茎也可与外界环境进行物质和能量的交换，称为植物的根外营养或叶部营养。

（1）叶片吸收营养的特点　叶片吸收养分是从叶片角质层和气孔进入，最后通过角质膜进入细胞内的。叶部吸收以阳离子养分较多，对CO_2的吸收主要经由气孔进入叶内，通过细胞间隙及叶肉细胞的表面进入叶绿体，进行光合作用。

一般来讲，在植物的营养生长期间或是生殖生长的初期，叶片有吸收养分的能力，并且对某些矿质养分的吸收比根的吸收能力强。在一定条件下，根外追肥是补充营养物质的有效途径。

1）直接吸收利用，防止养分在土壤中的固定和转化。一些容易被土壤固定的元素如Ca^{2+}、Fe^{2+}、Mn^{2+}、Zn^{2+}等，通过叶面喷施能够避免其在土壤中的固定作用，直接供给植物需要。某些生理活性物质，如赤霉素、维生素 B_9 等，施入土壤易转化，采用叶面喷施能克服这种缺点。

2）吸收转化比根部快，能及时满足植物需要。如尿素土施一般四五天后才见效果，但叶面喷施只需 1～2 天就可显出效果。由于叶面喷施养分的吸收和转化速度快，这一技术可作为及时防治某些缺素症和植物因遭受自然灾害而需要迅速供给养分时的补救措施。

3）直接影响体内代谢，促进根部营养，提高产量和品质。叶面喷肥能提高光合作用和呼吸强度，显著地促进酶促反应，直接影响植物体内一系列重要的生理活动，同时也改善了植物对根部有机养分的供应，增强根系吸收养分和水分的能力。如植物生长前期喷施尿素等氮肥，植物营养生长旺盛，中后期喷施磷、钾肥，利于叶片内有机物质向生殖器官中转移，提高果实品质。又如植物开花时喷施硼肥，能促进授粉受精，提高坐果率。

4）方便实用，经济有效，节省成本。植物对微量元素的需要量少，微肥的施用量也少，而且微量元素大多在土壤中易被固定。通过叶面喷肥既可以满足植物对微量元素量的需要，又可以克服土壤施用微肥易被固定的缺点，是供给植物微量元素的经济、有效措施。

（2）适宜叶面喷肥的条件　叶面喷肥措施主要解决某些特殊问题，是辅助根部施肥的补充手段。下列情况下可采用叶面喷肥的措施：第一，基肥严重不足，植物有明显脱肥现象；第二，植物遭受严重伤害；第三，植物过密，已无法开沟施肥；第四，遇自然灾害，需要迅速恢复正常生长；第五，深根性植物（如果树），用传统施肥方法不易收效；第六，需要很快恢复一种营养缺乏症时使用。

（3）影响叶片吸收营养的条件

1）矿质养分的种类。植物叶片对不同种类矿质养分的吸收速率是不同的，在选用具体肥料时，要考虑到肥料的各种成分和吸收速率。

如叶片对氮的吸收速率为：尿素 > 硝酸盐 > 铵盐，叶片对钾的吸收速率为：$KCl > KNO_3 > K_2HPO_4$。又如喷施磷肥可防止小麦“小老苗”，喷施铁肥可防治植物黄化病（新叶），喷施锌肥可防治苹果小叶病；喷施钙肥可防止苹果的“苦痘病”等。

2）矿质养分浓度与 pH。一般认为，在一定浓度范围内，营养物质进入叶片的速度和数量，随浓度的增加而增加。所以，在叶片不受肥害的前提下，要适当提高营养物质的浓度。但若浓度过高，叶片会出现灼伤症状。调节溶液的 pH，可提高叶部营养的效果，若主要供给阳离子时，溶液要调至微碱性，若主要供给阴离子时，溶液应调至微酸性。

3）叶片对养分的吸附能力。叶片对养分的吸附能力与溶液在叶片上吸着的时间长短有关。试验证明，喷肥后溶液在叶片上保持湿润的时间在 30～60min 之间，叶片对养分吸收的速度快、数量多。因此，叶面喷肥时间以傍晚和清晨为最好，可延长溶液在叶片上的吸着时间。同时可使用“湿润剂”，降低溶液的表面张力，增大溶液湿润叶片的时间。

4）植物的叶片类型。双子叶植物如薯类等，叶面积大，叶片角质层较薄，溶液中的养分易被吸收。单子叶植物如水稻等，叶面积小，角质层厚，营养液易沿平行叶脉滑落，溶液中的养分吸收困难，在这类作物上根外追肥应加大溶液浓度或增加喷施次数，喷施叶的背面，以保证溶液很好地被吸收利用。

5）喷施部位和次数。移动性强的元素根外追肥时对喷施部位的要求不很严格。移动性差、不易移动的元素喷施时对喷施部位的要求比较严格，一般只有喷在新叶上，才有较好的效果，并且必须增加喷施次数。通常每隔一定时间连续喷洒的效果，优于一次喷洒的效果。

三、植物的营养特性

植物通过根系从土壤中吸收养分的整个时期，称为植物的营养期。在营养期内需要根系不间断地从土壤中吸收养分，称为植物营养的连续性。植物的整个营养期内，包括萌芽、开花、展叶、果实发育、果实成熟等各个营养阶段，这些不同的营养阶段对营养条件如营养元素的种类、数量和比例等，都有不同的要求，这就是植物营养的阶段性。

一般植物吸收营养元素的规律是：生长初期吸收的数量和强度都较低，随着生长期的推移，对营养物质的吸收逐渐增加，到成熟阶段，又趋于减少。不仅各种植物吸收养分的具体数量不同，而且养分的种类和比例也有区别。因此，在施肥时既要使植物在整个营养期内都能够吸收到足够的养分，同时还要考虑到各营养阶段的不同特点，做到基肥、种肥、追肥相结合；有机、无机肥料相结合；大量元素、微量元素相结合，以满足植物的营养要求，从而达到优质、高产、低成本、高效的目的。

在植物营养期间，植物营养临界期和植物营养最大效率期是植物营养和施肥的两个关键时期。在这两个阶段内，必须根据植物本身的营养特点，及时满足植物养分状况的要求，同时还必须注意植物吸收养分的连续性，才能显著提高产量。

1. 植物营养临界期

植物生育过程中，常有一个时期，对某种养分的要求在绝对数量上虽不多，但很敏感，需要迫切，此时若缺乏这种养分，对植物生育的影响极其明显，并由此而造成的损失，即使以后补施该种养分也很难纠正和补充，这一时期称为植物营养临界期。

一般来说，在植物营养临界期，植物对外界环境条件较为敏感，此时若遇养分不足，往往会有很强烈的反应，这些反应表现在生长势上，严重时还会表现在产量上。

大多数植物的磷素营养临界期都在幼苗期。例如，棉花在出苗后10～20天，玉米在出苗后一星期左右（三叶期）。若底肥磷素不足，可用少量速效磷肥作种肥，即可收到极其明显的效果。

植物氮素营养临界期常比磷素稍向后移，通常在营养生长转向生殖生长的时期。例如，棉花氮的临界期在现蕾初期，如缺氮，棉花生长矮小，果枝短，容易脱落，严重影响棉花的产量和品质；玉米若在幼穗分化期缺氮就会穗小、花少、减产。

因为钾在植物体内流动性大，再利用能力强，所以，钾素营养临界期一般不易从形态上表现出来。

2. 植物营养最大效率期

在植物生长发育过程中还有一个时期，植物需要养分的绝对数量最多，吸收速率最快，肥料的作用最大，肥效最好，增产效率最高，这就是植物营养最大效率期。此期往往在植物生长的中期，作物生长旺盛，对施肥的反应也最为明显。例如，如玉米氮素最大效率期在喇叭口到抽雄期，小麦在拔节到抽穗期，棉花在开花结铃时期。

各种营养元素的最大效率期也不一致。例如，苹果生长初期氮素营养效果最好，而在果实成熟期则磷、钾素的营养效果较好。

四、植物营养元素的运输与利用

1. 养分的短距离运输

根外介质中的养分沿根表皮、皮层、内皮层到达中柱（导管）的迁移过程，由于其迁移距离短，故称为短距离运输，又称为横向运输。养分的横向运输有两条途径：质外体途径和共质体途径。

质外体是由细胞壁和细胞间隙所组成的连续体，它与外部介质相通，是水分和养分可以自由出入的地方。

共质体是由细胞的原生质（不包括液泡）组成，穿过细胞壁的胞间连丝把细胞与细胞连成一个整体，这些相互联系起来的原生质整体称为共质体。共质体通道是靠胞间连丝把养分从一个细胞的原生质转运到另一个细胞的原生质中，借助原生质的环流，带动养分的运输，最后向中柱转运。在共质体运输中，胞间连丝起着沟通相邻细胞间养分运输的作用。因此，细胞间连丝数目的多少和直径的大小对养分的运输具有较大影响。

2. 养分的长距离运输

养分沿木质部导管向上，或沿韧皮部筛管向上或向下的移动过程，由于养分迁移距离较长，故称为长距离运输，又称为纵向运输。

（1）木质部运输　木质部中养分移动的驱动力是根压和蒸腾作用。一般在蒸腾作用强的条件下，蒸腾作用起主导作用，根压力量小，作用微弱；在蒸腾作用微弱或停止的条件下，根压则上升为主导作用。由于根压和蒸腾作用只能使木质部汁液向上运动，因而木质部中养分的移动是单向的，即自根部向地上部的运输。

（2）韧皮部运输　韧皮部运输养分的特点是在活细胞内进行的，而且具有双向运输的功能。一般来说，韧皮部运输养分以下行为主。养分在韧皮部中的运输受蒸腾作用的影响很小。韧皮部汁液 pH 高于木质部，前者偏碱性，而后者偏酸性。韧皮部汁液中干物质和有机化合物的浓度远高于木质部，而木质部中基本不含同化产物。大多矿质元素的浓度都是韧皮部高于木质部，而钙和硼等少量元素的浓度是木质部高于韧皮部。

不同营养元素在韧皮部中的移动性程度大小不同，有三种表现形式，即移动性大，如氮、磷、钾、锰等元素，养分再利用程度大；移动性小，如硫、铁、镁等元素，养分再利用程度低；难移动，如钙、硼等元素，养分再利用程度很低。

（3）矿质养分的再利用　植物某一器官或部位中的矿质养分可通过韧皮部运往其他器官或部位而被再度利用，这种现象称为矿质养分的再利用。再利用程度大的元素，养分缺乏症状首先出现在老的部位；而不能再利用的养分，缺素症状首先表现在幼嫩器官。

任务 2　营养土的配制

无土栽培是指不用土壤而使用栽培基质、营养液的设施栽培植物的新技术，是相对于自然土壤栽培而发展起来的一种新型栽培技术，是粮食、蔬菜、花卉、盆景、苗木繁育等农林业生产的技术革命，包括水培、雾（气）培、基质栽培等栽培方式。

营养土是将不同的原料按一定比例混合，同时补充所缺乏的适量肥料配制而成的不同于土壤的栽培材料，是进行无土栽培的固形或液体栽培基质。

一、无土栽培的特点

1. 植物长势强，产量高，品质好，收效大

无土栽培可以人工控制植物生长的光、温、水、气及肥等环境条件，提供植物充足的水

分、养分、空气和均衡的全面营养成分，因此，植株生长快、长势强，产量高，品质好（表6-2）。例如，香石竹在无土栽培的条件下，盛花期可提前两个月，花色美，花朵大，而且平均每株多产四朵花。

表6-2 不同植物无土栽培的产量比较表 （单位：kg/hm^2）

植物名称	无土栽培	土壤栽培
蚕豆	51892.5	12352.5
豌豆	22240.5	2467.5
番茄	148267.5～741351	12355.5
马铃薯	154449	7413

2. 节约水肥，节省劳动用工

土壤栽培时的农田灌溉用水，大部分都被蒸发、渗漏、流失。无土栽培用水量是土壤栽培用水量的1/7，这对于解决我国水资源短缺的现状，缓解栽培用水的压力是十分重要的。

无土栽培可根据植物的不同种类、不同生育期，按需定量用肥，营养液还可以回收再利用，因而可避免土壤施肥中的肥水流失及被土壤固定、土壤微生物吸收等问题，养分损失少，一般不超过10%。而土壤栽培植物由于受径流、渗漏、挥发、土壤固定、微生物消耗等影响，养分损失一般可达40%～50%。

无土栽培简化了栽培中的耕作工序，减少了土壤翻耕、整地、除草等事项，节约了大量管理中的劳力和重茬病虫害的防治、土壤改良等管理措施，提高了劳动生产力。

3. 清洁卫生，减少病虫害

无土栽培不用土壤而用营养液栽培植物，植物生长健壮，感染病虫害的机会大大减少，也不存在土壤栽培中因施用有机粪尿而带来的寄生虫卵及公害污染，基本是无毒、无菌、无臭味的环境，产品鲜嫩、无公害、绿色、档次高。

4. 不择土地，能工厂化生产

无土栽培无土地的限制，栽培地点选择余地大，可以在不宜农林业种植的地方进行，如沙漠、盐碱地、荒山、砾石等地栽植；可以在窗台、阳台、走廊、屋顶、墙壁等场所栽植。其营养液成分易于控制，可以随时调节，适合自动化、工厂化生产。目前国际国内已经有全自动化无土栽培设施和立体化无土栽培模式，正朝着工厂化生产的方向发展。

无土栽培技术在走向实用化的进程中还存在不少问题，突出的问题是成本高、一次性投资大，还要求有较高的管理水平。同时矿质营养的生理指标、某些植物早衰、管理上的盲目性、病虫防治、基质和营养液的消毒、废弃基质的处理等，都是需要进一步研究解决的问题。

二、无土栽培的类型

1. 根据使用基质的类型划分

无土栽培可分为基质栽培和无基质栽培两种类型，见表6-3。

（1）基质栽培　基质是无土栽培中用以固定植物根系的固形物质，可同时吸附营养液，改善根系透气性，可分为无机基质和有机基质两大类。

（2）无基质栽培　无基质栽培是指植物的根连续或间断地浸在营养液中生长，不需要基质的栽培方式。这种栽培方法，一般只在育苗期采用基质，定植后就不用基质了，可分为水培和喷雾栽培两类。

表 6-3 无土栽培类型

基质栽培	有机基质：草炭、锯末、稻壳、树皮、堆肥等
	无机基质：河沙、砾、珍珠岩、岩棉、泡沫、炉渣等
无基质栽培	水培：营养液膜法（NFT）、深液流法（DFT）、浮板毛管法、动态浮板法
	喷雾栽培

2. 根据消耗能源的类型划分

（1）无机耗能型无土栽培　无机耗能型无土栽培是指全部使用化肥配制营养液栽培植物。营养液循环中耗能多，灌溉排出液污染环境和地下水，生产出的食品，硝酸盐含量容易超标。但这是真正意义上的无土栽培。

（2）有机生态型无土栽培　有机生态型无土栽培是指全部使用有机肥代替营养液，灌溉时只浇清水，排出液对环境无污染。此种基质多用于生产合格的绿色食品。

三、基质与营养液的配制

无土栽培类型不同，其营养土的类型也不同。营养土按无土栽培使用的基质类型分为基质和营养液两类。基质是固形物质，其主要作用是支持植物根系及提供植物一定的水分及营养元素。营养液是指将含有植物生长发育所必需的各种营养元素的化合物和少量为使某些营养元素的有效性更为长久的辅助材料，按一定的数量和比例溶解于水中所配制而成的溶液。

（一）基质配制

1. 基质的特点

1）含有丰富的有机质，养分较全面，以满足植物生长。

2）保水性、透气性好。

3）重量轻，易于搬运，不易散坨。

4）经多次浇灌，不结硬块和板结。

5）无污染，无病虫害和杂草种子。

6）酸碱度适合，pH 适合植物生长的要求。

2. 配制基质的原料

1）园土。又称菜园土、田园土，这是普通的栽培土，肥力较高，团粒结构好，是配制营养土的主要原料之一。缺点是干时表层易板结，湿时通气透水性差，不能单独使用。选用种过蔬菜或豆类作物的表层沙壤土最好。

2）腐叶土。又称腐殖土，是山区林下的疏松表土，也可人工制造。腐叶土土质疏松，营养丰富，腐殖质含量高，吸热保温性能好，一般呈微酸性反应。需经暴晒过筛后使用。

3）蛭石。是一种含硅、铝、铁、镁等元素的云母次生矿，既保水又通气，升温快，易保温，不带病原菌和害虫。可单独使用，也可与沙壤土、珍珠岩混用。

4）珍珠岩。排水、保水性好，质地很轻，不含病原菌和害虫。珍珠岩干燥后容易浮动，与苔藓等其他基质混用效果更好。

5）山泥。这是一种天然的含腐殖质土，土质疏松，呈酸性。黄山泥和黑山泥相比，前

者质地较黏重，含腐殖质也少。山泥常用作山茶、兰花、杜鹃等喜酸性植物的主要营养土原料。

6）河沙。河沙升温容易，排水性好，但保温性和肥力较差。粗沙通气好，细沙保水强。河沙以花岗岩母质风化所成者最佳，最好选用有棱角的粗沙。河沙既可作为配制营养土的材料，也可单独用作扦插或播种基质。海沙用作营养土时，必须用淡水冲洗，否则含盐量过高，影响植物生长。

7）砻糠灰和草木灰。砻糠灰是稻壳烧成后的灰，具有排水通气、吸热保温的特性，可同时满足植物对水分和空气的要求，又可适当增加底温，有利于发根。同时新鲜砻糠灰不带病菌，为植物提供磷肥、钾肥，有利于促进根系生长。缺点是结构过于疏松和保水能力差。草木灰是稻草或其他杂草烧成后的灰。二者都含丰富的钾肥。加入营养土中，排水良好，土壤疏松，磷肥、钾肥含量多，pH 偏碱性。

8）骨粉。骨粉是把动物杂骨磨碎，发酵制成的肥粉，含有大量的磷肥。每次加入量不得超过总量的1%。

9）锯木屑。这是近年来新发展起来的一种培养材料，疏松而通气，保水、透水性能好，保温性强，重量轻又干净卫生。pH 呈中性和微酸性。锯木屑质地轻，来源少，使用时植株固定性差。最好和其他材料混合使用，可增加营养土的排水透气性。

10）松针土。在落叶松树下，每年秋冬都会积有一层落叶，落叶松的叶细小、质轻、柔软、易粉碎，这种落叶堆积一段时间后，可用作配制培养土的材料。落叶松可作为配制酸性、微酸性及提高疏松、通透性的培养土材料，用其栽培杜鹃尤为理想。

此外，还有泥炭、苔藓、岩棉、炉渣等基质，也可用来进行培养土配制。

3. 基质的配制

基质可单独使用，但几种基质混合后使用效果更好（表6-4）。基质混合后增加了养分，增加了孔隙度、水分、空气，一般以2~3种基质混合为好。

1）草炭:锯末为1:1。

2）草炭:蛭石:锯末为1:1:1。

3）草炭:蛭石:珍珠岩为1:1:1。

4）草炭:炉渣为4:6。

5）腐殖土:园土:河沙为3:5:2。

6）松针土:泥炭土:粉沙土为1:1:1。

7）泥炭土:火烧土:黄心土为1:1:1。

8）火烧土:锯木屑:堆肥为1:1:1。

9）山泥:园土:腐殖土:砻糠灰（草木灰）为2:2:1:1。

10）园土:堆肥:河沙:草木灰为4:4:2:1。

11）山泥:腐殖土:园土为1:1:4。这是一种重肥土，适用于偏酸性植物，如金橘、茉莉、栀子花等。

12）园土:山泥:河沙为1:2:1，适用于偏碱性植物。

13）园土:草木灰为2:1，适用于偏碱性植物，如仙人掌等。

14）园土:砻糠灰为1:1。

15）腐熟肥料25%~50%，蛭石6%~25%，再加入5%的一般沙壤土。

16）火烧土 75%～88%，腐熟肥料 10%～20%，过磷酸钙 2%。

表 6-4　不同植物及栽培方式基质的配方比例

品种或基质	园土	腐叶土	草木灰	厩肥	沙子	砻糠灰	骨粉	泥炭	腐殖质
扦插上盆基质	1	1			2			1（喜酸）	
移植小苗基质	1	1			1				
一般盆花基质	2			0.5	1		1		1
喜肥盆花基质	2			0.5	2		1	1	2
一般草花	3	2				1			
一般宿根花卉	2	2	1		1				
一般花木	2	1		0.5	2		1	2	1
多浆植物	1	2			1				
耐荫植物	2	0.5		1		0.5			
杜鹃花类		4			1				

4. 基质的处理

无土栽培的基质由于吸附了许多盐类和杂质，使用前必须处理。

1）基质 pH 的调节。pH<5.0 为强酸性，pH 5.0～6.5 为酸性，pH 6.5～7.5 为中性，pH 7.5～8.5 为碱性，pH >8.5 为强碱性。如果培养土酸碱度不合适，会妨碍植物对养分的吸收，因为酸碱度和矿质盐的溶解度有关。矿质养分中氮、磷、钾、硫、钙、镁、铁、锰、钼、硼、铜、锌等的有效性，均随土壤溶液酸碱性的强弱而不同。

基质酸碱度的测定：取少量基质，放入玻璃杯中，按土∶水为 1∶2 的比例加水，充分搅拌，用 pH 试纸蘸取澄清液，根据试纸颜色的变化可知其酸碱度。

当 pH 低时，可在基质中加入碳酸钾、苛性钠及生理碱性肥料或增加草木灰（砻糠灰也可）的比例；当 pH 高时，可加入适量的磷酸、硫酸铝（白矾）、硫酸亚铁（绿矾）或硫黄粉和生理酸性肥料。如施氮肥时用硫酸铵，也可使土壤碱性降低，酸度增加。

2）基质灭菌与消毒。一般盆栽的基质不需特殊消毒，只要经过日光暴晒即可。用于扦插和播种的基质要严格消毒，因为病菌容易从繁殖材料伤口侵入植物体内，造成腐烂，影响成活。对播种来说，刚生出的芽，抵抗力很弱，微生物常导致它发霉。

通过暴晒基质或在基质中通入高压蒸汽进行高温灭菌消毒，也可用甲醛、福尔马林喷洒。甲醛喷洒方法：先按每升基质中均匀撒上 40% 的福尔马林溶液 4～5mL，然后密封，不使其漏气，放置 2 天后开封。

3）洗盐处理。用清水反复冲洗栽培基质，可除去基质中多余的盐分。

4）氧化处理。将沙石、砾等置于空气中，使氧游离子与硫化物反应，可防止基质变黑。

（二）营养液的配制与调节

1. 无土栽培对营养液的要求

营养液是植物生长所需营养的主要来源，包括植物生长所必需的大量元素和微量元素（表 6-5、表 6-6、表 6-7、表 6-8）。无土栽培中植物生长所需的养分都是通过根系从营养液吸收而来，因此要求营养液浓度必须保持在合适的范围内，总盐量在 0.2%～0.3% 之间；营

养液中溶解氧的含量也应在一定范围内；营养液 pH 要经常调节；营养液的温度应控制在 8~30℃的范围内。

2. 营养液的配方

由于植物对微量元素的需求量很少，所以通常情况下，微量元素的配方基本是相同的。

表6-5 营养液中微量元素添加量及浓度计算

化合物		分子量	元素	适合浓度 a /(mg/L)	含有率 b (%)	化合物浓度 a/b/(mg/L)
名称	分子式					
螯合铁	Fe · EDTA	421	Fe	3	12.5	24.0
硫酸亚铁	$FeSO_4 \cdot 7H_2O$	278	Fe	3	20.0	15.0
三氯化铁	$FeCl_3 \cdot 6H_2O$	270	Fe	3	20.66	14.5
硼酸	H_3BO_3	62	B	0.5	18.0	3.0
硼砂	$Na_2B_4O_7 \cdot 10H_2O$	381	B	0.5	11.6	4.5
氯化锰	$MnCl_2 \cdot 4H_2O$	198	Mn	0.5	28.0	1.8
硫酸锰	$MnSO_4 \cdot 4H_2O$	223	Mn	0.5	23.5	2.0
硫酸锌	$ZnSO_4 \cdot 7H_2O$	288	Zn	0.05	23.0	0.22
硫酸铜	$CuSO_4 \cdot 5H_2O$	250	Cu	0.02	25.5	0.05

表6-6 观叶植物营养液 （单位：g/L）

成分	化学式	用量	成分	化学式	用量
硝酸钾	KNO_3	0.202	硝酸铵	NH_4NO_3	0.04
硝酸钙	$Ca(NO_3)_2$	0.492	硫酸钾	K_2SO_4	0174
磷酸二氢钾	KH_2PO_4	0.136	硫酸镁	$MgSO_4$	0.12

表6-7 格里克基本营养液 （单位：mL）

化合物	化学式	用量	化合物	化学式	用量
硝酸钾	KNO_3	542	硫酸铁	$Fe_2(SO_4)_3 \cdot n(H_2O)$	14
硝酸钙	$Ca(NO_3)_2$	96	硫酸锰	$MnSO_4$	2
过磷酸钙	$Ca(H_2PO_4)_2 + CaSO_4$	135	硼砂	$Na_2B_4O_7$	1.7
硫酸镁	$MgSO_4$	135	硫酸锌	$ZnSO_4$	0.8
硫酸	H_2SO_4	73	硫酸铜	$CuSO_4$	0.6

表6-8 康乃馨营养液

成分	化学式	用量/(g/L)
硝酸钠	$NaNO_3$	0.88
氯化钾	KCl	0.08
过磷酸钙	$Ca(H_2PO_4)_2 + CaSO_4$	0.47
硫酸铵	$(NH_4)_2SO_4$	0.06
硫酸镁	$MgSO_4$	0.27

3. 营养液的配制原则

营养液的配制与调节是无土栽培技术的核心。操作时必须认真仔细，否则会对植物的生长造成不同程度的伤害。

1）营养液是植物根系营养的主要来源，营养液必须具备植物正常生长所需的元素，应包括大量元素如氮、磷、钾、钙、镁、硫等和微量元素如铁、锰、锌、铜等。

2）营养液必须容易被植物吸收利用，肥料以化学态为主，易溶于水，在保证元素种类齐全并符合配方原则的前提下，肥料种类选用尽量要少。

3）根据植物种类和条件要求，营养液的元素比例应搭配适宜，以充分发挥元素的有效性和保证植物的平衡吸收。

4）水源不含有害物质、不受污染。水质过硬，应事先予以处理。营养液中化合物组成的总盐分浓度及其酸碱度应适合植物的正常生长要求。

4. 营养液的配制原料

营养液的主要原料为水和营养盐。这些材料必须纯净，不含妨碍植物正常生长的有害物质。如果所配制的营养液用于科学研究，则必须使用纯水，用试剂级的营养盐来进行配制。如果用于商业化生产，可以使用井水、自来水、雨水等水源；营养盐可用工业品、农用化肥等。

（1）水质要求　水是无土栽培中配制营养液不可缺少的成分。无土栽培对水质要求严格，尤其是水培，许多元素含量都比土壤栽培允许的浓度标准低，否则就会发生毒害，一些农田用水不一定适合无土栽培，收集雨水进行无土栽培是很好的方法；无土栽培的水，pH不要太高或太低，因为一般植物对营养液 pH 的要求以中性为好；一般水中氧化钙的含量不超过 8mg/L，水中氯化钠含量应小于 2mg/L。水源严禁含有污染物质，有害的重金属含量不应超过规定标准，如汞小于 0.005mg/L、铅小于 0.05mg/L 等。若用自来水，其氯的含量要小于 0.3mg/L。

（2）配制营养液的肥料来源　含氮化合物有硝酸钙、硝酸铵、硝酸钾、硫酸铵、尿素、磷酸氢二铵、氯化铵等。含磷化合物有过磷酸钙、磷酸二氢钾、重过磷酸钙等。含钾化合物有硫酸钾、氯化钾等。中量和微量元素化合物有硝酸钠、硫酸镁、硫酸钙、三氯化铁、硫酸亚铁、螯合态铁、硫酸锰、硫酸锌、硼酸、硼砂、硫酸铜、钼酸铵等。

5. 营养液的配制步骤

在配制营养液时，首先要看清各种肥料、药品的说明、化学名称和分子式，了解纯度。然后根据所选定的配方，逐次地进行称量。小规模生产所用的营养液，可将称量好的营养盐放在搪瓷或玻璃容器中，先用 50℃的少量温水将其分别融化，然后用所定容量的 75% 水溶解，边倒边搅拌，最后用水定容。在大规模生产时，可以用地磅秤取营养盐，然后放在专门的水槽中溶解，最后定容。定容后，要调节营养液的 pH。

配制的方法是先配出母液（原液），再进行稀释，可以节省容器便于保存。需要注意的是需将含钙的物质单独盛在一个容器内，使用时将母液稀释后再与含钙物质的稀释液相混合，尽量避免形成沉淀。

植物对养分的要求因种类和生长发育的阶段而异，所以配方也要相应地改变，例如进行蔬菜无土栽培时，叶菜类需要较多的氮素（N），氮可以促进叶片的生长，而番茄、黄瓜要开花结果，需要较多的磷、钾、钙，需要的氮则比叶菜类少些。

营养液配方中，差别最大的是其中氮和钾的比例。

6. 营养液调节

1）定期添加新水。在无土栽培中使用营养液时，一方面因植物吸收会使一部分元素的含量降低；另一方面又会因溶液本身的水分蒸发而使浓度增加。因此，在植物生长表现正常的情况下，当营养液减少时，只需添加新水而不必补充营养液。

2）补充营养液要均匀。在向水培槽或大面积无土栽培基质中添加营养液时，应从不同部位分别倒入，各注液点距离不能太远，一般不超过3m。

3）保持营养液合适的浓度。植物生长发育时期不同，植物对营养元素的需求也不一样。如苗期的番茄培养液里的氮、磷、钾等元素可以少些，长大以后，就要增加其供应量。又如夏季日照长，光强、温度都高，番茄需要的氮比秋季、初冬时多，在秋季、初冬生长的番茄要求较多的钾，以改善其果实的质量。因此培养同一种植物，在它的一生中也要不断地修改营养液的配方及浓度。

4）pH的调节。用加水稀释的强酸或强碱逐滴加入营养液中，并不断用pH试纸或酸度计进行测定，调节至所需的pH为止。

5）营养液中的增氧措施。利用物理方法来增加营养液与空气接触的机会，增加氧气在营养液中的扩散能力，从而提高溶解氧的含量。常用的方法有落差、喷雾、搅拌、压缩空气等。

四、无土栽培的方式与设备

（一）无基质栽培及设备

1. 水培及设备

水培是无土栽培中最早应用的技术。无土栽培供液方式很多，有营养液膜（NFT）灌溉法、漫灌法、双壁管式灌溉系统、滴灌系统、虹吸法、喷雾法和人工浇灌等。目前生产中应用较多的是营养液膜法和深液流法。

（1）营养液膜法（NFT） 营养液在泵的驱动下从贮液池流出经过根系（0.5~1.0cm厚的营养液薄层），然后又回到贮液池内，形成循环式供液体系。既保证不断供给作物水分和养分，又不断供给根系新鲜氧气。NFT法优点是灌溉技术大大简化，营养元素均衡供给，同时根系与土壤隔离，可避免各种土传病害，也无需进行土壤消毒。

此方法栽培植物直接从溶液中吸取营养，相应根系须根发达，主根明显比露地栽培退化。例如黄瓜无限型生长，主蔓可达10~15m，主根根系45cm。

（2）深液流法（DFT） 深液流法即深液流循环栽培技术，这种栽培方式与营养液膜技术（NFT）差不多，不同之处是流动的营养液层较深（5~10cm），植株大部分根系浸泡在营养液中，其根系的通气靠向营养液中加氧来解决。这种系统的主要优点是解决了在停电期间NFT系统不能正常运转的困难。该系统的基本设施包括：营养液栽培槽、贮液池、水泵、营养液自动循环系统及控制系统、植株固定装置等部分。目前在蔬菜及花卉栽培中应用比较成功。

2. 喷雾栽培（雾培、气培）及设备

根系在容器中的内部空间悬浮，固定在聚丙烯泡膜塑料板上。每隔一定距离钻一个孔，将植物根系插入孔内。根系下方安装自动定时喷雾装置，喷雾管设在封闭系统内靠地面的一边，在喷雾管上按一定的距离安装喷头，喷头的工作由定时器控制，如每隔3min喷30s，将营养液由空气压缩机雾化成细雾状喷到植物根系，根系各部位都能接触到水分和养分，生长良好，地上部位也健壮高产。由于采用立体式栽培，空间利用率比一般栽培方式提高两三倍，栽培管理自动化，植物可以同时吸收氧、水分和营养。

雾培系统成本很高，目前在生产上应用较少，多作为旅游设施，供游客观赏。

（二）基质栽培及设备

在基质无土栽培系统中，固体基质的主要作用是支持植物根系及提供植物一定的水分及营养元素。基质栽培的方式有槽培、袋培、岩棉培等，通过滴灌系统供液。供液系统有开路系统和闭路系统，开路系统的营养液不循环利用，而闭路系统中营养液则循环利用。我国目前基质栽培主要采用开路系统。

与水培相比较，基质栽培缓冲性强、栽培技术比较易掌握、栽培设备易建造，成本也低，因此在世界各国的面积均大于水培，我国更是如此。

1. 栽培基质理化性状

1）具有一定大小的粒径，它会影响容重、孔隙度、空气和水的含量。按粒径大小可分为：0.5～1mm、1～5mm、10～20mm、20～50mm。可以根据栽培植物种类、根系生长特点、当地资源状况加以选择。

2）具有良好的物理性状，基质必须疏松，保水、保肥又透气。研究认为，对蔬菜作物比较理想的基质，其粒径最好为0.5～10mm，总孔隙度大于55%，容重为0.1～0.8g/cm^2，空气容积为25%～30%，基质的水气比为1∶2～1∶4。

3）具有稳定的化学性状，本身不含有害成分，不使营养液发生变化。

4）要求基质取材方便，来源广泛，价格低廉。

在无土栽培中，基质的作用是固定和支持作物、吸附营养液、增强根系的透气性。基质是十分重要的材料，直接关系栽培的成败。基质栽培时，应严格按照基质特点选择。

2. 基质栽培设施系统

基质栽培的方式有钵培、槽培、岩棉培、沙培、有机生态型无土栽培等。

1）钵培。在花盆、塑料桶等栽培容器中填充基质，栽培植物。从容器的上部供应营养液，下部设排液管，将排出的营养液回收于贮液罐中循环利用。也可采用人工浇灌的原始方法。

2）槽培。将基质装入一定容积的栽培槽中以种植植物。目前应用较为广泛的是在温室地面上直接用砖垒成栽培槽，为了降低生产成本，也可就地挖成槽再铺薄膜做成。总的要求是防止渗漏并使基质与土壤隔离，通常可在槽底铺两层塑料薄膜。栽培槽的大小和形状取决于不同植物，例如番茄、黄瓜等蔓生作物，通常每槽种植两行，以便于整枝、绑蔓和收获等田间操作，槽宽一般为0.48m（内径）。对某些矮生植物可设置较宽的栽培槽，进行多行种植，只要方便田间管理即可。栽培槽的深度以15～20cm为宜。槽的长度可由灌溉能力（保证对每株植物提供等量的营养液）、温室结构以及田间操作所需步道等因素来决定。槽的坡度至少应为0.4%。

3）岩棉培。农用岩棉在制造过程中加入了亲水剂，使之易于吸水。开放式岩棉栽培营养液灌溉均匀、准确，一旦水泵或供液系统发生故障有缓冲能力，对植物造成的损失也较小。岩棉是国外（荷兰最多）基质培广泛应用的材料。

4）沙培。沙培是完全使用沙子作为基质的、适于沙漠地区的开放式无土栽培系统。在理论上这种系统具有很大的潜在优势：沙漠地区的沙子资源极其丰富，不需从外部运入，价格低廉，也不需每隔一两年进行定期更换，是一种理想的基质。

5）有机生态型无土栽培。有机生态型无土栽培也使用基质但不用传统的营养液灌溉植物，而使用有机固态肥并直接用清水灌溉植物的一种无土栽培技术。

任务3　合理施用化学肥料

肥料是施入土壤或通过其他途径能够为植物提供营养成分，改良土壤理化性质，为植物提供良好生活环境的物质，是植物的粮食，是增产增收的物质基础。施肥是农业生产不可或缺的重要环节，是农业生产重要的技术措施之一，无论是化肥还是有机肥，在施用上都必须有效、合理。

一、合理施肥的原理

合理施肥是指在一定的气候和土壤条件下，为栽培某一种植物或某一系列植物所采用的正确的施肥措施，体现在养分全（有机肥料和化学肥料、大量元素和微量元素等的有效结合）、养分饱（各种营养元素正确配比、有机肥和化学肥料施肥量的合理分配等）、均匀（各种肥料在土壤中分布均匀）、施肥时期适宜（有机肥早施等）、深浅合适（基肥深、追肥浅等）多个方面。

施肥是否合理，一是看能否提高肥料利用率，二是看能否提高经济效益，增产增收。施肥后达不到这两项指标，就不能算合理施肥。

1. 养分归还学说

该学说是德国化学家、现代农业化学的奠基人李比希创立，他认为：植物以不同的方式从土壤中吸收矿质养分和氮素，为了保持土壤肥沃，就必须把作物收获物所带走的矿质养分和氮素，以肥料的形式归还给土壤，才不致使土壤贫瘠。

该学说主张作物从土壤中取走的东西一定要全部归还，实际这样做是不经济也是不必要的。因此应灵活运用该学说指导施肥实践。

2. 最小养分律

该学说也是德国化学家、现代农业化学的奠基人李比希创立。中心内容是：植物为了生长必须要吸收各种养分，但是决定作物产量的却是土壤中那个相对含量最小的有效植物生长因子，产量在一定限度内随着这个因素的增减而相对变化，因而无视这个限制因素的存在，即使继续增加其他营养成分也难以再提高作物的产量。

最小养分律可以形象地用养分桶来说明（图6-2），组成桶的最短的木条（代表最小养分）决定了桶中所能容纳的水量（代表产量）。

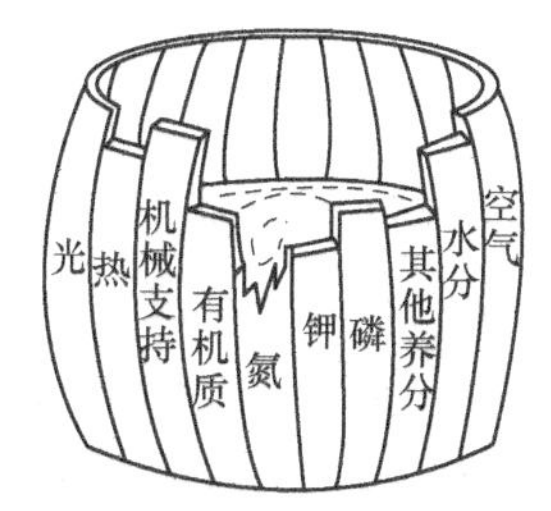

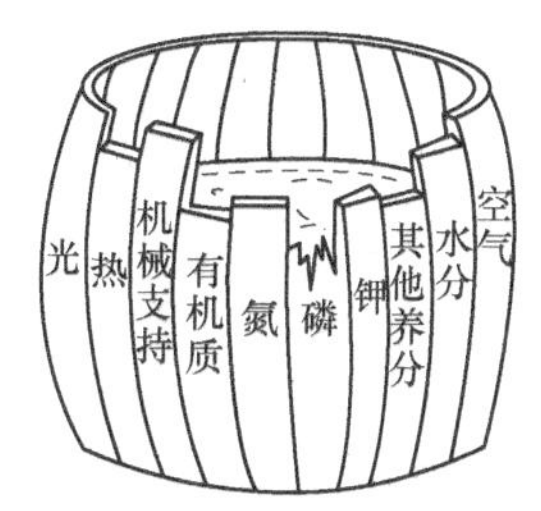

图6-2　影响植物产量的最小养分（限制因子）示意图

需要说明的是该学说中所说的最小养分，并不是土壤中绝对数量最少的那种养分，而是指相对于作物的需要来说最少的那种养分，并且最小养分也不是固定不变的，如 20 世纪 50 年代氮是我国土壤的最少养分，60 年代磷成为最少养分，现在钾和某些微量元素成为最少养分。因此在运用其指导施肥时应具体问题具体分析。

3. 报酬递减律

该学说是法国古典经济学家杜尔格在对大量科学实验进行归纳总结的基础上提出的。中心内容是：在科学技术不变和其他资源投入保持在某个水平的条件下，随着肥料用量的增加，作物产量提高，但单位质量肥料的增产量（即实际报酬）却逐渐减少。如果技术进步了，并由此改变了其他资源的投入水平，形成了新的协调关系，肥料报酬必然会提高。

4. 因子综合作用规律

植物产量是光照、水分、养分、温度、品种及耕作栽培措施等因子综合作用的结果，其中有一个起主要作用的因子，在一定程度上制约着植物的生长发育，但同时必须重视各因素之间积极和消极的相互作用。如施肥必须灌水，肥效才能发挥；又如元素之间存在拮抗作用；还有植物耐肥的程度不同，施肥多少就不同等。

5. 同等重要律与不可代替律

植物所需的 16 种营养元素在植物体内的含量差别很大，然而对于植物的生长发育及各种生命代谢活动，它们都是同样重要的，缺少它们中的任何一种元素，植物都不能正常生长，这就是植物必需营养元素的同等重要律。植物缺少必需元素中的任何一种只能通过补充该种元素来纠正植物的缺素症状，任何其他元素都不能代替该元素在植物体内的特定作用，这就是必需营养元素的不可代替律。

6. 植物的营养选择性

植物常常根据自身的需要对外界环境中的养分有高度的选择性，植物只能在含有适当比例的多种必需盐溶液中才能正常生长发育。如土壤中硅、铁、锰等元素含量较多，植物却吸收很少，而土壤中氮、磷、钾等元素含量相对较少，植物的需求较多。因此当向土壤施入某种肥料以后，由于植物具有选择吸收的特性，就必然会出现同一种盐的阳离子和阴离子吸收不平衡的现象，导致土壤酸性和碱性增强。例如，通常条件下，植物对氮的需要量远远多于硫，施入（$(NH_4)_2SO_4$）肥料后，$(NH_4)_2SO_4$ 溶液中的阳离子（NH_4^+）吸收量多，而大量的阴离子（SO_4^{2-}）则留在溶液中，增加了土壤溶液的酸性。

不同植物在同一种土壤上栽培，因植物种类不同，它们所吸收的矿质养分种类和数量就会有很大的差别。如薯类作物需钾量比禾本科作物多；豆科作物需磷较多；叶菜类需氮素较多。所以，施肥时必须考虑植物的营养选择性。

二、合理施肥的方法

施肥是指不断提供和补充植物生长发育所需的营养消耗，并调节营养元素之间的平衡，在土、水、气、热、微生物五大要素中发挥着重要作用，从而营养作物、培肥地力、提高产量和经济效益。因此，在生产上就必须根据植物的需肥特点、气候特点、生产目标、肥料特性以及土壤状况，因地制宜地采用不同的施肥方法，进行科学合理施肥，以获得肥料的最大效应，达到施肥的目的。

1. 合理施肥的优点

1）提高化肥利用率。开展科学施肥，可以合理地确定施肥量和肥料中各营养元素比例，有效提高化肥利用率（表6-9）。

表6-9　各种肥料利用率（%）

氮　肥	磷　肥	钾　肥	复混肥料	有机肥料
30～60	10～25	40～70	50	5～10

2）提高品质、节约成本、增加效益。合理施肥技术能有效地控制化肥投入量及各种肥料的比例，达到降低成本，增产增收的目的。以苹果为例，在施用有机肥的基础上，若目标产量为2000～3000kg，当季施用纯氮18～23kg，纯磷（P_2O_5）13～16kg、纯钾（K_2O）25～30kg。

3）缓解化肥供求矛盾，减轻资源与能源的压力。

4）保护生态、协调养分、防治病害、对有限肥源合理分配。

2. 合理施肥的原则

坚持高产、优质、高效、环保、改土的施肥目标，贯彻"有机肥与无机肥相结合，养地与用地相结合"的肥料方针，做到有机肥料与化学肥料配合；以有机肥为主，化学肥料为辅。以氮、磷、钾为主，微量元素配合；以多元素复合肥为主，单元素肥料为辅；以施基肥为主，追肥为辅。综合考虑肥料种类、施肥量、养分配比、施肥时期、施肥方法和施肥位置等施肥技术，保持土壤养分平衡，提高土壤肥力，减少肥料浪费和对农产品及环境污染。

3. 合理施肥的技术

植物施肥包括基肥、追肥和种肥的施用。

（1）基肥　基肥是以有机肥为主，且较长时期供给树体多种养分的基础肥料。

1）施肥要求。施基肥应突出"熟、早、全、饱、深、匀"的施肥要求，即有机肥要堆沤熟化，时间要早，成分要全（有机、无机、大量、微量元素相结合），数量要足（占全年施肥量的70%以上），部位要深（根系集中分布区内），搅拌均匀（有机与无机、肥与土）。

2）施肥时期。不同植物基肥的施用时期不同。如苹果，基肥宜于秋季（9月中旬至10月中旬）施入，越早越好。实践证明，基肥秋施比春施好，早秋施比晚秋或初冬好。

3）基肥种类。基肥种类以粪肥、厮肥、堆肥、沼沤肥、复合肥、绿肥和秸秆等有机肥为主，适量搭配磷肥和少量氮肥。

4）施肥量。有机肥的施肥量可参照农产品的产量来确定。如苹果，有机肥使用量力争达到"斤果斤肥""斤果2斤肥"的标准，不同果园的具体施肥量因主栽树种、树龄、树势、挂果量、肥料种类和土壤肥力水平不同而有所变化（表6-10）。

表6-10　红富士不同树龄的施肥量　（单位：$kg/667m^2$）

树龄/年	产　量	有机肥	硫酸铵	过磷酸钙	草木灰
1～4		1000～1500	10～30	25～50	
5～7	500～2000	1500～3000	40～80	60～140	60～120
8～16	2500～3000	4000～6000	100～120	160～220	150～180
17～20	2500左右	3000以上	100	180	150左右
20年以上	2000以上	3000以上	80～90	140～160	120～130

5）施肥方法。

① 环状沟施肥法。挖一条沟宽 30～60cm、沟深 30～60cm 的环形沟，然后将表土与基肥混合施入，如图 6-3 所示。此法多用于木本植物施肥。

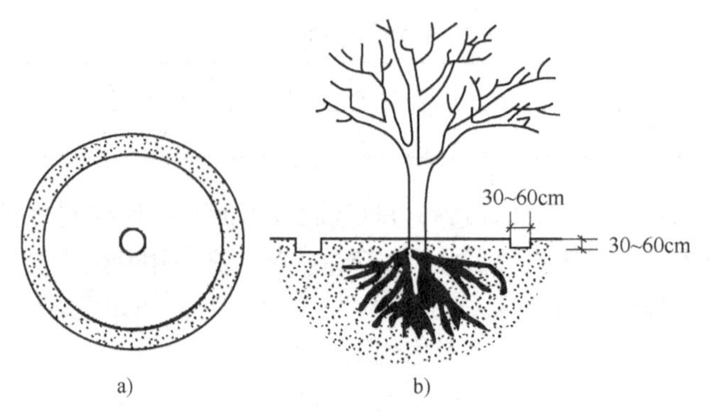

图 6-3　环状沟施肥示意图
a）平面图　b）断面图

② 放射状沟施肥法。在距树干 0.5～1m 远的地方，挖 4～8 条放射状沟，沟深宽各 50cm 左右（底窄口宽为宜），长度达 1/3 在树干外缘外，将肥料施入沟中后覆土，如图 6-4 所示。此法多用于木本植物施肥。

③ 条状沟施肥法。在行间或株间，挖 1～2 条深宽各 50cm 左右的长条形沟，然后施肥覆土。此法多用于木本植物施肥。

④ 穴施法。在直径 1m 以外的树下，均匀挖 10～20 个深 40～50cm、上口为 30cm、底部为 10cm 的锥形穴。穴内填秸秆，用塑料布盖口，追肥、浇水均在穴内，如图 6-5 所示。此法适用于干旱、半干旱地区木本植物施肥。

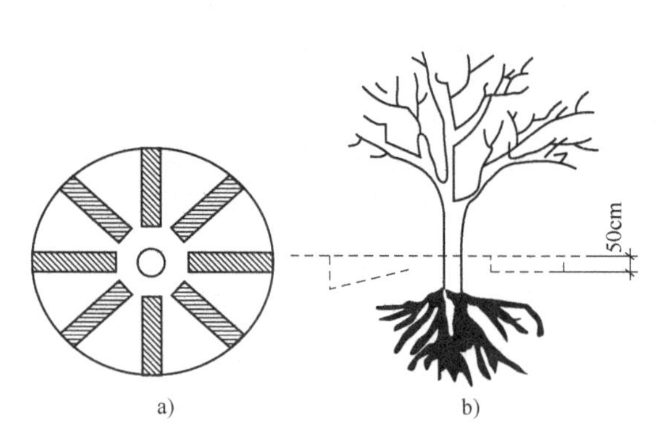

图 6-4　放射状沟施肥示意图
a）平面图　b）断面图

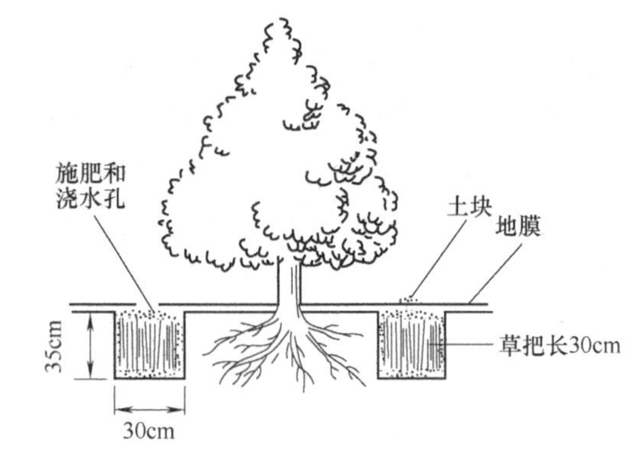

图 6-5　地膜覆盖，穴状沟施肥示意图

⑤ 土壤打眼施肥法。用钻打眼，将稀释好的肥料灌入洞眼内，让肥水慢慢渗透。

⑥ 撒施法。将肥料均匀撒施田间，翻肥入土，深度以 25cm 左右为宜。此法适用于大多数农作物。

⑦ 间作施肥法。在行间间作红苕、豌豆、黄花、苜蓿、蚕豆、绿豆、大豆等植物，适时深翻压青，可增加土壤有机质。

（2）追肥　追肥又称为补肥，是提供给植物的短期速效肥料。

1）追肥要求。追肥应突出“准、巧、适、浅、匀”的技术要求，即有针对性选准肥，追肥时间要巧（及时），种类、数量适宜，部位宜浅（氮肥稍浅，磷、钾、碳铵略深），搅拌均匀。追肥要达到雪中送炭，锦上添花的效果。

2）追肥种类。多用化学肥，充分腐熟的有机肥也可作追肥。常用的是含氮、磷、钾等营养的单质或复混化学肥料。

3）追肥时期。追肥时期可结合植物根系生长的高峰来确定。植物不同，追肥时期不同。例如，苹果树一年追肥2次为好。一是在萌芽前后追肥（土壤解冻期），此次追肥可促进苹果树萌芽、开花，提高坐果率和促进春梢生长，应以氮、磷肥为主，宜选用磷酸二铵或多元复合肥，幼树亩施20kg，成龄树亩施50kg左右。二是果实膨大期追肥（6月上旬前后），此次追肥能促进果实膨大，提高果实含糖量，增进着色，利于花芽分化，对产量、品质与花芽质量有显著的促进作用。一般以磷钾肥为主，成龄树亩施硫酸钾60kg、磷酸二铵15kg。追肥时要注意“因树追肥”“因地追肥”。

4）追肥量。追肥量是总施肥量的30%。

5）追肥的施用方法。全园撒施可结合耕翻、条状沟施、放射状沟施、穴施法、叶面喷施等，也可以采用：

① 以水带肥法。在地膜覆盖的田地，可先将化肥溶解到水中，然后随灌溉水一起施入。

② 根外施肥法。当发现植物有轻微的营养失调症状时，可采取叶面喷洒液肥的方法，根据年龄、生长期、肥料种类确定喷洒液肥的浓度，一般浓度控制在0.1%～0.5%之间（表6-11），在无风的傍晚或早晨连续喷2～3次，每次间隔7～10天，可结合病虫防治喷药时进行。应尽量喷于叶的背面，且要求均匀。

表6-11　叶面喷施的适宜浓度

肥　料	施肥浓度（%）	肥　料	施肥浓度（%）
尿素	0.2～0.5	过磷酸钙	0.5～2
硫酸钾	0.3～0.5	磷酸二氢钾	0.1～0.3
硝酸钙	0.3～0.5	氯化钙	0.1～0.5
硫酸镁	1～2	硫酸亚铁	0.2～0.5
硫酸锰	0.1～0.3	硫酸锌	0.05～0.2
硼酸、硼砂	0.1～0.2	钼酸铵	0.01～0.03

③ 土壤打眼施肥法。在树冠下用钻打眼，将稀释好的肥料灌入洞眼内，让肥水慢慢渗透。此法适用于密植木本植物施肥和干旱区木本植物施肥。

④ 树干钻眼施肥法。在树干基部钻3个深孔，用高压注射机将植物所需要的肥液直接注入植物内，或用给植物打吊针的方法。此法适于木本植物药肥的施用或矫正植物缺铁素症。

（3）种肥　种肥是播种或定植时施在种、苗附近的肥料，其作用是为种子萌发或幼苗生长提供良好的营养条件和环境条件。化肥、有机肥、微生物肥料均可用作种肥，但有机肥必须是腐熟的，化肥中凡浓度过大、过酸或过碱、吸湿性强及含有毒副成分的肥料均不宜作种肥。种肥的施用方法有四种。

1）拌种。少量化肥或微生物肥料与种子拌匀后一起播入土壤，肥料用量视种子和肥料种类而定。

2）蘸秧根。将化肥或微生物肥料配成一定浓度的溶液或悬浊液浸蘸根系，然后定植。

3）盖种肥。先播种，后将肥料盖于种子之上，如草木灰适合于作盖种肥用。

4）条施和穴施。在行间或播种穴中施肥，方法同基肥的条施或穴施。

三、配方施肥

配方施肥是我国20世纪80年代形成的，建立在田间试验、土壤测定和植物营养诊断三大分支学科基础上的农业新技术。这一技术的推广应用，标志着我国农业生产中科学计量施肥的开始。

1. 配方施肥的概念和内容

配方施肥是指根据作物的需肥规律、土壤的供肥性能与肥料性质，在施用有机肥的基础上，提出氮、磷、钾及微肥的适宜用量和比例以及相应的施肥技术。

配方施肥，包括配方和施肥两个程序。配方的核心是肥料的计量，在农作物播种以前，通过各种手段确定达到一定目标产量的肥料用量，即获得多少粮、棉、油，该施多少氮、磷、钾等问题。施肥的任务是肥料配方在生产中的执行，保证目标产量的实现。根据配方确定的肥料用量、品种和土壤、作物、肥料特性，合理安排基肥、种肥和追肥的比例以及施用追肥的次数、时期和用量等。

2. 养分平衡法配方施肥

养分平衡法是国内外配方施肥中最基本和重要的方法。此法根据农作物需肥量与土壤供肥量之差来计算实现目标产量的施肥量。由农作物目标产量、农作物需肥量、土壤供肥量、肥料利用率和肥料中有效养分含量等五大参数构成的平衡法计量施肥公式，可确定施肥量。

计划产量施肥量 =（作物计划产量需肥量 - 土壤供肥量）/（肥料利用率 × 肥料中养分含量）

（1）目标产量指标　目标产量是决定肥料施用量的原始依据，是以产定肥的重要参数，通常用下列方法确定：

1）平均产量确定目标产量。采用当地前三年平均产量为基数，再增加10%~15%作为目标产量。如某地前三年作物的平均产量为玉米500kg，则目标产量可定为550~575kg。

2）土壤肥力确定目标产量。根据农田土壤肥力水平，确定目标产量，称为以地定产。在正常栽培和施肥条件下，农作物吸收的全部营养成分中有55%~80%来自土壤，其他来自肥料，就不同肥力而言，肥地上农作物吸收土壤养分的份额多，瘦地上农作物吸收肥料中养分的份额相应较多。把土壤基础肥力对农作物产量的效应称为农作物对土壤肥力的依存率，即

农作物对土壤肥力的依存率（%）=（无肥区农作物产量/完全肥区农作物产量）×100%

掌握了一个地区某种农作物对土壤肥力的依存率后，即可根据无肥区单产来推算目标产量，这就是以地定产的基本原理和方法。

目前，我国以地定产的数学模型皆为指数式，也有不少地区以直线回归方程描述，但直线回归方程有一定条件，即在某一产量范围内，Y与X呈直线关系。建立一个地区某种农作物无肥区单产与目标产量之间的数学式，必须进行田间试验，最简单的试验方案是设置无肥区和完全肥区两个处理，布点合理并有足够数量，一般不少于20个点，小区面积33m^2，农

作物生育期正常管理，成熟后单打单收。

不考虑成本的肥料投资是现代农业生产所不能接受的。不考虑农田基础地力，主观确定一个过高的目标产量而进行不计成本盲目大量投肥的做法，高产指标虽能预期达到，然而却无推广价值。

以地定产式的建立，为配方施肥确定目标产量提供了一个较为精确的算式，把经验性估产提高到计量水平，可以说是我国肥料工作者的一大贡献。应当指出，以地定产式的建立是以农作物对土壤肥力的依存率为其理论基础，基础地力确定目标产量，对土壤无障碍因子、气候、雨量正常的广大地区具有普遍的指导意义，若土壤水分不能保证，或有其他障碍因子存在，确定目标产量需另觅途径。

（2）农作物需肥量　农作物从种子萌发到种子形成的一世代间，需要吸收一定量养分，以构成自体完整的组织。对正常成熟农作物全株养分进行化学分析，测定出百公斤经济产量所需养分量，即形成百公斤农产品时该作物需吸收的养分量。这些养分包括了百公斤产品及相应的茎叶所需的养分在内，不包括地下部分。依据百公斤产量所需养分量，可以计算出作物目标产量所需养分量。

作物目标产量所需养分量 =（目标产量/100）× 百公斤产量所需养分量

（3）土壤供肥量　土壤供肥量是百余年来国内外学者最为关注的重要议题之一，目前测定土壤供肥量最经典的方法是在有代表性的土壤上设置肥料五项处理的田间试验，分别测出供N，供P_2O_5，供K_2O量。

（4）肥料利用率　肥料利用率是指当季作物从所施肥料中吸收的养分占施入肥料养分总量的百分数。

肥料利用率常规下可以用田间差减法求得，即在田间设置施肥和不施肥两个处理试验，施肥区作物所吸收的养分减去土壤供肥量，即是作物从肥料中吸收的养分数量，再除以施用养分的总量即为肥料利用率。

肥料利用率 = [（施肥区产量 - 无肥区产量）/100 × 百公斤经济产量需养分量]/施入养分总量 × 100

（5）肥料中养分含量　可以从肥料的包装标识或在实验室实际测定获得该项指标。

（6）确定施肥量　某地区水稻无肥区产量360kg/667m^2，如果NH_4HCO_3的利用率为40.8%，NH_4HCO_3的含氮量为16.5%，每百千克经济产量需养分量为2.1，欲使产量达到550kg/667m^2，应施多少碳酸氢铵？

施肥量（NH_4HCO_3）=（550/100 × 2.1 - 360/100 × 2.1）/（16.5% × 40.8%）≈ 60（kg/667m^2）

这里需要特别说明的是，如果田间同时施用了有机肥料，那么，在计算化肥用量时，还必须将有机肥料的供肥量扣除。

有机肥料的养分供应量（供肥量）= 有机肥料的施用量 × 有机肥料中养分含量 × 有机肥料中该养分的利用率

任务4　常用化学肥料的识别与合理施用

化学肥料是指用化学方法制成的含有一种或几种植物生长需要的营养元素的肥料，简称化肥，又称为无机肥料，包括氮肥、磷肥、钾肥、微肥、复合肥料等。化肥的有效组分在水中的溶解度通常是度量化肥有效性的标准。品位是化肥质量的主要指标，它是指化肥产品中有效营养元素或其氧化物的含量百分率，如氮、磷、钾、钙、钠、锰、硫、硼、铜、铁、钼、锌的百分含量。

化学肥料的共同特点是：成分单纯，养分含量高；肥效快，肥劲猛；某些肥料有酸碱反应；一般不含有机质，无改土培肥的作用。

目前，农业生产上应用的化学肥料种类较多，其性质和施用方法差异较大。

一、氮肥的识别与合理施用

（一）氮在植物体内和土壤中的形态、含量和转化

1. 氮在植物体内的含量

氮是植物生活中具有重要意义的一个营养元素。氮在植物体内的平均含量约占干重的1.5%，含量范围在0.3%～5.0%（表6-12）。

表6-12　主要农作物体内的含氮量

作　物	器　官	含氮量（%）
水稻	茎秆	0.5～0.9
	籽粒	2.0～2.5
小麦	茎秆	0.4～0.6
	籽粒	1.5～1.7
玉米	茎秆	0.5～0.7
	籽粒	2.8～3.5
棉花	纤维	0.28～0.33
	茎秆	1.2～1.8
	籽粒	4.0～4.5
油菜	茎秆	0.8～1.2
	籽粒	4.0～6.5
豆科作物	茎秆	0.8～1.4

2. 氮在土壤中的含量、形态及转化

土壤中氮素养分含量受气候条件、植被、地形、土壤、耕作方式等因素的影响差别很大。我国农业土壤含氮量一般为0.5～2.0g/kg。土壤全氮量高于1.5g/kg为高含量，0.5～1.5g/kg为中含量，低于0.5g/kg为低含量。

土壤中氮素形态可分有机态氮、无机态氮和有机无机氮三种。有机态氮是土壤中氮的主要形态，一般占土壤全氮量的95%以上，主要以蛋白质、氨基酸、酰胺等形态存在。无机态氮是植物可吸收利用的氮素形态，一般只占土壤全氮量的1.0%～2.0%，最多不超过5%，主要是铵态氮、硝态氮和极少量的亚硝态氮。有机无机氮是指被黏土矿物固定的氮，其含量主要取决于黏土矿物的类型、土壤质地等土壤因素。

土壤中的氮素转化主要包括矿化作用、硝化作用、反硝化作用、生物固氮作用、氮素的固定与释放、氮素的淋溶作用和氨的挥发作用等过程（图6-6），其中氨的挥发作用、硝态氮的淋失作用和硝态氮的反硝化作用是造成氮肥非生产性损失的主要途径。

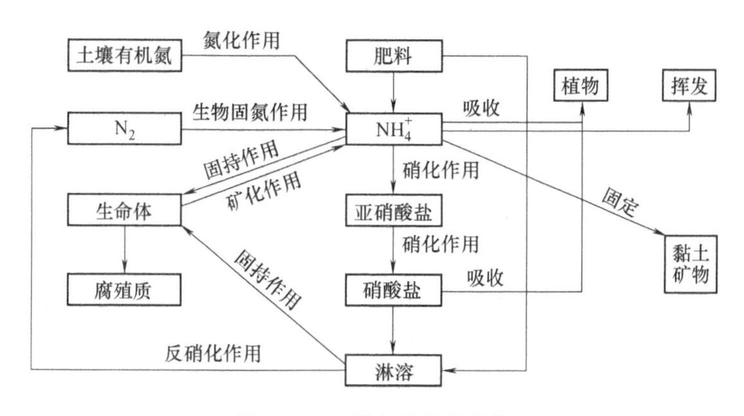

图6-6　土壤中氮素的转化

（二）氮肥的主要类型

氮肥是植物需求量较大的化学肥料之一。氮肥可分为铵态氮肥、硝态氮肥和酰胺态氮肥等类型，见表6-13。

表6-13　主要氮肥类型及特点

类　型	主要品种	主要特点
铵态氮肥	碳酸氢铵（NH_4HCO_3）、硫酸铵｛$(NH_4)_2SO_4$｝、氯化铵（NH_4Cl）、氨水（$NH_3.H_2O$）、液氨（NH_3）	易溶于水，是速效养分，作物能直接吸收利用；铵离子能被土壤吸附，并可与土壤胶体上吸附的各种阳离子进行交换作用；与碱性物质接触时，易形成氨气而挥发掉；通气良好时，铵态氮可进行硝化作用，转化为硝态氮；作物吸收过量铵态氮对钙、镁、钾的吸收有一定的抑制作用
硝态氮肥	硝酸钠（$NaNO_3$）、硝酸钙｛$Ca(NO_3)_2$｝、硝酸铵（NH_4NO_3）	易溶于水，溶解度都很大，是速效性肥料，吸湿性强；硝酸根被土壤吸附得很少，极易随水移动到深层土壤，或随地表水流失掉；在嫌气条件下，硝酸根可进行反硝化作用，形成 N_2O 和 N_2 等气体而失去营养价值；大多数硝态氮肥受热时能分解释放出氧气，因而易燃易爆，在贮运时应注意安全；不宜作基肥，更不能作种肥，只适宜作追肥，也不适宜用于水田等池水土壤
酰胺态氮肥	尿素｛$CO(NH_2)_2$｝、石灰氮	固体氮中含氮最高的肥料，易溶于水，为迟效氮肥

（三）氮肥在土壤中的转化

1. 铵态氮肥的转化

铵态氮肥中 NH_4^+ 的转化相同，植物吸收了一部分，被土壤胶体吸附了一部分，通过硝化作用将一部分转化为 NO_3^-，如图6-7所示。铵态氮肥中硫铵和氯化铵中阴离子的转化相似，只是生成物不同。碳铵中的碳酸氢根离子一小部分作为植物的碳素营养，大部可分解为 CO_2 和 H_2O，因此，碳铵在土壤中无任何残留，对土壤无不良影响。

2. 硝态氮肥的转化

硝态氮肥如硝酸铵施入土壤后，NH_4^+ 和 NO_3^- 均可被植物吸收，对土壤无不良影响，如图6-8所示。NH_4^+ 除被植物吸收外，还可被胶体吸附；NO_3^- 则易随水淋失，在还原条件下还会发生反硝化作用而脱氮。

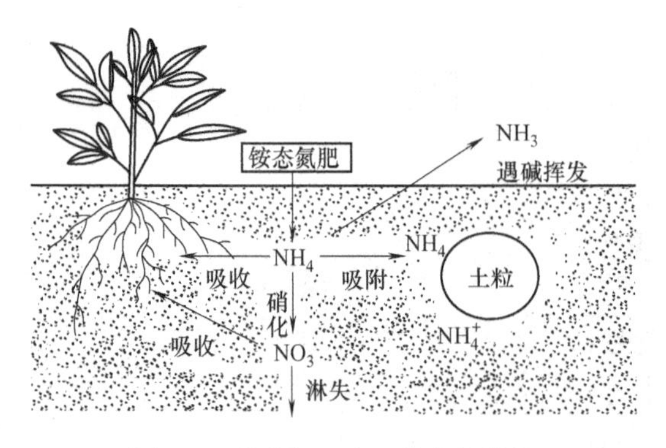

图 6-7　铵态氮肥在土壤中的转化

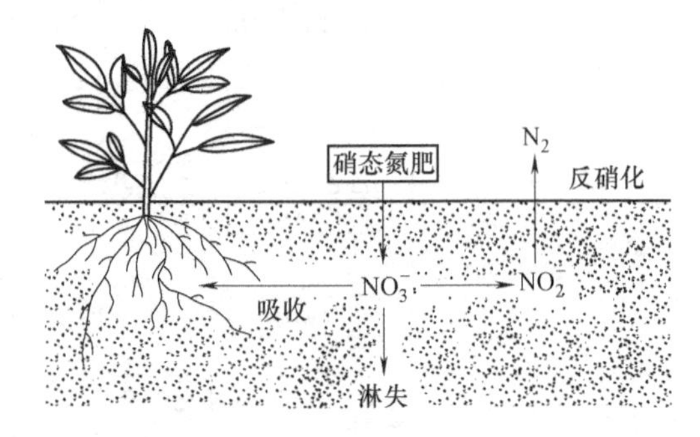

图 6-8　硝态氮肥在土壤中的转化

3. 酰胺态氮肥的转化

酰胺态氮肥如尿素是有机态氮肥，施入土壤后在转化前是分子态的，植物根系不能直接大量吸收，只有经过土壤中的脲酶作用，水解成碳酸铵或碳酸氢铵后，才能被植物吸收利用，如图 6-9 所示。因此，尿素作追肥时，要比其他铵态氮肥早几天施用。

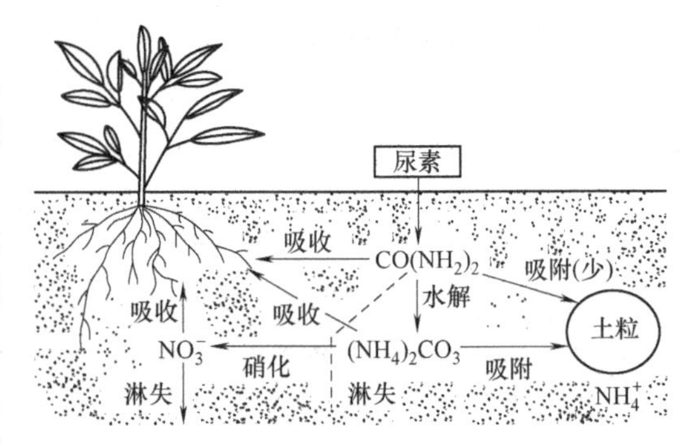

图 6-9　尿素在土壤中的转化

尿素的转化速度主要取决于脲酶活性，而脲酶活性受土壤温度的影响最大，通常 10℃时尿素转化需 7～10 天，20℃时需 4～5 天，30℃时只需 2 天。

（四）常见氮肥的性质和施用

根据氮肥发挥作用的快慢，分为速效氮肥、缓效氮肥和长效氮肥。

1. 碳酸氢铵（NH_4HCO_3）

（1）性质　碳酸氢铵简称碳铵，为铵态氮肥。白色或微灰色，呈粒状、板状或柱状结晶；含氮量为 17%～17.5%；易溶于水，水溶液呈碱性反应，pH 为 8.2～8.4，有强烈的氨气味；易吸湿结成大块。影响碳铵分解的主要因素是温度和湿度，当温度升高到 30℃时则大量分解，10 天内几乎全部挥发掉。含水量 <0.5% 就不易挥发；在 2.5% 以下，分解缓慢；水分含量 >5%，分解明显加快。碳铵质量的重要标准之一是水分含量，见表 6-14。

表 6-14　碳酸氢铵的质量标准

指标名称	干碳酸氢铵（%）	湿碳酸氢铵（%）	
		一级品	二级品
含氮以湿重计算（≥）	17.5	16.8	16.5
水分含量（≤）	0.50	5.00	8.00

（2）合理施用　碳铵含有的各种成分均为植物和土壤所需，在土壤无任何残留成分，长期使用不会对土壤造成任何伤害，适合于各种作物和土壤。合理施用碳酸氢铵的原则是：不离土不离水，用水与土将碳铵和空气“隔开”，以减少氨的挥发；先肥土后肥苗，增加土

壤对铵的吸收。碳铵可作基肥和追肥施用，一般作基肥效果最好，不宜作种肥或施在秧田里。无论作基肥还是追肥均应深施（最少7～10cm），并立即覆土和灌水，忌撒施地表。应选择一天中气温较低的早晚施用，可显著减少挥发和提高肥效。果树、蔬菜和经济作物施肥可在早春、深秋及冬季施用，肥效往往优于其他氮肥品种。基肥用量为30～50kg/667m^2；追肥深度为7～10cm，用量为20～40kg/667m^2。水稻田用量大一些，为30～40kg/667m^2。

2. 硫酸铵（$(NH_4)_2SO_4$）

（1）性质　硫酸铵简称硫铵，俗称肥田粉，为铵态氮肥。白色菱形结晶颗粒，略带咸味，含杂质时呈灰、黄、粉红等颜色；含氮量为20%～21%；白色或微带颜色的结晶；易溶于水，水溶液呈中性或弱酸性；吸湿性小，一般不吸湿结快；常用它作为标准氮肥，是生理酸性肥料。

（2）合理施用　硫酸铵施入土壤后，很快溶于土壤溶液中。长期使用会使土壤中残留较多的SO_4^-，SO_4^-在酸性土壤中会增加酸度，在碱性土壤中易堵塞土壤孔隙，引起板结。因此长期大量施用硫酸铵必须配施石灰，以调节土壤的pH，但二者不能同时施用，前后相隔5～7天。同时应大量配施有机肥料。

硫酸铵合理使用的原则是深施覆土，其原因是硫酸铵在石灰性土壤中，已生成氨气，挥发损失；在酸性土壤中，易产生硝化作用和反硝化作用而损失。

硫酸铵适用于一般土壤和各类植物，最适宜施在油菜、马铃薯等喜硫植物上，可作基肥、追肥、种肥。无论作基肥还是追肥都应深施覆土。基肥用量为20～40kg/667m^2，追肥用量为5～25kg/667m^2，种肥用量为2.5～4.5kg/667m^2。需要注意的是，硫酸铵直接拌种时，种子与肥料都是干燥的，必须随拌随播。

3. 氯化铵（NH_4Cl）

（1）性质　氯化铵简称氯铵，为铵态氮肥。白色或微黄色结晶，物理性状好；含氮量为23%～26%；易溶于水，水溶液呈中性或微酸性；吸湿性比硫铵稍大，易结块；是生理酸性肥料。

（2）合理施用　氯对硝化细菌有抑制作用，使土中硝化作用进行缓慢，可减少氮素损失。因此，水田施用氯铵比硫铵好。氯铵可作基肥与追肥，不宜作种肥，施用方法与硫铵相似。氯铵对烟草、甜菜、甘蔗、马铃薯、葡萄、茶等“忌氯作物”不宜施用。

4. 氨水和液氨

二者都是铵态氮肥。氨水含氮量为12%～17%，极不稳定，有强腐蚀性，贮运和施用时应注意安全。氨水适用于各种土壤和作物，可作基肥和追肥。施用时必须坚持“一不离土，二不离水”的原则，“不离土”就是深施覆土，“不离水”就是加水稀释，以减少挥发。

液氨是几乎所有合成氮素肥料的基础物质，含氮量为82%。运输、贮存和施用都需要用耐高压容器或特制的施肥机械。我国目前很少将液氨直接用作肥料使用。

5. 硝酸铵（NH_4NO_3）

（1）性质　硝酸铵简称硝铵，为硝态氮肥料。白色或淡黄色结晶细粒或球形颗粒；含氮量为33%～34%；极易溶于水，水溶液呈中性；是生理中性肥料；吸湿性很强，易结块，具有助燃性和爆炸性，所以贮运时不应与油脂、棉花或木柴等易燃物质混存，特别严防混入铜、镁、铝等金属物质，以免产生爆炸。受潮结块的硝铵，不能用铁锤猛击，容易发生爆炸。

(2) 合理施用　硝铵适用于多种土壤和作物，尤其适用于果、菜等经济作物。硝铵施入土壤后，很快溶解于土壤溶液中，极易随水流失。因此，在旱田施用时应深施覆土，防止氨的挥发。硝铵宜作追肥，一般不作基肥和种肥施用。旱田追肥要采用少量多次的施用方法，并结合中耕，覆土盖严；水浇地施用后，不宜大水漫灌，以免硝态氮淋溶损失。硝铵不宜在水田施用。

6. 硝酸钠和硝酸钙

硝酸钠含氮量为15%～16%，白色、浅灰色，呈黄棕色结晶。硝酸钙含氮量为13%左右，白色结晶。二者性质相近，都易溶于水，吸湿性强，易结块，均为生理碱性肥料，硝酸钠不宜用于盐碱土，用于甜菜等喜钠作物效果好。硝酸钙用于酸性缺钙土壤效果最佳。

7. 尿素（$CO(NH_2)_2$）

(1) 性质　尿素为酰胺态氮肥，含氮量为45%～46%，是固体氮肥中含氮量最高的肥料；白色或浅黄色结晶体，无臭无味，稍有清凉感；易溶于水，水溶液呈中性反应；吸湿性不强，贮藏性能良好；尿素转化后的成分在土壤中无残留，故对土壤无不良影响。

(2) 合理施用　尿素适用于各类土壤和植物。合理施用尿素的原则是：适量、适时和深施覆土。因为尿素在转化前是分子态的，不宜被土壤吸收，应防止随水流失；转化后形成氨易挥发损失。尿素适于作基肥、追肥，也可作种肥。

1）基肥。基肥采用撒施或与有机肥混合条沟、穴沟施肥方法进行，麦田用量为15～20kg/667m^2，苹果树盛果期随秋季施有机肥沟施，每株树2～3kg。

2）追肥。尿素作追肥时应提前4～8天，尤其是低温季节，更应提早施用。用量为10～15kg/667m^2，沟施深度为7～10cm，撒施后应立即灌水，水田可采用“以水带肥”深施法。追肥时施用量不能过大，时间不能过晚。因为施用量偏高或不均匀容易烧苗、烧叶，施用时间偏晚，植物还可能“贪青晚熟”，抗逆性降低。

3）根外追肥。尿素最适宜作根外追肥，这是因为尿素是中性有机化合物，电离度小，不易烧伤茎叶；尿素分子体积小，容易透过细胞膜进入细胞；具有一定的吸湿性，容易被叶片吸收，吸收量高；尿素进入细胞后，参与物质代谢，肥效快（表6-15）。

表6-15　尿素叶面追肥的适宜浓度

植　　物	浓度（%）	植　　物	浓度（%）
麦类、禾本科牧草	1.5～2.0	西瓜、茄子、花生	0.4～0.8
黄瓜	1.0～1.5	苹果、梨	0.5
白菜、萝卜、菠菜、甘蓝	1.0	番茄、花卉	0.2～0.3

喷施尿素时应该在早上或傍晚喷施，一般要喷2～3次，每次间隔5～7天，有灌溉条件的，应先喷肥，后灌溉。应注意缩二脲含量最好不高于0.5%，以免毒害植物。

4）种肥。尿素作种肥，常与种子分开，用量也不宜多。种肥临界值用量：大豆为1kg/667m^2，玉米为2.5～3kg/667m^2，小麦为4.5kg/667m^2。先与5～10倍细干土混匀，均匀施在种子下方2～3cm处，使种子与肥料隔开。当尿素中缩二脲含量超过1%时，不能作种肥、苗肥、叶面肥。如果土壤墒情不好、天气过于干旱，尿素最好不要作种肥。

5）其他。尿素还可以作多种畜、禽饲料。

（五）氮肥的合理分配施用

在我国农业生产中，氮肥的利用率不是很高，一般为30%～50%，其中水田为35%～60%、旱田为45%～47%、碳酸氮铵为24%～30%、尿素为30%～35%、硫酸铵为30%～42%。从数据可以看出，施用的氮肥约有一半甚至更多因淋溶或挥发损失掉了，既造成了资源浪费，又污染了环境。因此，只有合理施用氮肥，才能减少氮肥损失，提高氮肥利用率，充分发挥肥料的最大增产效益。

1. 根据气候条件合理分配和施用

氮肥利用率受降雨量、温度、光照强度等气候条件影响非常大。我国北方地区干旱少雨，土壤墒情较差，氮素淋溶损失不大，适宜分配硝态氮肥。南方地区气候湿润，降雨量大、水田占重要地位，氮素淋溶和反硝化损失严重，适宜分配铵态氮肥。因此，在旱作土壤上尽可能施用硝态氮肥，水田、多雨地区或多雨的季节宜施用铵态氮肥。

2. 依据植物营养特点合理分配与施肥

植物种类不同，营养特点不同，对氮肥的需要也不同。一些叶菜类和以叶为收获物的植物需氮较多，禾谷类植物需氮次之，豆科植物一般只需在生长初期施用一些氮肥，马铃薯、甜菜、甘蔗等淀粉和糖料植物一般在生长初期需要氮素充足供应，蔬菜则需多次补充氮肥。

不同植物对氮素形态的要求不同。水稻宜施用铵态氮肥，尤以氯化铵和氨水效果较好；马铃薯最好施用硫铵；大麻喜硝态氮；甜菜以硝酸钠最好；西红柿幼苗期喜铵态氮；结果期则以硝态氮为好；一般禾谷类植物硝态氮和铵态氮均可；叶菜类多喜硝态氮等。

同一植物的不同品种需氮量不同，如苹果中的红富士苹果比秦冠苹果需氮量大。

同一植物不同生育时期需氮量也不同。如红富士苹果前期生长需氮量大，后期生长需氮量小。

3. 土壤条件不同，氮素的分配和施用技术不同

土壤条件是进行肥料区划和分配的必要前提，是确定氮肥品种及其施用技术的依据。一是看土壤肥力的高低，将氮肥重点分配在中、低等肥力的区域。二是看土壤的酸碱度，碱性土壤应选用硫铵、氯化铵等酸性或生理酸性肥料，酸性土壤上应选用硝酸钠、硝酸钙等碱性或生理碱性肥料，盐碱土不宜施用氯化铵，尿素适宜于一切土壤。三是看土壤的质地，一般的沙土、沙壤土保肥性能差，氨的挥发比较严重，氮肥不能一次施用过多，而应该少量多次。黏土的保肥、供肥性能强，施入土壤的肥料可以很快被土壤吸收、固定，可多施少次。

4. 依据肥料特性合理分配和施肥

肥料种类不同，其性质也不同，氮肥分配和施肥技术不同。铵态氮肥表施易挥发，宜作基肥深施覆土。硝态氮肥移动性强，宜作追肥，不宜作基肥，更不宜施在水田。碳铵、氨水、尿素、硝铵一般不宜用作种肥，而硫酸铵等可作种肥。氯化铵不宜施在盐碱土和低洼地，也不宜施在棉花、烟草、甘蔗、马铃薯、葡萄、甜菜等忌氯作物上。尿素适宜于一切植物和土壤。硫酸铵可分配施用到缺硫土壤和需硫植物上，如大豆、菜豆、花生、烟草等。

5. 氮肥深施

氮肥深施尤其是铵态氮肥深施，能增强土壤对氨离子的吸附作用，可以减少氨的直接挥发、淋失和反硝化损失，还可以减少杂草和稻田藻类对氮素的消耗，从而提高氮肥的利用率，增产增收。据测定，与表面撒施相比，利用率可提高20%～30%。氮肥深施还具有前缓、中稳、后长的供肥特点，延长肥料的作用时间，其肥效可长达60～80d。深施有利于促进根系发育，增强植物对养分的吸收能力。氮肥深施的深度以植物根系集中分布范围为宜。

6. 氮肥与有机肥及磷肥、钾肥配合施用

作物的高产、稳产，需要多种养分的均衡供应，单施氮肥，特别是在缺磷少钾的地块上，植物养分供应不均匀，影响了氮肥肥效的发挥。氮肥与有机肥、磷肥、钾肥配合施用，可取长补短，缓急相济，互相促进，既可满足植物营养关键时期对氮素的需要，又能改土培肥，做到用地养地相结合，提高氮肥利用率和增产作用效果显著。

7. 施用长效肥料、脱酶抑制剂和硝化抑制剂

施用脱酶抑制剂，可抑制尿素的水解，使尿素能扩散移动到较深的土层中，从而减少旱地表层土壤中或稻田水中铵态氮总浓度，以减少氨的挥发损失。

硝化抑制剂是氮肥增效剂，其作用在于抑制土壤中亚硝化细菌活动，从而抑制土壤中铵态氮的硝化作用，使施入土壤中的铵态氮肥能较长时间地以铵根离子的形式被胶体吸附，防止硝态氮的淋失和反硝化作用，减少氮素非生产性损失。目前，国内的硝化抑制剂效果较好的有2-氯-6（三氯甲基）吡啶，代号CP；2-氨基-4-氯-6-甲基嘧啶，代号AM；硫脲，代号TU；脒基硫脲，代号ASU等。CP用量为氮肥含氮量的1%～3%，AM为0.2%。氮肥增效剂对人的皮肤有刺激作用，使用时避免与皮肤接触，并防止吸入口腔。

施用长效氮肥，有利于植物的缓慢吸收，减少氯素损失和生物固定，降低施用成本，提高劳动生产率。

8. 加强水肥综合管理，提高氮肥利用率

“肥水不可分”，肥料的溶解和吸收只有在水的参与下才能被植物利用。撒施氮肥随即灌水，有利于降低氮素损失，提高氮肥利用率。

二、磷肥的识别与合理施用

磷对人、动物、植物都是必需的营养元素，其在农业生产中的重要性不亚于氮素。合理施用磷肥，增产增收，保护环境。

（一）磷在植物体内和土壤中的形态、含量和转化

1. 植物体内磷的含量

植物体内的全磷含量（P_2O_5）一般为其干物质质量的0.2%～1.19%。有机态磷化合物约占85%，主要有核酸、磷脂和植素，植素是贮存磷素的主要形态。无机态磷约占15%，主要分布在液泡中。

油料植物含磷量高于豆科作物，豆科植物高于谷类作物。在植物生长期，磷比较集中在富有生命力的幼嫩组织中，表现为生殖器官高于营养器官，种子高于叶片，叶片高于根系，根系高于茎秆。

植物可吸收利用各种无机态磷和有机态磷。无机磷化合物中主要是正磷酸盐（H_3PO_4），还有偏磷酸盐和焦磷酸盐。吸收偏磷酸盐和焦磷酸盐后很快转化为正磷酸盐才能被植物利用。

植物体内磷的含量比外界高几十倍到几百倍，说明植物主动吸收磷。土壤pH范围为6～7.5时磷的有效性最高。

2. 土壤内磷的含量、形态及转化

我国土壤中磷的含量很低。土壤中全磷（P_2O_5）含量在0.3～3.5g/kg之间，其中99%以上为迟效磷，植物当季能利用的磷仅1%。我国土壤全磷含量从南往北和从东往西逐渐增加。

土壤中磷的形态，按化学分类分为有机态磷和无机态磷两大类，无机态磷又分为难溶态磷和有效态磷，占土壤全磷的50%~80%。有机态磷和无机态磷之间可以相互转化。

（1）有机态磷　土壤中有机态磷主要以植素、磷脂、核酸等形态存在，来源于有机肥料和动植物残体，占土壤全磷的20%~50%，含量与土壤有机质含量成正相关关系。有机态磷只有少数可被植物直接吸收，大部分需经过微生物作用，转化成无机态磷，才能被植物吸收利用。有机磷的分解速度受有机物中碳磷比的影响，一般情况下碳磷比为100~200时，分解快，有利于磷的释放。

（2）无机难溶态磷　无机难溶态磷为土壤无机磷的主要部分。不能被水和弱酸溶解，植物不能吸收利用，需长期风化缓慢变成可溶性盐。主要有磷灰石类、磷铁矿、磷酸三钙、磷酸八钙等。

（3）有效态磷　土壤有效态磷来源于有机及无机难溶态磷，是植物能够吸收利用的磷酸盐，包括弱酸溶性磷和水溶性磷。

1）弱酸溶性磷。弱酸溶性磷能被弱酸溶解，不溶于水，能被植物吸收利用，为土壤速效磷。主要有磷酸二钙、磷酸二镁等。它们都能溶于2%的柠檬酸中。

2）水溶性磷。水溶性磷易溶于水，能被植物吸收利用，为土壤速效磷。主要有磷酸一钙、磷酸一镁、磷酸二氢钠、磷酸二氢钾等。

土壤中磷的转化包括有效磷的固定和难溶性磷的释放过程，它们处于不断的变化过程中，如图6-10所示。

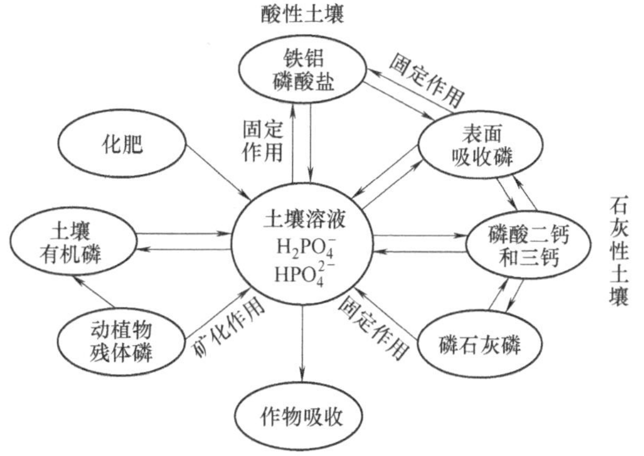

图6-10　磷在土壤中的转化

（二）磷肥的主要类型

不同方法生产的磷肥，其所含磷酸盐的溶解度不同，植物吸收利用的程度也不同。依据溶解度的大小和植物吸收的难易，磷肥可分为三类：

1. 水溶性磷肥

水溶性磷肥是指养分标明量（磷酸盐）能溶于水的磷肥。如过磷酸钙、重过磷酸钙等，为速效性磷肥（表6-16）。

表6-16　常见水溶性磷肥

肥料名称	主要成分	P_2O_5（%）	主要性质	施用技术要点
过磷酸钙	$Ca(H_2PO_4)_2$	12~18	灰白色粉末或颗粒状，含硫酸钙40%~50%、游离硫酸和磷酸3.5%~5%，肥料呈酸性，有腐蚀性，易吸湿结块	作基肥、追肥、种肥及根外追肥，集中施与根层，适用于碱性及中性土壤，酸性土壤应先施石灰，隔几天再施过磷酸钙
重过磷酸钙	$Ca(H_2PO_4)_2$	36~42	深灰色颗粒或粉状物，吸湿性强，含游离磷酸4%~8%，呈酸性，腐蚀性强，含五氧化二磷约是过磷酸钙的2倍或3倍，简称双料或三料磷肥	适用于各种土壤和作物，宜作基肥、追肥、种肥，施用量比过磷酸钙减少一半以上

2. 弱酸溶性磷肥

弱酸溶性磷肥是指养分标明量（磷酸盐）能溶于2%柠檬酸或中性柠檬酸铵或微碱性柠檬酸铵溶液的磷肥，又称为枸溶性磷肥。如钙镁磷肥、钢渣磷肥、偏磷酸钙等，为速效性磷肥，但肥效比水溶性磷肥慢。

3. 难溶性磷肥

难溶性磷肥是指养分标明量不溶于水，也不溶于弱酸而只能溶于强酸的磷肥。如磷矿粉、骨粉、磷质海鸟粪等。肥效迟缓而长，为迟效性磷肥（表6-17）。

表6-17　常见弱酸溶性、难溶性磷肥

肥料名称	主要成分	P_2O_5（%）	主要性质	施用技术要点
钙镁磷肥	$Ca_3(PO_4)_2$、CaO、SiO_2、MgO	14～18	灰绿色粉末，不溶于水，溶于弱酸，呈碱性反应	一般作基肥，与生理酸性肥料混施，以促进肥料的溶解，在酸性土壤上也可作种肥或蘸秧根
钢渣磷肥	$Ca_4P_2O_5$ $CaSiO_3$	8～14	黑色或棕色粉末，不溶于水，溶于弱酸，碱性	一般作基肥，不宜作种肥及追肥，与有机肥堆沤后施用，效果更好
磷矿粉	$Ca_3(PO_4)_2$	>14	褐灰色粉末，其中1%～5%为弱酸溶性磷，大部分是难溶性磷	磷矿粉是迟效肥，宜作基肥，一般用量为50～100kg/667m^2。施在缺磷的酸性土壤上，可与硫铵、氯化铵等生理酸性肥料混施
骨粉	$Ca_3(PO_4)_2$	22～23	灰白色粉末，含有3%～5%的氮素，不溶于水	酸性土壤上作基肥

（三）常见磷肥的性质和施用

1. 过磷酸钙

过磷酸钙又称为普通过磷酸钙、过磷酸石灰，简称普钙，是水溶性磷肥，是我国生产最多的磷肥品种，是农业生产应用的主要磷肥。

（1）性质　过磷酸钙是硫酸与磷矿粉反应的产物。主要成分为磷酸一钙和硫酸钙的复合物（$Ca(H_2PO_4)_2 \cdot H_2O \cdot CaSO_4$）。其中磷酸一钙占肥料重量的30%～50%，硫酸钙占40%左右，还有5%左右的磷酸、硫酸，2%～4%的非水溶性磷酸盐以及其他铁、铝、钙盐等杂质。普钙一般含有效磷（P_2O_5）为14%～20%。

普钙为深灰色、灰白色或淡黄色粉状物，或制成粒径2～4mm的颗粒。水溶液呈酸性反应，具有腐蚀性和吸湿性，在贮运过程中易吸湿结块。因普钙中含有硫酸铁、铝盐，吸湿后会引起各种化学变化，使水溶性磷变成难溶性磷酸铁、铝，肥料失去有效性，这种现象称为磷酸的退化作用，因此，储运过程中要注意防潮。

（2）过磷酸钙在土壤中的转化　普钙施入土壤后，能很快地进行化学的、物理化学的和生物的转化，如图6-11所示。

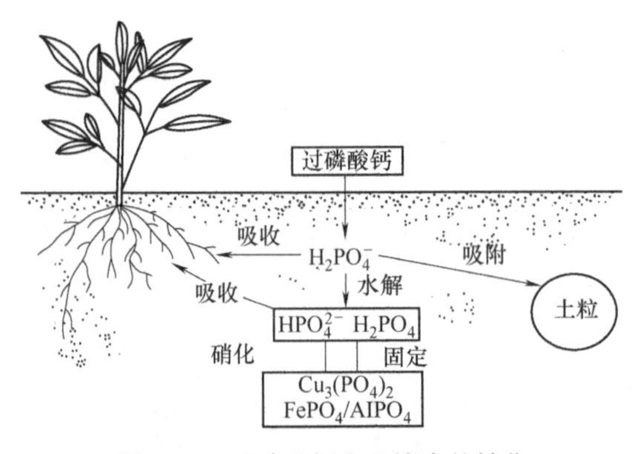

图6-11　过磷酸钙在土壤中的转化

过磷酸钙施入土壤后，最主要的反应是异成分溶解。即在施肥以后，首先水分从土壤四周向施肥点和肥料汇集，使磷酸一钙溶解和水解，在施肥点周围形成磷酸一钙、磷酸和含水磷酸二钙的饱和溶液。其反应如下：

$$Ca(H_2PO_4)_2 \cdot H_2O + H_2O \rightleftharpoons CaHPO_4 \cdot 2H_2O + H_3PO_4$$

这样肥料颗粒周围土壤溶液中磷的浓度比外围土壤高100～400倍，形成了较大的浓度梯度，使磷酸不断向四周扩散。同时，由于游离酸的作用，使肥料颗粒周围土壤的pH急剧下降1.5以下。在向外扩散的过程中把土壤中的铁、铝、钙、镁等溶解了出来，并与扩散出来的磷作用生成各种难溶的磷酸盐沉淀，降低了磷肥的有效性，这就是异成分溶解现象。这种作用是水溶性磷肥当季利用率低的原因。

过磷酸钙在土壤中转化的总趋势是磷的有效性逐渐降低，而且施入土壤后，磷易被土壤化学固定。所以，磷在土壤中移动性小，在土壤中扩散的距离很短，水平范围为0.5cm，纵深为5cm，其当年利用率也很低，通常为10%～25%。

（3）合理施用　过磷酸钙可以作基肥、种肥和追肥。磷肥合理施用的方法包括集中施用、与有机肥料混合施用、制成颗粒磷肥施用、分层施用、根外追肥及酸性土壤配施石灰等，通过这些方法的实施，减少了磷与土壤的接触面，增加磷与根系的接触面，增加吸收面积，提高了磷肥的利用率。

1）集中施用。过磷酸钙无论用作基肥还是追肥，都要集中施用，深施于根系的集中分布区，这样可减少磷与土壤的接触而减少固定，利于根系吸收。旱地用条施、穴施、沟施的方法集中深施，水稻田采用塞秧根和蘸秧根的方法。

2）与有机肥料混合施用。混合施用使磷肥与土壤的接触面积减少了，而且有机肥料中的许多成分又降低了土壤中的铁、铝、钙等离子的活性，从而减少了对磷的固定。有机肥料能促进微生物活动，释放二氧化碳，利于土壤中难溶性磷的释放。

3）根外追肥。其方法是先将过磷酸钙与水充分搅拌，放置过夜，取上清液，稀释后喷施。小麦、水稻可用1.0%～3.0%的浓度喷施，棉花、油菜、蔬菜以0.5%～1.0%浓度为宜。

2. 重过磷酸钙

重过磷酸钙又称为三料过磷酸钙，简称重钙，主要成分为$Ca(H_2PO_4)_2 \cdot H_2O$，有效磷（P_2O_5）含量为40%～50%，是普通过磷酸钙的2～3倍，游离磷酸含量为4%～8%或更低，是一种高浓度的水溶性磷肥。

（1）性质　深灰色、灰白色颗粒或粉末，易溶于盐酸、硝酸，几乎不溶于乙醇，易溶于水，水溶液呈酸性。腐蚀性和吸湿性比过磷酸钙更强，受潮后易结块，但不会发生磷的退化现象。

（2）合理施用　微酸性速效磷肥是目前广泛使用的浓度最高的单一水溶性磷肥，肥效高，适应性强，具有改良碱性土壤作用。主要供给植物磷元素和钙元素等，促进植物发芽、根系生长、植株发育、分枝、结实及成熟。

重过磷酸钙适合各种土壤和作物施用，可用作基肥、种肥、根外追肥、叶面喷洒及生产复混肥的原料。施用方法与过磷酸钙相同，既可以单独施用也可与其他养分混合使用，若和氮肥混合使用，具有一定的固氮作用。施肥量相当于过磷酸钙的35%～40%。

3. 钙镁磷肥

钙镁磷肥又称为熔融含镁磷肥，主要成分包括$Ca_3(PO_4)_2$、$CaSiO_3$、$MgSiO_3$，P_2O_5含量

为12%~18%，CaO 含量为25%~30%，SiO_2 含量为40%左右，MgO 含量为5%左右，是一种多元素肥料，属于弱酸溶性磷肥，可改良酸性土壤。

（1）性质　灰绿色或灰棕色粉末，含磷量为12%~18%，不溶于水，无毒，溶于弱酸，溶液呈碱性，无腐蚀性，不吸湿，不结块，物理性状好，便于贮运和施用。

（2）合理施用　钙镁磷肥施入土壤后，在作物、微生物分泌酸和土壤酸的作用下，逐渐转化为水溶性磷。因此，钙镁磷肥肥效较慢，适合酸性土壤施用。最适宜作基肥，应早施、深施，施用量为35~40kg/667m^2；不宜作追肥；水田可用来沾秧根。用量为10kg/667m^2 左右时，对秧苗无伤害，效果也比较好。与10倍以上的优质有机肥混拌堆沤1个月以上，沤好的肥料可作基肥、种肥，也可用来沾秧根。

施用时应注意：①钙镁磷肥与普钙、氮肥配合施用效果比较好，但不能与它们混施。②钙镁磷肥通常不能与酸性肥料混合施用，否则会降低肥料的效果。③钙镁磷肥的用量要合适，一般用量要控制在15~25kg/667m^2 之间。过多地施用钙镁磷肥，其肥效不仅不会递增还会出现报酬递减的问题。若钙镁磷肥用量为35~40kg/667m^2 时，可隔年施用。④钙镁磷肥最适合于对枸溶性磷吸收能力强的作物，如油菜、萝卜、豆科绿肥、豆科作物和瓜类等。

（3）钙镁磷肥的鉴别　①包装袋标识鉴别：包装袋上应包括产品名称、商标、养分及其含量、净重、执行标准号、生产许可证号、厂名、厂址、电话等，且印刷正规、清晰。②颜色及形状鉴别：钙镁磷肥多呈灰白、浅绿、墨绿、黑褐等几种不同颜色，为粉末状。③手感识别：钙镁磷肥属于枸溶性磷肥，溶于弱酸，呈碱性，用手触摸无腐蚀性，不吸潮，不结块。④气味及水溶性鉴别：钙镁磷肥没有任何气味，不溶于水。

4. 其他磷肥

除了上述磷肥品种外，还有磷矿粉、钢渣磷肥、沉淀磷肥、偏磷酸钙、骨粉等磷肥，见表6-18。

表6-18　其他磷肥品种列表

肥料名称	性　　质	施用技术
沉淀磷肥	白色粉末，不吸湿，性质与钙镁磷肥相似	适用于酸性土壤，一般作基肥
脱氟磷肥	深灰色粉末，呈碱性，物理性状好，储、运、施方便	使用方法同钙镁磷肥
偏磷酸钙	玻璃状，微黄色晶体，碱性，微有吸湿性	使用方法同钙镁磷肥，但量要减少

（四）磷肥的合理分配和施用

磷肥是所有化学肥料中利用率最低的，当季作物一般只能利用10%~25%，原因是磷在土壤中易被固定，磷在土壤中的移动性很小。磷肥合理施用的原则是：尽量减少磷的固定，防止磷的退化，增加磷与根系的接触面积，提高磷肥利用率。

1. 根据土壤条件合理分配和施用

土壤的供磷水平、土壤 N/P_2O_5、有机质含量、土壤熟化程度以及土壤酸碱度等因素对磷肥肥效影响明显。

土壤中速效磷含量与磷肥肥效有很好的相关性。一般认为速效磷（P_2O_5）在10~20mg/kg 范围为中等含量，施磷肥增产；速效磷 >25mg/kg 时，施磷肥无效；速效磷 <10mg/kg时，施磷肥增产显著。

磷肥肥效还与 N/P_2O_5 密切相关。在供磷水平较低、N/P_2O_5 大的土壤上，施用磷肥增产

显著；在供磷水平较高、N/P_2O_5小的土壤上，施用磷肥效果较小；在氮、磷供应水平都很高的土壤上，施用磷肥增产不稳定；而在氮、磷供应水平均低的土壤上，只有提高施氮水平，才有利于发挥磷肥的肥效。

土壤有机质含量与有效磷含量呈正相关，磷肥最好施在有机质含量低的土壤上。一般来说，在土壤有机质含量>2.5%的土壤上，施用磷肥增产不显著，在有机质含量<2.5%的土壤上才有显著的增产效果（表6-19）。

土壤酸碱度对不同品种磷肥的作用不同。pH在5.5以下的土壤有效磷含量低，pH在6.0～7.5之间的土壤有效磷含量高，pH在7.5以上的土壤有效磷含量又低。酸性土壤应施弱酸溶性磷肥和难溶性磷肥，水溶性磷肥则应施于中性及石灰性土壤上。

表6-19　土壤有效磷对作物反应（0.5mol/L的$NaHCO_3$浸提）

有效磷/(mg/kg)	对作物的反应
<3	作物出现严重缺乏症状，生长受到抑制
3～5	对一切作物施磷有效
5～10	对水稻无效，对其他作物有效
10～15	对水稻、小麦无效，对绿肥、油菜、蚕豆有效
15～20	对大多数作物无效，但对豆科作物可能有效
>20	对一般作物施磷无效

总之，磷肥施用时，缺磷土壤要优先施用，足量施用；中度缺磷土壤要适量施用，看苗施用；含磷丰富的土壤要少量施用，巧施磷肥。

2. 根据植物需磷特性合理分配和施用

不同植物对磷的需要量和敏感度不同。不同植物对磷的敏感度为：豆科和绿肥植物>糖料植物>小麦>棉花>杂粮>早稻>晚稻。豆科作物、番茄、油菜、萝卜、荞麦等植物对难溶性磷肥吸收能力强，甘薯、马铃薯等吸收能力弱。磷肥施用时，对磷敏感、需磷多的植物如豆科植物应优先分配磷肥；吸磷能力强的油菜等植物，可施一些难溶性磷肥；薯类等吸收能力差的植物，以施水溶性磷为好。磷肥应早施，一般作底肥深施于土壤中，后期还可叶面喷施进行补充。这是因为植物需磷的临界期都在早期，施用的磷肥必须充分满足植物临界期对磷的需要。

磷肥有后效，所以轮作时，不需要每季植物都施用磷肥。在水旱轮作中应掌握“旱重水轻”的原则，即在同一轮作周期中把磷肥重点施于旱作上；在旱地轮作中，越冬植物应多施、重施磷肥，越夏植物应早施、巧施磷肥。

3. 根据肥料性质合理分配和施用

水溶性磷肥适用于大多数作物和土壤，但以中性和石灰性土壤更为适宜。一般可作基肥、追肥和种肥集中施用。弱酸溶性磷肥和难溶性磷肥最好分配在酸性土壤上，作基肥施用。同时弱酸溶性磷肥和难溶性磷肥的粉碎细度也与其肥效密切相关，在种植旱作物的酸性土壤上施用，不宜小于40目，在中性缺磷土壤以及种植水稻时，不应小于60目，在缺磷的石灰性土壤上，以100目左右为宜。因磷在土壤中移动性小，易将磷肥分施在活动根层的土壤中，最好采用分层施用和全层施用。

4. 磷肥深施、集中施用

磷肥在土壤中移动性小，易被土壤固定，所以，在施用磷肥时，应集中施用深施，集中施用在植物根群附近，减少了磷与土壤的接触面积而减少固定，同时还提高了施肥点与根系土壤之间磷的浓度、梯度，有利于磷的扩散，便于根系吸收。

5. 与其他肥料配合使用

氮肥、磷肥配合施用，能显著地提高植物产量和磷肥的利用率。这是因为植物按一定比例吸收氮、磷、钾等各种养分，在不缺钾的情况下，只有当氮、磷营养保持一定的平衡关系时，植物才能高产。如禾本科作物的氮、磷比例为2∶1～3∶1，苹果的氮、磷比为2∶1。

有机肥料中的粗腐殖质能保护水溶性磷，减少其与铁、钙等的接触而减少固定，同时，有机肥料在分解过程中产生多种有机酸，如柠檬酸、苹果酸、草酸、酒石酸等，这些有机酸与铁、钙等形成化合物，防止了铁、钙等对磷的固定，这些有机酸也有利于弱酸溶性磷肥和难溶性磷肥的溶解。

三、钾肥的识别与合理施用

（一）钾在植物体内和土壤中的形态、含量和转化

1. 钾在植物体内的含量和形态

一般植物含钾量（K_2O）为植物干重的0.3%～5%。含钾量因植物种类和器官不同而有很大差异，马铃薯、甜菜、烟草等含糖和淀粉多的喜钾植物体内含钾量多，所有植物的茎秆都含有较多的钾。钾在植物体内不形成有机化合物，是以离子态存在，在植物体内流动性较大，因而幼嫩组织中含钾丰富。

大多数作物叶片钾的缺乏临界范围为0.7%～1.5%，但因作物不同而有差异，水稻（抽穗期植株）为0.8%～1.1%；玉米（抽穗期轴下第一叶）为0.4%～1.3%；棉花（苗、蕾期功能叶）为0.4%～0.6%；小麦（抽穗前上部叶）为0.5%～1.5%；大豆（苗期地上部）及烟草（下部成熟叶片）为0.3%～0.5%；番茄（花期下部叶）为0.3%～1.0%；柑橘（叶龄6～7月的叶片）<0.6%；苹果（叶龄3～4月的定形叶片）<0.7%。植株缺钾还受叶片含氮率影响，不少研究者认为以K/N值为指标，比单纯K指标有更好的诊断性，如油菜（出荚时叶片），K/N临界值为0.25～0.30，水稻（幼穗分化以后叶片）K/N临界值为0.5。

2. 钾在土壤中的含量和形态

我国土壤全钾（K_2O）含量为0.5～46.5g/kg，一般为5～25g/kg。土壤中钾的形态有三种：速效性钾、缓效性钾和难溶性矿物钾。

（1）速效性钾　速效性钾又称为有效钾，占全钾量的1%～2%，包括水溶性钾和变换性钾，能被植物直接吸收利用（表6-20）。

表6-20　土壤速效钾水平与当季作物钾肥肥效的关系

等　级	速效钾/(mg/kg)	对钾肥的反应
极低	33	钾肥反应极明显
低	33～67	施用钾肥一般有效
中	67～125	一般条件下有效，肥效因作物、肥料配合、耕作制度等而异
高	125～170	施用钾肥一般无效
极高	170	不需要施钾肥

（2）缓效性钾　缓效性钾主要是指固定在黏土矿物层状结构中和较易风化的矿物中的钾，一般占全钾量的2%左右，不能被大多数植物吸收利用，但它是速效性钾的贮备，是土壤供钾能力的一个重要指标。

（3）难溶性矿物钾　难溶性矿物钾是指存在于难风化的原生矿物中的钾，占土壤全钾量的90%～98%，是植物不能吸收利用的钾。只有经过长期的风化，才能把钾释放出来，植物才可吸收利用。

3. 钾在土壤中的转化

土壤中钾的转化包括两个过程，即钾的释放和钾的固定（图6-12）。

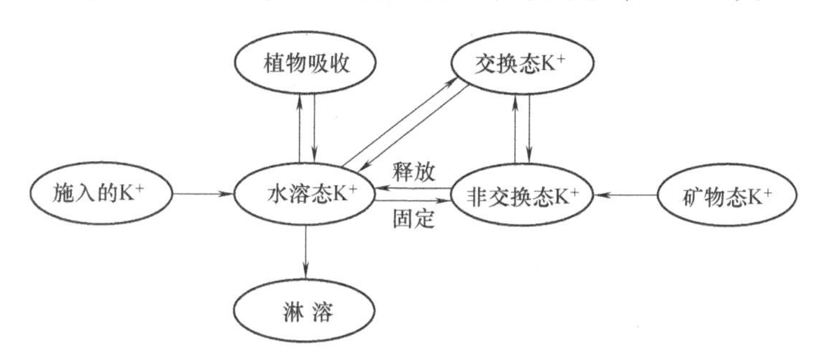

图6-12　土壤中各种形态钾之间转换的动态平衡

（1）土壤中钾的释放　钾的释放是钾的有效化过程，是指矿物中的钾和有机体中的钾在微生物和各种酸作用下，逐渐风化并转变为速效钾的过程。

（2）土壤中钾的固定　土壤中钾的固定是指土壤有效钾转变为缓效钾，甚至矿物态钾的过程。土壤中钾的固定主要是品格固定。

硫酸钾和氯化钾施入土壤后，钾呈离子状态，一部分被植物吸收利用，另一部分则被胶体吸附。在中性和石灰性土壤中置换出Ca^{2+}，分别生成$CaSO_4$和$CaCl_2$。$CaSO_4$属于微溶性物质，随水向下淋失一段距离后沉积下来，能堵塞孔隙，造成土壤板结。$CaCl_2$为水溶性物质，易随水淋失，造成Ca^{2+}的损失，同样使土壤板结。在干旱和半干旱地区，则会增加土壤水溶性盐的含量。因此，在中性和石灰性土壤上长期施用硫酸钾和氯化钾，应配合施用有机肥。在酸性土壤中，两者都置换出H^+，生成H_2SO_4和HCl，使酸性土壤的酸度增加，应配合施用石灰和有机肥料。

（二）钾肥的种类和性质

钾矿资源主要包括两个方面：一是天然钾盐矿，包括制盐副产品盐卤、明矾矿、钾长石等矿物以及内陆盐湖中的钾矿等，它是工业钾肥的主要原料；二是含有钾素的工农业废弃物，如水泥窑灰、草木灰等，可直接应用。常见的钾肥主要有硫酸钾、氯化钾、窑灰钾肥和草木灰等。

1. 硫酸钾（K_2SO_4）

（1）性质　白色或淡黄色的菱形或六角形结晶，具有苦咸味。含钾（K_2O）48%～52%，易溶于水，水溶液呈中性，属于生理酸性肥料。吸湿性小，贮存时不易结块。

硫酸钾施入中性和石灰性土壤中生成硫酸钙，硫酸钙溶解度小，存留于土壤中。长期大量施用硫酸钾，会导致土壤板结。所以，应配合施用有机肥，改善土壤结构。硫酸钾施入酸性土中生成硫酸，增加土壤酸度，长期使用会使土壤酸性化。所以，酸性土上应增施石灰，以中和酸性。

（2）施用技术　对缺硫土壤、需硫较多的植物以及种植对氯敏感的植物等，均应选用硫酸钾。硫酸钾作基肥、种肥、追肥均可。

1）基肥。由于钾在土壤中的移动性较小，一般以基肥最佳，采取集中条施或穴施的方法，深施，可减少钾的固定，利于根系吸收。

2）追肥。作追肥时，应早施，应尽量施于根系密集的土层。

3）种肥。作种肥时，用量为1.5～2.5kg/667m^2。

2. 氯化钾（KCl）

（1）性质　纯氯化钾呈白色晶体，含钾（K_2O）50%～60%，含氯45%～47%，还含有少量的钠、钙、碳、铁、硫等元素，因而有时也呈淡黄或紫红等颜色。不易吸湿结块，易溶于水，是化学中性、生理酸性肥料，为速效肥料。在酸性土壤中施用时应配施有机肥料和石灰，以中和酸性。

（2）施用技术　氯化钾中含有氯离子，对于“忌氯作物”及盐碱地不宜施用。

氯化钾一般作基肥和追肥，不作种肥和根外追肥。作基肥时应深施与植物根系集中分布区域。作追肥时应早施和深施。

氯化钾特别适宜在麻类、棉花等纤维植物上施用。

3. 草木灰

植物残体燃烧后所剩余的灰分统称为草木灰，含钾（K_2O）5%～15%。草木灰的成分极为复杂，含有植物体内的各种灰分元素，其中含钾、钙较多，磷次之。

（1）性质　草木灰中以碳酸钾为主，所以是碱性肥料，不能与铵态氮肥混合施用，也不能与人类尿混存，不能与腐熟的有机肥料混合施用，以免氮素挥发损失。草木灰中90%的钾素都能溶于水，是速效性肥料。

（2）施用技术　草木灰低温燃烧的灰呈黑灰色，肥效较高；高温燃烧的灰呈灰白色，肥效较差。草木灰应优先施在忌氯喜钾的作物上，如烟草、马铃薯、蔬菜等。草木灰可作基肥、种肥和追肥。

1）基肥。用湿土拌合施用，防止被风吹散。采用沟施或穴施的方法，施肥量为50～75kg/667m^2。

2）追肥。穴施或条施。

3）根外追肥。用草木灰浸出液作根外追肥，既可提供营养，又可防治蚜虫。一般作物用1%水浸液，果树可喷2%～3%水浸液，小麦生长后期，可喷5%～10%水浸液。

4）种肥。用作盖种肥既可供应养分，又能吸热增加土壤温度，促苗萌发。

4. 窑灰钾肥

窑灰钾肥是水泥工业的副产品，含钾（K_2O）8%～12%，成分比较复杂，是一种速效钾肥；灰色或灰黄色粉末、似水泥，易吸湿结块；碱性很强，水溶液pH为9～11，应施用在酸性土壤上；不能和铵态氮肥和水溶性磷肥混合施用；只能用作基肥和追肥，不能用作种肥。

（三）钾肥的合理施用

合理施用钾肥应综合考虑土壤、植物、肥料、环境等因素。

1. 依据土壤条件有效施用

土壤钾素供应水平、土壤质地和土壤通气性是影响钾肥肥效的主要因素。钾肥应优先施用在缺钾地区和土壤上，对多种作物均有良好的效果；质地较粗的砂质土壤上施用钾肥的效果比黏土高，钾肥最好优先分配在缺钾的砂质土壤上，砂性土施钾时应控制用量，采取“少量多次”的办法，以免钾的流失；土壤通气性主要是通过影响植物根系呼吸作用而影响钾的吸收，以至于土壤本身不缺钾，但作物却表现出缺钾的症状。所以在生产实践中，要对作物的缺钾情况进行具体分析，针对存在的问题，采取相应的措施，才能提高作物对钾的吸收。

2. 根据植物特性有效施用

植物不同，对钾的需要量和吸钾能力也不同，因此对钾肥的反应也各异。一般需钾量大的植物施钾肥效果好，应优先施用钾肥。例如含糖类较多的植物如马铃薯、甘薯、甘蔗、甜菜、西瓜、果树、烟草等需钾量大，应多施钾肥，既提高产量，又改善品质。在同样的土壤条件下，钾肥施用应优先考虑喜钾植物。对豆科作物和油料作物施用钾肥，也具有明显而稳定的增产效果。

3. 根据肥料性质有效施用

硫酸钾、草木灰用作基肥、追肥、种肥和根外追肥均可，氯化钾则不能用作种肥。硫酸钾适用于各种土壤和作物，氯化钾则适用于麻类、棉花等纤维作物，不宜用在忌氯作物和排水不良的低洼地和盐碱地上。草木灰是一种碱性肥料，因此不能与铵态氮肥、腐熟的有机肥料混合施用，也不能倒在猪圈、厕所中贮存，以免造成氨的挥发损失。草木灰在酸性土壤上施于豆科作物，增产效果十分明显。

4. 养分平衡与钾肥施用

钾肥肥效常与其他养分配合情况有关。许多试验表明，钾肥只会在充足供给氮、磷养分的基础上才能更好地发挥作用。在一定的氮肥用量范围内，钾肥肥效有随氮肥施用水平提高而提高的趋势；磷肥供应不足，钾肥肥效常受影响。当有机肥施用量低或不施时，钾肥有良好的增产效果，有机肥施用量高时会降低钾肥的肥效。

5. 钾肥合理施用技术

钾肥应深施、集中施用、早施。钾在土壤中易被黏土矿物所固定，同时，钾在土壤中移动性小，钾肥宜作基肥，集中施用，施于根系密集区域，减少钾与土壤的接触面积而减少固定，提高钾的扩散速率，有利于作物对钾的吸收。对砂质土壤而言，应遵循少量多次的原则，钾肥不宜一次施用量过大，应分次施用，可一半用作基肥，另一半用作追肥，以防钾的淋失。钾肥用作追肥时应以早施为宜，应在植物生长前期施用，后期施用效果差。因为多数作物的钾素营养临界期都在作物生育的早期，作物吸钾在中、前期猛烈，后期显著减少，甚至在成熟期部分钾从根部溢出。

钾肥在气候不好的年份比正常年份效果好。如遇作物生长条件恶劣、病虫害严重时，及时补施钾肥可以增强作物的抗逆性。

钾肥有一定后效，在连年施用钾肥的条件下，肥效会降低；在有机肥施用量大及秸秆还田的田块可隔年施用钾肥，以节本增效。

多年生果树，应根据果树特点，选择适宜的施肥时期，如梨在果实发育期、葡萄在浆果着色初期是需钾量最大时期。

四、硫肥的识别与合理施用

（一）硫在植物体内和土壤中的含量、形态和转化

硫被认为是植物第四大元素，植物需硫量大致与磷相当。植物体内硫的含量与磷接近，一般为干物质重的0.1%～0.5%，平均为0.2%左右。禾谷类作物（如水稻、小麦、玉米、高粱、谷子等）含量一般低于0.2%，而油菜、甜菜、萝卜、蚕豆、豌豆、烟草含硫较高，一般大于0.2%。不同植物间硫的含量差异较大，一般情况是：十字花科 > 豆科作物 > 禾本科作物；种子 > 茎秆。

土壤中硫的含量一般为0.1～5g/kg，大多数为0.1～0.5g/kg。土壤中的硫以无机硫与有机硫两种形态存在。无机硫可分为水溶态、吸附态、矿物质态三种形式，有机硫可分为碳键硫和非碳键硫。其中水溶性硫和吸附态硫（两者占土壤总硫量10%以下）是植物可利用的有效硫，而矿物态硫和有机态硫一般是植物不能直接利用的硫，需经分解和转化才能被部分利用。我国南部和东部湿润土壤，以有机硫为主，有机硫占全硫量的85%～94%，北部和西部干旱的石灰性土壤，无机硫含量高，一般占到全硫量的39%～62%。

土壤中硫的转化包括无机硫的还原与氧化作用和有机硫的转化。土壤中四种形态硫是可以互相转化的，从而构成土壤中硫的循环。硫有七种变价形态，但作物可以利用的是游离硫酸根（SO_4^{2-}）。土壤中游离硫酸根（SO_4^{2-}）是通过有机态硫的矿化、硫酸盐矿物的溶解和矿化物的氧化作用而来的。

（二）硫肥的种类和施用

1. 硫肥的种类

常见的含硫肥料主要有石膏、硫黄及其他含硫肥料，其中石膏、硫黄专门作为硫肥应用。

（1）石膏　石膏是最常用的硫肥，可作为碱性土壤的化学改良剂。农用石膏有生石膏、熟石膏和含磷石膏三种，有效成分均为$CaSO_4$。

1）生石膏含硫18.6%，含CaO23%，粉末状，微溶于水。农用生石膏以过60目筛为宜。

2）熟石膏含硫20.7%，白色粉末，易被磨细，吸湿性强，宜储存干燥处。

3）磷石膏含硫11.9%，呈酸性，易吸潮。

（2）硫黄　硫黄是单质硫，含硫95%～99%，能溶于水。农用硫黄要求磨细后100%通过16目筛，50%过100目筛才适合作肥料施用，同时可作碱性土壤的化学改良剂。硫黄由于其不易从土壤耕层中流失，所以后效较长。

（3）其他含硫化肥　其他含硫化肥主要有硫酸铵、普钙、硫酸钾、硫酸镁、硫酸亚铁等，多数易溶于水。

2. 合理施用技术

（1）根据土壤条件施用　南方普遍缺硫，需要补充硫肥；北方缺硫较少，施用石膏主要为了改良土壤。施用硫肥时，应以土壤有效硫的临界值为依据。对一般作物来说，土壤有效硫低于16mg/kg时，施硫才有增产效果，土壤有效硫大于20mg/kg时，一般不需要施用硫肥。否则，施多了反而会使土壤酸化并减产。排水不良的土壤施硫肥后，SO_4^{2-}被还原为硫化氢，对植物产生毒害，应注意排水。

（2）根据作物种类施用　不同植物对硫的需要量相差较大，硫肥最好施在对硫肥敏感的植物上。十字花科、豆科作物以及葱、蒜等都是需硫多的作物，对硫反应较敏感，在缺硫时应及时供应少量硫肥。禾本科作物对硫敏感性较差，比较耐缺硫，需施硫较多才能显出肥效。

（3）硫肥的施用技术

1）施肥量。硫肥用量的确定与土壤有效硫、作物需硫量及氮硫比值有关。试验表明，只有氮硫比值接近7时，氮和硫才能得到有效的利用。石膏旱地作基肥，用量为15～25kg/667m^2；水稻缺硫施用硫肥，施肥量为6～9kg/667m^2石膏或2kg/667m^2硫黄；石膏、硫黄醮秧根，施肥量为2～3kg/667m^2。

2）施肥时期。我国温带地区（黄河流域及黄河以北地区），硫酸盐类可溶性硫肥春季使用比秋季好。在热带、亚热带地区则宜夏季使用，因为夏季高温植物生长旺盛，需硫量大，适时施硫肥既及时供应植物硫素营养，又可减少雨季硫的淋溶损失。由于硫在植物体内移动性小、再利用率低，追肥时硫肥最好早施或分期追肥。

3）肥料种类。水溶性硫肥如硫酸铵、硫酸钾及含微量元素的硫酸盐肥料，可作基肥、追肥、种肥或根外追肥。溶解度小的硫肥如石膏和硫黄，只作基肥施用。降水量大或淋溶性强的土壤不宜用硫肥作基肥施用，以防硫的损失。矿物硫（硫黄）需经微生物分解以后才能有效，因此，它的肥效快慢与高低受到土壤温度、酸碱度和硫黄颗粒大小的影响，一般颗粒细的硫黄粉效果较好。

4）施肥方法。硫肥施用方法因植物种类、肥料种类等不同而不同。基肥施肥方法较多，如麦类，基肥在播种前耕耙时施入，通过耕耙使之与土壤充分混合并达到一定深度，以促进其分解转化；又如苹果树，基肥可结合秋施基肥采用条沟、穴状沟等方法施入。追肥以根外喷施硫肥为主，可作为补硫的辅助性措施。在干旱、半干旱地区，可溶性硫酸盐溶于水喷施土面，比固体肥料撒施的肥效好。石膏、硫黄醮秧根是经济施硫肥的有效方法，对缺硫水稻用2～3kg/667m^2醮秧根，其肥效往往胜过10～20kg/667m^2撒施的效果。

五、钙肥的识别与合理施用

（一）钙在植物体内和土壤中的含量、形态和转化

钙是地壳中第五位最丰富的元素，地壳中平均含钙量为36.4g/kg。钙在植物体内的含量一般为20～30g/kg，双子叶作物比单子叶植物需钙多；花生、蔬菜、果树等为喜钙作物；较老的茎中含钙多，而幼嫩组织、果实、籽粒中含钙较少。钙在植物体内的移动性差，甚至不移动。我国南方的红壤、黄壤含钙量低，一般小于10g/kg，而北方的石灰性土壤中游离碳酸钙含量可高达100g/kg以上。

土壤中钙有矿物态、交换态和土壤溶液中钙三种形态。其中，矿物态钙约占全钙量的40%～90%。交换态钙是植物可利用的钙，土壤中交换态钙含量很高，变幅也大，从10～300mg/kg，甚至高达500mg/kg以上。交换态钙占土壤全钙的5%～60%，一般为20%～30%。对于大多数植物与土壤来说，交换态钙在500mg/kg以下，施钙肥可产生明显效果。土壤溶液中的钙离子通常含量为20～40mg/L，也有在100mg/L以上。

矿物态钙较易风化，风化后以钙离子进入土壤溶液，其中一部分为土壤胶体所吸附成为交换态钙为植物利用，一部分可能随水而损失，一部分为生物所吸收，一部分吸附在颗粒周围，一部分再次沉降为次生钙化合物。

（二）钙肥的性质和合理施用

凡是含有钙的肥料都可作为钙肥。主要的钙肥有生石灰、熟石灰、石膏、氯化钙、石灰氮、重钙、过磷酸钙、钙镁磷肥、含钙工业废渣和其他含钙肥料如螯和态钙、氨基酸钙等。

1. 石灰

（1）石灰的分类　石灰包括生石灰（CaO）、熟石灰（$Ca(OH)_2$）和石灰石（$CaCO_3$）。

1）生石灰（CaO）。生石灰又称烧石灰，含 CaO 90%～96%，白色粉末或块状，呈强碱性，具吸水性，与水反应产生高热，并转化成粒状的熟石灰。中和土壤酸性能力很强。

2）熟石灰（$Ca(OH)_2$）。熟石灰又称为硝石灰，白色粉末，溶解度大于石灰石粉，呈碱性反应。施用时不产生热，是常用的石灰。中和土壤酸性能力也很强。

3）石灰石（$CaCO_3$）。白色粉末，无臭、无味，几乎不溶于水，在含有铵盐或三氧化二铁的水中溶解，不溶于醇，溶于酸。中和土壤酸性能力缓和而持久。石灰石加工简单、成本低、不板结土壤、改土效果好、淋溶损失少、后效长，增产作用大。

（2）石灰的作用　酸性土壤施用石灰能起到治酸增钙的双重效果，在中和酸的能力上：$CaO > Ca(OH)_2 > CaCO_3$。石灰不仅是钙的来源，而且施入土壤可杀虫、灭草、土壤消毒及抑制地老虎、改善土壤物理性状。

（3）石灰施肥技术　石灰多用作基肥，也可作追肥。

1）施用量。施用量应根据土壤酸度、土壤类型、植物种类等来确定，一般石灰施用量为40～80kg/667m^2 较适宜。作基肥时，旱地施用量为50～70kg/667m^2；如用作改土，可适当增加用量，施用量为150～250kg/667m^2；作追肥时，施用量为15～25kg/667m^2 为宜，稻田施用量比旱田多。酸度越大，施用量越多；黏土用量比砂土多；基本熟化的土壤比初步熟化的土壤用量少；对小麦等不耐酸的作物应多施，水稻等中等耐酸作物可以少施，马铃薯等耐酸力强的作物可不施。石灰施用过量会使土壤碱性增强，并会降低磷、硼、锌、锰等元素的有效性。

2）施肥时期。一般来说，旱地雨季施用效果优于旱季。

3）施用方法。沟施或穴施。沟施、穴施时应避免与种子或植物根系接触，应注意施用均匀。石灰不能与氮、磷、钾、微肥等一起混合施用，一般先施石灰，几天后再施其他肥料。石灰肥料有后效，一般3～5年施用一次。

2. 石膏（$CaSO_4$）

石膏通常为白色、无色，有时因含杂质而成灰、浅黄、浅褐等颜色。水溶液 pH 为7，溶解度小。

石膏是改善土壤钙营养状况的一种重要钙肥，它不但提供26%～32.6%的钙素，还可提供15%～18%的硫素，石膏主要用于改良盐碱土（表6-21）。一般用作基肥，施用量15～25kg/667m^2。

表 6-21 几种石灰物质钙肥

名　　称	含钙量（%）	钙的形态
生石灰	60.3	CaO
熟石灰	46.1	$Ca(OH)_2$
方解石石灰岩	31.7	$CaCO_3$
石膏	22.3	$CaSO_4$
白云石石灰岩	21.5	$CaCO_3 \cdot MgCO_3$
磷灰岩	33.1	$3Ca_3(PO_4)_2 \cdot CaF_2$

3. 氯化钙（$CaCl_2$）

氯化钙是水溶性钙肥，含钙 47.3%。水溶液 pH 为 7，易溶于水，可广泛用于植物尤其是蔬菜的追肥和根外追肥。根外追肥的浓度为 0.5% 左右，一般在生育中后期追肥。

六、镁肥的识别与合理施用

（一）镁在植物体内和土壤中的含量、形态

镁在植物体内含量一般在 0.1%～0.6%，镁主要存在于幼嫩组织和器官中，到成熟时主要以植素形态存在于种子中。通常豆科作物含量高于禾本科作物，种子中镁含量高于茎叶及根系。一些植物叶片出现缺镁症的临界值为：棉花 0.42%，玉米 0.13%，马铃薯 0.23%，甜菜 0.10%，桃、苹果 0.25% 等。进行叶分析时选用展开的第 3、4 片叶较好。过多施用钾肥会影响植物对镁的吸收。

土壤镁含量受母质、气候、风化程度、淋溶及耕作措施的影响大。在我国，北方土壤含镁量在 10g/kg 以上，南方土壤含镁量在 3.3g/kg 左右。镁易于淋溶流失，因此我国南方土壤容易缺镁。一般土壤酸性、质地粗（如砂地）、淋溶强、母质中含镁少时容易缺镁。经济林木和经济作物、豆科作物、根菜类、果菜类、小麦、水稻、马铃薯、葡萄、烟草、甜菜等对镁均敏感。

土壤中镁的形态可分为矿物态、水溶态、代换态、非交换态和有机态五种，主要以无机态存在，有机态镁含量很低，主要来自禾田的秸秆和有机肥料。

（二）镁肥的种类与施用

1. 镁肥的种类

农业上应用的镁肥有水溶性镁盐和难溶性镁矿物两大类。硫酸镁、氯化镁、硝酸镁、钾镁肥等是水溶性镁肥，易被植物吸收。含镁矿物主要有白云岩和石灰岩烧制的生石灰，它们含有镁，还含有丰富的钙，既可当镁肥，又可当钙肥使用。此外还有钙镁磷肥、草木灰、硅镁钾肥、钾钙肥、钢铁炉渣、碳化煤球渣、粉煤灰、水泥窑灰等含镁肥料。

2. 施肥技术

镁肥可作基肥或追肥。

（1）施用量　施用镁肥需依据土壤和植株缺镁状况来确定。镁不足的土壤和植株，特别是需镁较多的植物，施用镁肥会有良好效果。对于需镁较多的作物如甘蔗、菠萝、油棕、香蕉、棉花、烟草、马铃薯、玉米等，一般认为施硫酸镁 10～15kg/667m^2 为宜；果树可株施硫酸镁 0.25kg 左右，如柑橘在盛果期每株可穴施 0.2～0.3kg；根外喷施硫酸镁的浓度为 1%～2%，每亩喷施肥液 25～50kg/667m^2，肥效快但不持久，要喷 4～5 次。对作物施用镁

肥一般以苗期施用效果好。

(2) 结合土壤酸碱性、镁肥品种合理施肥　镁肥施用时要注意土壤的酸碱度。接近中性或微碱性，尤其是含硫量偏低的土壤以选用硫酸镁和氯化镁为宜，而酸性土壤以选用碳酸镁为宜，施用菱镁粉、白云石粉效果也好。研究表明，在南方酸性红壤上施镁肥，肥效以碳酸镁为最好，肥效从大到小依次是：碳酸镁、硝酸镁、氯化镁、硫酸镁。研究指出，缺镁的酸性土壤施用白云岩烧制的生石灰是理想的镁肥，既供给作物镁素营养又可中和酸性供给钙素营养。此外，草木灰、钾镁肥、钙镁磷肥也是理想的含镁肥料。

(3) 施用镁肥应注意的问题　一般地说，酸性强、质地粗、淋溶强烈、母质含镁量低以及过量施用石灰或钾肥的土壤容易缺镁，应优先考虑施用镁肥；同一种作物，产量和生物量高的品种容易缺镁，也应优先考虑施镁肥；化学镁肥与农家肥配合施用往往效果好于单独施用，值得提倡。

任务5　合理施用有机肥料

由于化学肥料在农业生产中大量施用，土壤肥力要靠所用肥料的种类和数量维持，植物的生长发育越来越依赖化肥的作用。投入与产出比例低，土壤中有机质严重匮乏，土壤板结、水质污染、土壤污染、土壤养分不平衡、植物果实品质下降等现象越来越严重，是现阶段必须要解决的问题。随着人民生活水平的不断提高，人们对食品安全质量提出了更高的要求，有机食品、绿色食品、无公害食品的生产越来越受到人们的喜爱。现代农业、有机农业就是国家在这种背景下提出来的农业发展方向，重点强调有机肥料在农业生产中的应用。在农业生产实践中，将有机肥料与养分含量高、肥效快的化肥配合施用，取长补短，既满足了植物营养连续性的要求，又满足了植物营养阶段性的要求，既能为作物高产、稳产提供充足的养分，又能培肥地力，为作物生长创造良好的环境条件，同时还能节省农业投资，保护环境，取得较好的社会和经济效益，对农业的持续发展具有重要的意义。

一、有机肥料的作用

1. 改良、培肥土壤

有机质的含量是土壤肥力的重要指标。施用有机肥料，土壤容重下降，能够提高土壤的保水保肥能力和缓冲性能，明显改善土壤的理化性质，促进土壤中团粒形成，形成多级团粒结构体，孔隙状况得到改善，提高土壤肥力。

2. 提供土壤丰富养分

有机肥料含有丰富的有机质和植物生长发育所必需的各种营养元素，是养分最全的天然复合肥，不仅可以直接为植物提供养分，而且还可以活化土壤中的潜在养分，提高土壤有效养分的含量。

3. 促进土壤微生物活动，增进肥效

有机肥料中含有多种有益微生物，是微生物取得能量和养分的主要来源，尤其是家畜、家禽的粪便活性特别高，是土壤活性的几十倍到几百倍。施用有机肥，能增强土壤微生物活性，促进土壤微生物活动，加速肥料分解，较长时间地供给植物矿质养分、有机养分、二氧化碳等，增强光合作用强度，提高光合效率，平衡土壤养分，促进植物生长发育。其中供应

磷、钾及微量元素较多。

4. 减轻环境污染

有机肥料能增强土壤微生物活动，促进土壤中的物质转化，能预防和减轻农药及重金属对土壤的污染，有解毒作用。如增施鸡粪或羊粪等有机肥后，土壤中有毒物质对植物毒害作用可大大减轻或消失。有机肥料还能预防和减轻农药及重金属对土壤的污染，还能减少铅的供给性。

二、有机肥料的种类、特性及合理施用

有机肥料种类多、来源广、数量大，含有作物必需的大量元素和微量元素，含有丰富的有机质。其不足之处是养分含量低、肥效缓慢、施肥数量大、运输和施用不方便，在作物生长旺盛、需肥较多的时期，往往不能及时满足作物对养分的需要。

我国有机肥料资源丰富、种类繁多，如粪尿肥、堆沤肥、秸秆肥、绿肥、土杂肥、泥炭、沼气肥等都是我国农业生产经常使用的有机肥料。

（一）人粪尿

人粪尿是人粪和人尿的混合物，分布广、数量大，养分含量高，所含有机物碳氮比小，易腐熟、肥效快，是粗肥中的细肥（表6-22），含氮量高（70%～80%呈尿素态），含磷、钾少，一般人粪尿有机物含量5%～10%（鲜重，以下同），含氮0.5%～0.8%，含磷0.2%～0.4%，含钾0.2%～0.3%（表6-23）。常把人粪尿当作高氮速效性有机肥料来施用。人粪尿由于其腐殖质积累少，所以对改土培肥无太大意义。

表6-22　人粪、人尿的成分与性质列表

种类	组　成	成　分	性　质
人粪	水	70%以上	新鲜人粪一般呈中性反应
	有机物（20%左右）	主要成分：纤维素、半纤维素、脂肪和脂肪酸、蛋白质及其分解产物、氨基酸、酶、粪胆质、色素等	
		次要成分：硫化氢、吲哚丁酸等臭味物质和5%左右的硅酸盐、磷酸盐、氯化物等矿物质，	
		其他成分：病菌和虫卵等物质	
人尿	水	95%以上	新鲜人尿由于磷酸盐的作用，呈酸性反应；腐熟后由于尿素水解为碳酸铵，呈碱性反应
	有机物	水溶性	
	无机盐	尿素约2%，氯化钠1%，	
		尿酸、马尿酸、肌肝酸、磷酸盐、铵盐、氨基酸、各种微量元素、生长素等	

表6-23　人粪尿的主要养分含量（鲜重）　　（%）

种　类	水　分	有　机　质	N	P_2O_5	K_2O
人粪	>70	约20	1.00	0.50	0.37
人尿	>90	约3	0.50	0.13	0.19
人粪尿	80左右	5～10	0.5～0.8	0.2～0.4	0.2～0.3

人粪尿应注意合理贮存，贮存过程实际是其发酵腐熟的过程，在腐熟过程中，有机氮变为氨，若保存不当，易损失氮素，降低肥效。

人粪尿中的尿素在脲酶的作用下，分解成碳酸铵，尿酸和马尿酸等含氮物质逐渐分解成NH_3、CO_2和H_2O。人粪中含氮有机物以蛋白质为主，蛋白质在微生物作用下分解成各种氨基酸，再进一步分解为NH_3、CO_2和H_2O。

（1）人粪尿腐熟的外观标志　人尿由澄清变为混浊，人粪由原来的黄色或褐色变为绿色或暗绿色，腐熟后的人粪尿完全变为液体或半流体。

（2）合理贮存人粪尿的要求　温度低，浓度小，不见阳光，不通气，不渗不漏，不遇碱性物质（不掺草木灰等），不污染环境（不晒粪干，若制成粪干，容易传播疾病、污染环境，且造成氮素损失40%以上），不传播疾病（厕所与猪圈分开）。

（3）人粪尿的贮存方法　由于我国北方与南方气候条件不同，人粪尿的贮存方法也不同。北方气候干燥、蒸发量大，多制成土粪或堆肥；南方高温多雨，多采用粪尿混存的方法制成水粪。生产中常采用水贮法、改建厕所、粪尿分存（人尿不经贮存可直接施用）、加保氮剂、制成堆肥等方法进行贮存。

加保氮剂：保氮剂中一类为吸附性强的物质，另一类为化学保氮物质，如干细土（为粪液的2~3倍）、草炭（为粪液的20%）、落叶与秸秆（为粪液的3~4倍）、过磷酸钙、石膏（为粪液的3%~5%）、硫酸亚铁（为粪液的0.5%）等。锰盐也可以作保氮剂。因锰可抑制脲酶活性，少量的锰盐加入新鲜人粪尿中，使尿素不能分解成碳酸铵，减少氨的挥发损失。

（4）人粪尿无害化处理　人粪尿中常含有传染病菌和寄生虫卵，必须进行人粪尿的卫生管理和无害化处理，否则会污染环境、传染疾病，影响人畜健康。

1）人粪尿无害化处理原则：杀灭病原菌与虫卵，消除传染源，防止蚊蝇滋生，防止污染环境、水源和土壤，防止养分损失，提高肥效。

2）人粪尿无害化处理方法：进行无害化处理多采用高温堆肥（60~70℃高温处理5~7天）、密封发酵和药物处理（加敌百虫、尿素、氨水、辣椒秆、烟草梗、芥子饼、大麻叶、枫杨、鬼柳叶和闹羊花等）等方法。

3）粪池密封发酵和沼气发酵：利用严格的厌氧条件，抑制病菌和虫卵的呼吸作用；发酵过程中产生的CO、H_2S和丁酸等有毒物质，均能杀死一般微生物；高浓度的NH_3可渗入病菌和虫卵体内起到毒杀的作用。

（5）人粪尿的合理施用　粪尿不适于马铃薯、甘薯、甜菜、烟草等忌氯的植物。人粪尿适用于除低洼地和盐碱地外的各种土壤，在砂土上应分次施用，常用于叶菜类菜田。最适于作追肥，也可作基肥和种肥。

1）追肥：兑水3~5倍，土干时兑水10倍，避免出现因浓度大而烧苗的现象，水田泼施，旱田条沟施或穴施，施后要覆土，防止挥发影响肥效。

2）基肥：制成堆肥的人粪尿多用于基肥，采用沟施或穴施。

3）种肥：宜用鲜尿浸种，浸种时间以2~3小时为宜。

（6）人粪尿的合理施用注意问题　①尽量选用腐熟的人粪尿。②要与磷、钾肥配合施用。人粪尿含氮较多，磷、钾含量较少，因此在施肥时应结合土壤、植物营养特点配施磷、钾肥。③人粪尿中有机质含量低，对改土培肥效果不大，因此在轻质土壤、有机质缺乏的土

壤、长期施用人粪尿的菜园和果园等，要与其他有机肥料配合施用，提高土壤肥力。

（二）家畜粪尿和厩肥

家畜粪尿包括猪、牛、羊、马、鸡、鸭等的粪尿，数量较多，是我国农业生产的一项重要肥源。厩肥是家畜粪尿混以各种垫圈材料及饲料残渣等积制而成的有机肥料，北方称为“圈粪”，南方称为“栏粪”，是目前普遍使用的有机肥料，在有机肥料中占有重要的位置。

1. 家畜粪尿的成分和性质

家畜粪尿来源不同，其成分不同，养分含量有差异，肥效也有较大的差别。

（1）家畜粪尿的成分　家畜粪尿包括家畜粪和家畜尿。家畜粪的成分复杂，主要有纤维素、半纤维素、木质素、蛋白质及其分解产物，脂肪、有机酸、酶和各种无机盐类。家畜尿成分比较简单，全是水溶性物质，主要有尿素、尿酸、马尿酸及钾、钠、钙、镁的无机盐类。

（2）家畜粪尿的性质　不同的家畜粪尿性质有较大的差别。

猪粪属于温性或冷性肥料。质地较细，纤维素较少，C/N 较低，含水量较多，蜡质较多，分解比较慢，分解时产生的热量较少，温度低，腐熟后形成大量腐殖质，有利于培肥改土。

马粪属于热性肥料。质地较粗，纤维素含量高，疏松多孔，含水少，C/N 约为 13∶1，其分解快，发热量大。多作温床或堆肥时的发热材料。

羊粪属于热性肥料。粪质细密而干燥，养分浓厚，C/N 约为 12∶1，积制过程中发热量低于马粪而高于牛粪，常用于苗床施肥，有利于苗床升温，促进发芽和幼苗生长。

牛粪是典型的冷性肥料。粪质细密，含水量较高，C/N 约为 21∶1，有机质分解慢，发酵温度低，肥效迟缓，牛粪养分含量在家畜粪尿中含量最低。

鸡粪在所有禽畜粪便当中养分是最高的，鸡粪中的主要物质是有机质，用于改良土壤物理、化学和生物特性，熟化土壤，培肥地力。

兔粪的性质与羊粪相似，粪干燥而致密，C/N 约为 12∶1，属于热性肥料，常用于育苗。

2. 家畜粪尿的养分含量

家畜粪尿的养分含量因家畜种类、年龄、所用饲料及饲养方法的不同而有明显的差别，见表 6-24。家畜粪富含有机质和氮、磷元素，家畜尿富含磷、钾元素。鸡粪中含有丰富的营养，其中粗蛋白 18.7%、脂肪 2.5%、灰分 13%、碳水化合物 11%、纤维 7%，含氮 2.34%、磷 2.32%、钾 0.83%，鸡粪中氮、磷、钾含量分别是猪粪的 4.1 倍、5.1 倍和 1.8 倍。羊粪中氮、磷、钾含量最高，猪、马次之，牛粪最少。按国家有机肥品质分级标准，猪粪、羊粪属于二级，马粪、牛粪属于三级。

表 6-24　家畜粪尿的主要养分含量（鲜重）　　（%）

类　别	水　分	有 机 质	N	P_2O_5	K_2O
猪粪	82	15.0	0.65	0.40	0.44
猪尿	96	2.5	0.30	0.12	0.95
牛粪	83	14.5	0.32	0.25	0.15
牛尿	94	30	0.50	0.03	0.65

（续）

类　别	水　分	有机质	N	P_2O_5	K_2O
羊粪	65	28.2	0.65	0.50	0.25
羊尿	87	7.2	1.40	0.30	2.10
马粪	76	20.0	0.55	0.30	0.24
马尿	90	6.5	1.20	0.10	1.50
鸡粪	50.5	25.5	1.63	1.54	0.85
鸭粪	56.6	26.2	1.10	1.40	0.62

3. 厩肥

厩肥的成分和养分含量与家畜种类、饲料好坏、垫圈材料和用量等条件有密切关系。厩肥中富含植物生长所需的营养元素，还含维生素、生长素、抗生素等有机活性物质（表6-25）。新鲜厩肥中的养料以有机态为主，大多数不能被植物直接利用，不宜直接施用，需经过充分腐熟。

表6-25　厩肥的养分成分　（%）

家畜种类	水　分	有机质	N	P_2O_5	K_2O	CaO	MgO
猪	72.4	25.0	0.45	0.19	0.60	0.68	0.08
牛	77.5	20.3	0.34	0.16	0.40	0.31	0.11
马	71.3	25.4	0.58	0.28	0.53	0.21	0.14
羊	64.6	31.8	0.83	0.23	0.67	0.33	0.28

厩肥中氮素的当季利用率一般为20%~30%，磷素为30%~40%，钾素为60%~70%。

（1）厩肥的制作方法　厩肥的制作方法有圈内堆积和圈外堆积两种，也可以两者兼用，即在圈舍内堆积一段时间后，再在圈外堆一段时间。堆积时，选用垫料要因地制宜，取材方便，保肥性强。

1）圈内堆积法。因养殖方式、养殖数量不同圈内堆积分为深坑、半坑圈和平底圈三种积肥方式。例如养猪，散户养猪多采用深坑圈（坑深1m），养猪较多的农户多采用半坑圈（坑深0.5m），大型养猪场或地下水位高、雨量较多的地区多采用平底圈。三种方法中平底圈保肥效果最差。

2）圈外堆积法。圈外堆积多为牛、马、骡、驴等大牲畜养殖所采用的积肥方式。一般采用疏松紧密堆积法：在堆积初期，将厩肥疏松堆积，进行好氧分解，堆积数日后，堆内温度开始逐渐上升，待温度达到60~70℃时，大部分细菌、虫卵、杂草种子即被杀死。随后等温度稍降后压紧，继续堆积新鲜厩肥，先松后紧，达到下层厌氧分解，减少有机质和氮素的损失，上层新鲜厩肥则可继续进行好氧分解。如此层层堆积，堆至高度为1.5~2m左右时，肥堆表面用泥土密封，贮存备用。这种堆积方法一般经2~3个月可达到半腐熟状态，经4~5个月可达到充分腐熟状态。

（2）厩肥腐熟的特征　粪肥的腐熟过程通常要经过生粪、半腐熟、腐熟和过劲四个阶段，它们之间常常随着堆内条件而改变，并呈现不同的外部特征。

生粪是未分解的粪尿及垫料的混合物，呈现原粪尿及垫料的外部特征。

半腐熟厩肥的外部特征可概括为“棕、软、霉”，棕指棕色，软指组织状态变软，霉指有霉烂的气味。

腐熟阶段厩肥的外部特征可概括为“黑、烂、臭”，黑指黑色，烂指黑泥状，臭指氨的臭味。这个阶段肥料效果最好。

过劲阶段外部特征可概括为“白、粉、土”，白指白色，是放线菌菌落的颜色，粉指呈粉末状，土指有特殊的泥土味。半腐熟阶段的厩肥在高温、通气、缺水等条件下可向过劲阶段发展。在厩肥的堆制过程中，应避免肥料向过劲阶段发展，若出现过劲的迹象，应及时翻捣和加水压紧。

（3）家畜粪尿和厩肥的合理施用　厩肥的腐熟程度是影响厩肥肥效的主要因素。厩肥的养分大部分是迟效性的，养分释放缓慢，主要作基肥施用，完全腐熟的优质厩肥基本上是速效性的，既可作基肥，也可作种肥和追肥。

1）基肥。厩肥作基肥时一定要充分腐熟，施肥方式可采用条沟、环状沟、放射状沟、穴状土壤注射等方式，用量因植物种类、年龄等不同而不同。如苹果树盛果期，要求“斤果斤肥”或“斤果2斤肥”，用量为2500～5000kg/667m^2。

对于肥力较低、质地黏重的土壤要优先施用腐熟的厩肥，施肥不宜过深。对于通透性好、肥力低的砂质土土壤可选用腐熟稍差的厩肥，施肥可深一些。

为充分发挥厩肥肥效，施肥时厩肥与化学肥料或复合肥配合或混合施用，取长补短，是合理施肥的一项重要措施，增产效果明显。

厩肥作为基肥施用后要及时埋填，并及时灌水。

2）追肥。若粪尿分存时，尿可作追肥。

（三）堆沤肥

堆沤肥包括厩肥、堆肥和沤肥，其主要原料是植物残体。堆沤肥养分丰富，具有有机肥的所有优点，不仅可以改善土壤的理化性质，还能提供植物必需的营养元素，并有利于环境保护，是一种取材容易、来源广泛的肥料，是我国农业生产上的重要有机肥源。

1. 堆肥

堆肥是利用作物秸秆、落叶、杂草、泥土、垃圾、生活污水及人粪尿，家畜粪尿等各种有机物和适量的石灰混合堆积腐熟而成的肥料。堆肥材料来源广泛，有机质含量较高，碳氮比小，易分解，肥效好，是我国农村普遍积制施用的有机肥料（表6-26）。

表6-26　堆肥的养分含量　（%）

种　类	水　分	有机质	N	P_2O_5	K_2O	C/N
高温堆肥	—	24～42	1.05～2.00	0.32～0.82	0.47～2.53	9.7～10.7
普通堆肥	60～75	15～25	0.4～0.5	0.18～0.26	0.45～0.70	16～20

根据堆肥原料的种类不同，将堆肥分为玉米秆堆肥、麦秆堆肥、水稻秆堆肥和野生植物堆肥等种类（表6-27）。按国家有机肥品质分级标准，玉米秆堆肥和麦秆堆肥属于四级，水稻秆堆肥和野生植物堆肥属于三级。

表 6-27　不同类型堆肥的三要素养分含量　　（%）

堆肥类型	N	P_2O_5	K_2O
麦秆堆肥	0.88	0.72	1.32
玉米秆堆肥	1.72	1.10	1.16
棉秆堆肥	1.05	0.67	1.82
稻草堆肥	1.35	0.80	1.47
生活垃圾	0.37	0.15	0.37
草塘泥	0.29	0.02	0.69
泥炭	1.80	0.15	0.25
草皮泥	0.14	0.02	0.25

（1）堆肥原料　堆肥的主要原料是植物残体，大致有3类：一是C/N为60～100:1左右，如草皮屑、落叶、杂草等，特点是不易分解，为堆肥原料的主体。二是含氮较多的物质，如人粪尿、家畜粪尿和化学氮肥以及能中和酸度的物质如石灰、草木灰等，特点是能促进物质分解。三是泥炭、泥土等物质，特点是吸收性能强，用以吸收肥分。

（2）堆肥过程的条件控制

1）水分。一般堆肥要求含水量应占原材料最大持水量的60%～75%，夏季堆肥和高温阶段应经常补充水分。

2）通气。堆制初期要创造良好的通气条件，以加速分解和产生高温，后期要创造较好的嫌气条件，以利于腐殖质的形成，减少养分损失。

3）温度。嫌气性微生物的适宜温度为25～35℃，好气性微生物的适宜温度为40～50℃，高温性微生物的适宜温度为60～65℃

4）C/N。堆肥材料的C/N40:1较为适宜。

5）pH。在中性和微碱性条件下，有利于堆肥中微生物活动，加速腐熟，减少养分损失。

（3）堆肥方法　因季节等条件而不同，有平地式、半坑式及地下式三种。北方早春和冬季常用半坑式堆肥方法。

平地式堆肥适用于气温高、雨量多、湿度大、地下水位高的地区或夏季堆肥。具体做法是：选择地势较干燥而平坦、靠近水源、运输方便的地点进行堆积，堆宽2m，堆高1.5～2m，堆长以材料数量而定。堆制前先夯实地面，再铺上一层10～14cm厚细草或草炭，用来吸收渗下的汁液，然后铺15～24cm厚的堆积物，加适量水、石灰、污泥、粪尿等。如此一层一层堆制至2m高，每层厚15～24cm，堆顶盖一层细土或河泥，以减少水分的蒸发和氨的挥发损失。堆制约1个月左右，翻捣一次，再根据堆肥的干湿程度适量加水，堆制1个月左右再翻捣，直到腐熟为止。夏季高温多湿，约2个月腐熟，见季需3～4个月腐熟。见表6-28。

（4）堆肥的合理施用　堆肥的施用与厩肥相似。可用作基肥、追肥和种肥，一般适作基肥，并配合施用速效氮、磷肥，施用量一般为500～1000kg/667m²。腐熟的优质堆肥也可作追肥和种肥。

表 6-28　堆肥腐熟的四个阶段变化

腐熟阶段	温度变化	微生物种类	变化特征
发热阶段	常温上升至50℃	中温好气性微生物如无芽孢杆菌、球菌、芽孢杆菌、放线菌、霉菌等	分解材料中的蛋白质和少部分纤维素、半纤维素，释放出 NH_3、CO_2 和热量
高温阶段	保持在50℃以上，并维持在50～70℃之间	好热性真菌、好热性放线菌、好热性芽孢杆菌、好热性纤维素分解菌和梭菌等好热性微生物	强烈分解纤维素、半纤维素和果胶类物质，释放出大量热能。同时，除矿质化过程外，也开始进行腐殖化过程
降温阶段	温度开始下降至50℃以下	中温性纤维分解黏细菌、中温性芽孢杆菌、中温性真菌和中温性放线菌等	腐殖化过程超过矿质化过程占据优势
后熟报肥阶段	堆内温度稍高于气温	放线菌、嫌气纤维分解菌、嫌气固氮菌和反硝化细菌	堆内的有机残体基本分解，C/N降低，腐殖质数量逐渐积累起来

2. 沤肥

沤肥是以作物枯秆、绿肥、青草、草皮屑等植物残体为主，混以垃圾、粪尿、泥土等，在常温、淹水的条件下沤制成的肥料。沤肥中的有机质在有嫌气条件下分解，养分不易挥发，且形成的速效养分多被泥土吸附，不易流失，肥效长而稳。

沤肥的堆制方法是：在屋旁或田角挖一个深度1m左右的坑，坑的大小根据原料而定，坑底加些石灰粉锤紧铺一层水泥，以免肥分从坑底渗漏。如果在水田沤制，坑要浅些，比田面低20～30cm，坑的四周要做12～16cm高的土埂，以免田里的水流入坑内。然后把草皮屑、秸秆、杂草等原料倒进坑里，边倒料边加泥土、稀粪水或倒满以后浇些稀粪水和污水，材料要灌水淹没，让原料在嫌气条件下分解，以后每隔7～10天翻动一次。

是否沤制好要看肥料颜色的变化，当肥料由原来的颜色变深、变黑或变成酱色时，说明肥料已经腐熟。

沤肥一般用作基肥，施用量一般为4000kg/667m^{2}左右，随施随翻，防止养分损失。沤肥的肥效一般与牛粪、猪粪相近，为了提高肥效，施用时应配合速效氮肥、磷肥。

（四）沼气肥

沼气肥又称为沼气发酵肥，是指作物秸秆与人畜粪尿等有机物，在沼气池中经过厌氧发酵制取沼气后形成的残液和残渣，包括沼液与沼渣两种肥料。沼液中速效氮含量较高，以铵态氮为主，属于速效肥。沼渣中全氮、碱解氮和速效磷含量都高于沼液，并且碳氮比小，腐殖质含量高，肥料质量比一般的堆沤肥要高，属于迟效肥，是优质的有机肥。目前，已有多个沼气肥生产的生态农业模式应用于蔬菜、果树等作物的生产之中。

1. 沼气肥的发酵条件

1）沼气池要严格密闭，不漏气，创造良好的嫌气条件。

2）原料必须有含氮化合物和其他矿物质养分，应将有机物料C/N调至25∶1～30∶1。实践证明，下料时秸秆、青草和人、畜粪尿各15%配料，即可满足微生物对养分的要求。

3）温度适宜。一般情况下，甲烷菌在8～70℃范围内都能生长，但温度低于15℃时产气就很差了，一般在50～55℃时产气较好。

4）发酵池中要有足够的水分，为甲烷细菌的活动创造严格的厌氧条件。发酵池中最适的水料比与季节有关，夏季为90∶10，冬季为85∶10。

5）酸碱度。甲烷细菌对pH要求较为严格，以pH为6.5～7.5最佳，如因酸度不适而影响发酵时，加适量草木灰即可。

6）要有较多的甲烷发酵菌。污泥中含甲烷细菌多，因此，可向池中加点污水、污泥，有利于沼气产生。

2. 沼气肥养分含量

沼液占肥总量的88%左右，含速效氮、磷、钾等营养元素，还含有锌、铁等微量元素。据测定，沼液含全氮为0.062%～0.11%，铵态氮为200～600mg/kg，速效磷20～90mg/kg，速效钾400～1100mg/kg。因此，沼液的速效性很强，养分可利用率高，能迅速被作物吸收利用，是一种多元速效复合肥料。

沼渣占肥总量的12%左右，属于迟效肥料，营养元素种类与沼液基本相同，含有机质30%～50%，含氮0.8%～1.5%（速效氮约占全氮的19.2%～52%，平均为35.6%），含磷0.4%～0.6%，钾0.6%～1.2%，还有丰富的腐殖酸，含量达11.0%以上。腐殖酸能促进土壤团粒结构形成，增强土壤保肥性能和缓冲力，改善土壤理化性质，改良土壤效果十分明显。

3. 沼气肥的合理施用

沼气肥可作基肥、追肥、种肥。沼液含多种水溶性养分，氮素以NH_4^+-N为主，一般用作追肥，每667m^2用量为1500～2500kg，深施15cm左右。若施在植物根部要兑部分清水。沼液作叶面喷肥时，需将沼液进行过滤，把过滤液稀释2～4倍，用量为50kg/667m^2。沼渣，主要作基肥，条沟或穴沟施肥，用量为2000～3000kg/667m^2。

（五）秸秆还田

秸秆还田是把不宜直接作饲料的秸秆（如玉米秸秆、高粱秸秆等）直接或堆积腐熟后施入土壤中的一种方法。它是优质有机肥料的来源之一，已成为适应我国现代农业发展行之有效的高产、稳产、高效的关键性技术措施。

1. 秸秆还田的作用

（1）增肥增产　秸秆在土壤中腐解后养分释放出来，增加了土壤中有机质及氮、磷、钾等的含量，提高土壤肥力和肥效，增强土壤保水能力，促进植物生长，提高植物产量，可增产5%～10%。如从秸秆中释放出的钾利用率可达50%～90%，秸秆分解后释放出的微量元素是作物吸收的微量元素总量的60%。

（2）改善土壤理化性状　秸秆可促进土壤微团聚体的形成，改良土壤性质，加速生土熟化，增加团粒结构，土壤容重下降，孔隙度增加，增强土壤的通气性，根系生长良好。

（3）增强微生物的活性　秸秆能为微生物提供碳源物质，促进微生物繁殖，提高土壤中各种酶的活性，增加植物固氮量。

（4）操作简便，来源广，取材易，数量多，成本低，效果好。

2. 秸秆还田的合理施用

秸秆还田有多种形式，包括秸秆粉碎翻压还田、秸秆覆盖还田、堆沤还田、焚烧还田、过腹还田。其中焚烧还田因造成环境污染，已经禁用；秸秆覆盖还田适合机械化点播，目前

生产上应用较少。

（1）过腹还田　这种形式就是把秸秆作为饲料，在动物腹中经消化吸收一部分营养，如糖类、蛋白质、纤维素等营养物质外，其余变成粪便，粪便经堆沤腐熟后施入土壤，培肥地力，无副作用。而秸秆被动物吸收的营养部分有效地转化为肉、奶等，被人们食用，提高了利用率。这种方式最科学，最具有生态性，最应该提倡推广。但目前过腹还田推广的深度、广度是远远不够的。

（2）秸秆粉碎翻压还田　这是直接还田的一种方式，就是把作物收获后的秸秆通过机械化粉碎，结合耕地直接翻压在土壤里，具有简单、方便、快捷、省工的特点。是目前比较普遍的一种还田的方式，要求秸秆经机械切碎后应翻压至15cm以下，翻压后要及时耙压保墒。

1）秸秆还田的数量。秸秆还田量过大或不均匀易发生土壤微生物（即秸秆转化的微生物）与植物幼苗争夺养分的矛盾，甚至出现黄苗、死苗、减产等现象。一般以200～300kg/667m^2为宜，最多不超过500kg/667m^2。

2）配合施用氮肥、磷肥。新鲜的秸秆C/N比值较高，施入田地时，会出现微生物与作物争肥现象。秸秆在腐熟的过程中，会消耗土壤中的氮素等速效养分。在秸秆还田的同时，要配合施用碳酸氢铵、过磷酸钙等肥料，补充土壤中的速效养分，每667m^2施$NH_4HCO_3$15kg，过磷酸钙30～50kg。配合施氮肥时以铵态氮为宜，不宜用硝态氨。

3）翻埋时期。一般在作物收获后立即翻耕入土，避免因秸秆被晒干而影响腐熟速度，旱地应边收边耕埋，水田应在插秧前15天左右施入。

（3）秸秆还田时应注意的问题

1）要适时灌水、碾压。秸秆经机械切碎后应翻压至15cm以下，一定要保持土壤适当的含水量，在旱地应保持田间持水量的60%～80%，在水田应浅水灌溉、干湿交替。其主要原因是秸秆翻压还田后，使土壤变得过松，孔隙大小比例不均、大孔隙过多，导致跑风，土壤与种子不能紧密接触，影响种子发芽生长，使植物扎根不牢，甚至出现吊根。因此，秸秆还田时应加大粉碎细度，最好达到3.5cm以下，并适时灌水或用石辊碾压，使土壤与种子接触紧密，能够正常发芽。

2）注意病虫害防治。秸秆中的虫卵、带菌体等一些病虫害，如玉米的黑穗病、大豆的叶斑病等，在秸秆直接粉碎过程中无法杀死，还田后留在土壤里，病虫害直接发生或者越冬来年发生。这种秸秆不宜直接还田，可采取高温堆制，以杀灭病菌。

具体做法是：作物秸秆要用粉碎机粉碎或用铡草机切碎，长度以1～3cm为宜，粉碎后的秸秆湿透水，秸秆的含水量在70%左右，然后混入适量的已腐熟的有机肥，拌均匀后堆成堆，上面用泥浆或塑料布盖严密封即可。过15天左右，堆沤过程即可结束。秸秆的腐熟标志为秸秆变成褐色或黑褐色，湿时用手握之柔软有弹性，干时很脆容易破碎。腐熟堆肥料可直接施入田地。

3）施入适量石灰。新鲜秸秆在腐熟过程中会产生各种有机酸，对作物根系有毒害作用。因此，在酸性和透气性差的土壤中进行秸秆还田时，应施入适量的石灰，中和产生的有机酸。施用数量以30～40kg/667m^2为宜，以防中毒和促进秸秆腐烂分解。

（六）绿肥生产

绿肥是指用作肥料的绿色植物体，如苜蓿、油菜、黑麦草等，是重要的有机肥料之一。

以新鲜植物体就地翻压、异地施用或经沤、堆后主要作为肥料的栽培植物就是绿肥植物，绿肥植物多为豆类。

我国是利用绿肥最早的国家，绿肥资源十分丰富，据全国绿肥试验网调查，我国共有绿肥资源 10 科 24 属 60 多种，1000 多个品种。生产上应用较多的有：田菁、沙打旺、苜蓿、草木樨、紫穗槐、苕子等，按全国有机肥品质分级标准，田菁属于三级，其他几种均属于二级。

1. 绿肥的作用

种植绿肥可改良土壤、培肥地力、提高产量、改进品质，是农民增收、农业增效的有效途径，又是很好的牧草饲料资源。

1）来源广，数量大，可提供大量优质有机肥料。绿肥植物鲜草含有机质约 12%～15%，如果以每 667m^2 生产 1000kg 计算，这些绿肥作物翻埋到土壤中以后，相当于给土壤施入新鲜有机质 120～150kg。

2）养分丰富，肥效好，增产增收。绿肥植物有机质丰富，含有氮、磷、钾和多种微量元素（表 6-29），其中含氮（N）为 2%～4%、磷（P_2O_5）为 0.2%～0.6%、钾（K_2O）为 1%～4%，豆科绿肥作物还有固氮作用。绿肥分解快，肥效迅速，一般含 1kg 氮素的绿肥，可增产稻谷、小麦 9～10kg。

表 6-29 主要绿肥作物养分含量（%）

绿肥品种	鲜草主要成分（鲜基）			干草主要成分（干基）		
	N	P_2O_5	K_2O	N	P_2O_5	K_2O
草木樨	0.52	0.13	0.44	2.82	0.92	2.42
毛叶苕子	0.54	0.12	0.40	2.35	0.48	2.25
紫云英	0.33	0.08	0.23	2.75	0.66	1.91
黄花苜蓿	0.54	0.14	0.40	3.23	0.81	2.38
紫花苜蓿	0.56	0.18	0.31	2.32	0.78	1.31
田箐	0.52	0.07	0.15	2.60	0.54	1.68
紫穗槐	1.32	0.36	0.79	3.02	0.68	1.81

3）改良土壤，培肥土壤，防止水土流失。绿肥含有大量有机质，施入土壤后可改善土壤的物理性状，提高土壤的保水、保肥和供肥能力。绿肥有茂盛的茎叶覆盖地面，能防止或减少水、土、肥的流失。

4）可改善农作物茬口，减少病虫害。

5）综合利用效益大，促进农业全面发展。绿肥是优质饲料，能促进畜牧业发展，畜粪又可肥田。绿肥可作沼气原料，解决部分能源，沼气池肥又是很好的有机肥。开花的绿肥如紫云英等是很好的蜜源，可以发展养蜂。

2. 绿肥的种类

绿肥的种类很多，分类原则不同，种类不同。

（1）按绿肥来源　绿肥可分为栽培绿肥（人工栽培的绿肥植物）和野生绿肥（非人工栽培的野生植物，如杂草、树叶、鲜嫩灌木等）。

（2）按植物学　绿肥可分为豆科绿肥作物（如紫云英、豌豆、豇豆等）、禾本科绿肥作

物（如黑麦草等）和十字花科绿肥作物（如油菜等）等。

（3）按生长季节　绿肥可分为冬季绿肥（如紫云英、苕子、茹菜、蚕豆等）和夏季绿肥（田菁、柽麻、绿豆等）。

（4）按利用方式　绿肥可分为稻田绿肥、麦田绿肥、棉田绿肥、覆盖绿肥、肥菜兼用绿肥、肥饲兼用绿肥、肥粮兼用绿肥等。

（5）按生命周期长短　绿肥可分为一、二年生绿肥（如柽麻、竹豆、豇豆、苕子等）和多年生绿肥（如山毛豆、木豆、银合欢等）。

（6）按生长环境　绿肥可分为旱地生绿肥（如紫云英等）和水生绿肥（如水花生、水葫芦、水浮莲和绿萍）。

3. 绿肥的栽培方式

（1）常见栽培方式　单作绿肥；粮肥轮作、粮肥复种、粮肥间作套种；果园、林地间套种；农田闲隙地、荒地种植；非耕地营造绿肥林；水面放养水生绿肥植物。绿肥植物的栽培利用，应实行种植业、养殖业结合，用地、养地结合，多种用途相结合。

（2）绿肥栽培时的注意问题　一是绿肥品种选择要注意绿肥植物的生长期、抗逆能力以及对土壤条件的要求。如紫云英喜欢湿润而不积水的土壤，它的耐旱、耐低温的能力较差，当土壤 pH 为 4.0 ~ 4.4 时，紫云英根部的根瘤菌就会死亡。又如田菁耐涝性强，而且耐盐性也很强。二是因多数绿肥作物怕涝，要开好排灌沟，做到水多时能排，干旱时能灌。三是注意适时播种。适时播种，不仅产量高，品质也好。一般通过对比试验，确定最好的播种期。四是种绿肥植物要施一定的肥料，达到“小肥养大肥”的效果。五是注意做好绿肥植物留种工作。六是豆科绿肥植物特别是紫云英应采用根瘤菌拌种，提高它们的根瘤生长和固氮的能力。

4. 绿肥的合理施用

绿肥的施用大体上有三种方式：直接翻压还田、收割后作堆沤肥的材料、作饲料过腹还田。各地可根据具体情况，因地制宜地选择绿肥品种及利用方式。直接翻压还田一般要掌握适宜的翻压时期、翻压深度、翻压量、配施化肥等技术措施。

（1）适时收割或翻压　绿肥过早翻压产量低，植株过分幼嫩，压青后分解过快，肥效短；翻压过迟，绿肥植株老化，养分多转移到种子中去了，茎叶养分含量较低，而且茎叶碳氮比大，在土壤中不易分解，降低肥效。一般豆科绿肥植物如紫云英适宜的翻压时间为盛花至谢花期，禾本科绿肥植物最好在抽穗期翻压，十字花科绿肥植物最好在上花下荚期翻压。间、套种绿肥植物的翻压时期，应与后茬植物的需肥规律相互合。

（2）翻压方法　先将绿肥茎叶切成 10 ~ 20cm 长，然后撒在地面或施在沟里，随后翻耕入土壤中，一般入土 10 ~ 20cm 深，砂质土可深些，黏质土可浅些。

（3）绿肥的施用量　应根据绿肥种类、气候特点、土壤肥力的情况和植物对养分的需要而定。一般每 667m^2 施 1000 ~ 1500kg 鲜苗基本能满足植物的需要，同时要配施磷肥，以调节土壤中 C/P 的比值，充分发挥肥效。若施用量过大，可能造成植物后期贪青迟熟。

（七）饼肥

饼肥是油料的种子经榨油后剩下的残渣，又称油饼。饼肥养分齐全，肥分浓厚，营养价值高，是一种优质肥料，适用于各类土壤和多种作物，尤其是对瓜果、烟草、棉花等作物，能显著提高产量和改善品质。饼肥也是一种优质饲料，但茶籽饼、蓖麻饼、菜籽饼、棉籽饼

因其有毒不能用来作饲料。

1. 饼肥的种类

饼肥的种类很多，主要有豆饼、菜子饼、麻子饼、棉子饼、花生饼、桐子饼、茶子饼等。

饼肥中的氮以蛋白质形态存在．磷以植酸等形态存在，均属于迟效性养分，钾则多为水溶性的。油饼含氮较多，C/N 比较窄，容易矿化，其分解速度和氮素的保存与土壤质地有关，一般砂土有利于分解，但保氮较差；黏土前期分解较慢，但有利于保氮。

2. 饼肥的养分含量

饼肥中富含有机质和氮素以及相当数量的磷素及各种微量元素。饼肥原料不同，榨油的方法不同，各种养分的含量也不同。一般含水 10%～13%，含 75%～85% 的有机质，含氮（N）为 1.1%～6.0%，磷（P_2O_5）为 0.4%～3.0%，钾（K_2O）为 0.9%～2.1%，还含有蛋白质及氨基酸等。饼肥中的含氮量较多，多数为粗蛋白，易分解。饼肥是含氮量比较多的有机肥料。

3. 饼肥的合理施用

饼肥可作基肥和追肥。施用前必须把饼肥打碎，粉碎程度越高，腐烂分解和产生肥效就越快。由于饼肥为迟效性肥料，应注意配合施用适量有速效性氮、磷、钾化肥。

1）基肥：应在播种前 7～10 天施入土中，可撒施、条施或穴施，施后与土壤混匀，不要与种子直接接触，因其在腐熟分解时会产生有机酸，影响种子发芽和幼苗生长。

2）追肥：饼肥作追肥时，一定要经过发酵腐熟，否则施入土中继续发酵产生高热，容易烧伤植物根部。饼肥一般与堆肥、厩肥混合堆积或将饼肥打碎，用水浸泡数天进行发酵腐熟。在水田施用须先排水，然后均匀撒施，结合第一次耕田，使饼肥与土壤充分混合，2～3 天后再灌浅水。旱地追肥一般可在结果后 5～10 天在行间开沟或穴施，施后盖土，用量为 50～70kg/667m^2。

（八）生物菌肥

生物菌肥是指通过生物工程技术，将某些具有特殊功能的细菌、微生物等制成的肥料。生物菌肥在中国已有近 50 年的历史，从根瘤菌剂——细菌肥料——微生物肥料，这些名称上的演变说明了中国生物肥料逐步发展的过程。

1. 生物菌肥的作用

生物肥料是活体肥料，本身是没有肥效的，它的作用主要靠它含有的大量细菌、有益微生物等的生命活动代谢来完成。只有当这些有益微生物处于旺盛的繁殖和新陈代谢的情况下，物质转化和有益代谢产物才能不断形成。因此，微生物肥料中有益微生物的种类、生命活动是否旺盛是其有效性的基础。

（1）提高化肥利用率，增产增收　生物肥料进入土壤，在不断的生长繁殖过程中，能把在土壤中大量存在的植物不能利用的磷、钾矿物分子分解出来，把游离在大气中的氮固定起来，成为作物可以吸收利用的氮、磷、钾营养元素。同时，这些细菌、微生物在新陈代谢过程中还会产生许多本领非凡的代谢产物——酶，如纤维酶可将秸秆中长长的纤维素变碎再转化为糖最后变成腐殖质，溶解蛋白酶可让动植物残体的蛋白质变成作物生长必不可少的氨基酸等。因此采用生物肥料与化肥配合施用，既能保证增产，又减少了化肥使用量，降低成本。

（2）改良土壤，减少污染，提高品质　生物肥料中有益微生物能产生糖类物质，占土壤有机质的0.1%，与植物黏液、矿物胚体和有机胶体结合在一起，可以改善土壤团粒结构，增强土壤的物理性能和减少土壤颗粒的损失，在一定的条件下，还能参与腐殖质形成。所以施用生物肥料能改善土壤物理性状，有利于提高土壤肥力。同时，细菌的活动降解土壤中由于长期施用化肥农药残留下来的铅、坤、汞、铬等重金属及亚硝酸盐，使植物达到优质高产，减少环境污染。

（3）微生物肥料在环保中的作用　利用微生物的特定功能分解发酵城市生活垃圾及农牧业废弃物而制成生物肥料是一条经济可行的有效途径。目前已应用的主要是两种方法，一是将大量的城市生活垃圾作为原料经处理由工厂直接加工成微生物有机复合肥料；二是工厂生产特制生物肥料（菌种剂）供应于堆肥厂（场），再对各种农牧业物料进行堆制，以加快其发酵过程，缩短堆肥的周期，同时还提高堆肥质量及成熟度。

2. 生物菌肥的种类

目前我国生产和应用的菌肥主要有：根瘤菌、固氮菌、磷细菌、钾细菌、抗生菌肥料等。

（1）根瘤菌肥料　把豆科作物根瘤内的根瘤菌分离出来，进行选育繁殖，制成根瘤菌剂，称为根瘤菌肥料。根瘤苗肥的施用方法主要是拌种。施用时应注意：一是注意豆科作物根瘤菌的专一性，不同豆科作物选用相应的根瘤菌剂；二是注意菌剂的有效期；三是要放在阴凉处；四是拌过根瘤菌剂的种子不宜用杀菌剂处理；五是要注意创造适宜的环境条件，一般要求土壤通气良好，土壤温度25℃左右，水分适宜，土壤呈中性至微碱性，并保持适当氮素，充足的磷素和微量元素。

（2）固氮菌菌剂　固氮菌菌剂是含有自生固氮细菌的微生物制品，属于自生固氮菌，如好气性异养型微生物中的固氮苗属等、化能自养型微生物中的氧化亚铁硫杆菌、光能自养型微生物红螺菌中的红螺菌属、绿杆菌属等。目前，已发现具有固氮作用的微生物有近50个属，作为菌制剂主要是固氮菌和蓝细菌。

（3）磷细菌菌剂　磷细菌菌剂是含有异养型和化能自养型微生物的制品，能将有机态磷转化成无机态磷，或能分解利用土壤矿物磷素，或能分泌出溶解土壤矿物磷素的物质，如氧化硫硫杆菌属于无机磷细菌。磷细菌不仅能提供给植物磷素，而且对植物的生长发育还具有刺激作用。

（4）抗生菌菌剂　抗生菌菌剂是含有能分泌出抗菌物质和刺激植物生长物质的微生物制品，通常用得较多的是放线菌。“5406”抗生菌是我国应用时间较长的抗生菌菌剂，具有提高作物抗病能力的作用，还能分泌出四种植物激素，刺激植物生长发育。

而今，已商品化的农用抗生素几乎遍及了农药所有领域。其中作为杀菌剂的有春日霉素、多氧霉素、井冈霉素、农霉素、链霉素等；杀虫剂有阿维菌素、杀螨素等；除草剂有双丙氨膦；植物生长调节剂有赤霉素等。农用抗生素已成为世界农药市场中不可缺少的一部分，它在植物保护中作为化学农药的互补药剂正越来越引起人们的注意。

（5）VA菌根　VA菌根可以和200多个科20万种以上的植物形成共生体，与农业生产关系十分密切。VA菌根对磷素具有很强的吸收功能，对铜、钙、锌、硫等元素的吸收也有协助作用。

3. 生物菌肥的施用

菌肥的施用方法有菌液叶面喷施、菌液种子喷施、拌种和固体菌剂与种子拌和作为菌肥等。在施用菌肥时，应注意与化肥和有机肥配合，既为作物提供养分，又补充土壤养分的消耗。

4. 生物菌肥推广应用应注意的问题

目前市场上销售的微生物肥料良莠不齐，在推广应用时注意以下几个问题：

1）没有获得国家登记证的微生物肥料不能推广。有国家登记证的微生物肥料正式登记证有效期只有 5 年。

2）有效活菌数达不到标准的微生物肥料不要使用。国家规定微生物肥料菌剂有效活菌数≥2 亿/克，大肥有效活菌数≥2000 万/克，而且应该有 40% 的富余。如果达不到这一标准，说明质量达不到要求。

3）存放时间超过有效期的微生物肥料不宜使用。

4）存放条件和使用方法须严格按规定办。微生物肥料中很多有效活菌不耐高低温和强光照射，不耐强酸碱，不能与某些化肥和杀菌剂混合，所以，推广应用微生物肥料必须按产品说明书进行科学保存和使用。

任务 6　合理施用复（混）合肥料

复（混）合肥料是指氮、磷、钾三种养分中，至少有两种或两种以上养分标明量的肥料。含两种主要营养元素的称为二元复合肥料，含三种主要营养元素的称为三元复合肥料，含三种以上营养元素的称为多元复合肥料。

复（混）合肥料具有以下特点：有效成分高，养分种类多；副成分少，物理性状好；节省贮藏、运输、施肥费用。但是由于其养分比例固定，难于满足施肥技术要求，这是复（混）合肥料的不足之处。随着农业生产的发展，国内外化肥生产正朝着高效化、复合化、液体化、长效化方向发展，总的趋势是发展高效复（混）合肥料。

一、复（混）合肥料的类型

复（混）合肥料其按制造方法一般可分为化成复合肥料、配成复合肥料和混成复合肥料三种类型。

1. 化成复合肥料

化成复合肥料是在一定工艺条件下，通过化学方法制成的具有固定养分含量和配比的肥料，如磷酸二氢钾、磷酸二铵等。

2. 配成复合肥料

配成复合肥料是指采用两种或多种单质肥料在化肥生产厂家经过一定的加工工艺重新制成的含有多种元素的复合肥料，在加工过程中发生部分化学反应，简称复混肥，如小麦专用肥、果树专用肥等。

3. 混成复合肥料

混成复合肥料是指根据农艺和农业生产需要将两种或两种以上单质肥料通过机械混合制成的复合肥料，简称掺混肥料，又称 BB 肥。在加工过程中只是简单的机械混合，而不发生

化学反应，掺混的浓度可高可低，完全根据当地的作物生长需要而配制。如氯磷铵是由氯化铵和磷酸铵混合而成。

二、复（混）合肥料的含量标志

复合肥料习惯上用N-P_2O_5-K_2O相应的百分含量来表示其成分。

复（混）合肥料的总养分含量是指该复（混）合肥料中氮（N）、磷（P_2O_5）、钾（K_2O）三要素含量百分数的总和，三要素的代表符号和顺序为N-P_2O_5-K_2O，养分标明量为其在复（混）合肥料中所占百分比含量，用阿拉伯数字表示。若某种复合肥料中含N10%，含$P_2O_5$20%，含K_2O10%，则该复合肥料表示为10-20-10。有的在K_2O含量数后还标有S，如12-24-12（S），说明该复（混）合肥为硫基复混肥，即表示其中含有K_2SO_4，适于忌氯作物。若包装上标示15-15-15-1.5Zn，表明该复（混）合肥料除含有N15%、$P_2O_5$15%、K_2O15%外，还含有1.5%的锌，但有效养分只计算氮、磷、钾三要素。若只含有两种元素，如含N13%、含K_2O45%的硝酸钾，可用13-0-45表示。

总养分≥40%的复合肥料，为高浓度复合肥料；≥30%为中浓度复合肥料；三元肥料≥25%、二元肥料≥20%为低浓度复合肥料。

三、复（混）合肥料的主要种类与施用

复（混）合肥料的增产效果与土壤肥力、植物种类、肥料中养分形态、施用量和比例及施用技术等密切相关。

1. 磷酸铵

磷酸铵简称磷铵，是用氨中和磷酸制成的，由于氨中和的程度不同，可分别生成磷酸一铵、磷酸二铵和磷酸三铵。肥料用磷酸铵主要是磷酸一铵和磷酸二铵。

（1）性质　磷酸一铵（又名安福粉），含N为11%~13%，含P_2O_5为51%~53%；白色结晶颗粒，易溶于水，水溶液为酸性；性质稳定，氨不易挥发。

磷酸二铵（又名重福粉），含N为16%~18%，含P_2O_5为46%~48%；白色结晶颗粒，含杂质时多呈棕褐色；易溶于水，水溶液为碱性；性质比较稳定，但在湿、热条件下，氨易挥发。

目前，国产的磷酸铵多是磷酸一铵、磷酸二铵的混合物，含N为14%~18%，含P_2O_5为46%~50%。纯净的磷铵为灰白色颗粒，因含有杂质，常为深灰色；易溶于水，水溶液为中性；具有一定的吸湿性，通常加入防湿剂，制成颗粒状，物理性状好，利于贮存、运输和施用。

（2）合理施用　磷酸铵是高浓度复合肥，适用于各种作物和土壤，尤其是需磷较多的作物和缺磷土壤。磷酸铵可作基肥、追肥和种肥。作基肥，用量10~15kg/667m^2为宜，采用沟施或条施、穴施的方法。如果树在成年期时，用磷酸铵作基肥时用量2.5kg/株较好。作种肥，用量以2~3kg/667m^2为宜，每667m^2不超过5kg，采用条施、穴施的方法，要防止肥料与种子直接接触，以免影响发芽和引起烧苗。作追肥，可采用土壤沟施、穴施和根外追肥的方式，用量以7.5~10kg/667m^2为宜。根外追肥时，喷施浓度为0.5%~1%。

磷酸铵不能与草木灰、石灰等碱性物质混合施用或贮存，酸性土壤上施用石灰后必须相隔4~5天才能施磷铵，以免引起氮素的挥发损失和降低磷的有效性。磷酸铵对水稻、花生、

大豆、玉米、果树等植物增产效果明显。硫酸铵可与多种肥料掺混施用，常用作 BB 肥的磷肥肥源。

2. 磷酸二氢钾

（1）性质　一种高浓度的磷钾二元复合肥，含 $P_2O_5$52%，含 K_2O34%，白色或灰白色结晶，易溶于水，化学酸性，不易吸湿结块，物理性状良好。

（2）合理施用　磷酸二氢钾价格昂贵，适作种肥、根外追肥和无土栽培。浸种浓度为 0.2%，时间为 12h，用量以植物种类而定，如大豆为 30kg/100kg 溶液，小麦为 50kg/100kg 溶液。拌种通常用 1% 浓度喷施，当天拌种下地。叶面喷施浓度为 0.1%～0.3%，用量为 50～75kg/667m^2，选择在晴天的下午，以叶面喷施不滴到地上为度。果树在果实膨大至着色期喷施 0.5% 磷酸二氢钾溶液，对于提高产品质量有良好的效果。

3. 硝酸钾

（1）性质　硝酸钾俗称火硝，其分子式为 KNO_3；含 N 为 13%、K_2O 为 45%～46%；纯净的硝酸钾为白色结晶，粗制品略带黄色；有吸湿性，易溶于水，化学中性；在高温下易爆炸，属于易燃、易爆物质，在贮运、施用时要特别注意安全。

（2）合理施用　硝酸钾适宜作追肥，不宜作基肥。作追肥时宜施于旱地，不宜施于水田，对马铃薯、甘薯、烟草等喜钾植物更为合适，在豆科作物上反应也比较好。作土壤追肥时，用量一般为 5～10kg/667m^2，作根外追肥时，适宜浓度为 0.6%～1.0%，能迅速消除缺钾症状，增强植物抗病能力，提高植物品质。在干旱地区还可以与有机肥混合作基肥施用，用量约为 10kg/667m^2。硝酸钾也可以用于浸种，浓度为 0.2%，能促进萌芽和幼苗生长。

4. 尿素磷铵

（1）性质　尿素磷铵的组成为 $CO(NH_2)_2 \cdot (NH_4)_2HPO_4$，是以尿素加磷铵制成的。其养分含量有 37-17-0、29-29-0、25-25-0 等类型，是一种高浓度的氮、磷复合肥，其中的 N、P 养分是水溶性的，N∶P_2O_5 为 1∶1 或 2∶1，易于被植物吸收利用。

（2）合理施用　尿素磷铵肥效优于等氮、磷量的单质肥料，施用方法同磷酸铵。

5. 铵磷钾肥

（1）性质　铵磷钾肥是由硫铵、硫酸钾和磷酸盐按不同比例制成的三元复合肥料，或者由磷酸铵加钾盐制成。一般养分比例有 12-24-12、10-20-15、10-30-10。铵磷钾肥为白色或灰白色粉末，物理性状良好，速效，易被植物吸收。

（2）合理施用　可作基肥与追肥，适用于喜磷植物和缺磷土壤，用于其他植物或土壤时，应适当补充单质氮肥、钾肥，以调整氮、磷、钾比例，更好地发挥肥效。铵磷钾肥是高浓度复合肥料，主要用于烟草、棉花、甘蔗、果树等经济植物上，它和硝酸钾常作为烟草栽培的专用肥。

6. 硝酸磷肥

（1）性质　硝酸磷肥是用硝酸分解磷矿粉而制成的氮磷二元复合肥料。常见含量有 20-20-0、20-10-0、16-16-0、12-12-0 等几种，为灰白色颗粒，具有一定吸湿性，易结块。

（2）合理施用　硝酸磷肥可用于多种植物和土壤，可作基肥、追肥，也可作种肥。由于其含氮素约 50% 是硝态氮，易随水流动，所以适宜旱地而不适宜水田。由于硝酸磷肥氮磷含量比较接近，因此，不宜用于豆科植物和甜菜，主要是影响固氮效果和含糖量。一般作

基肥时用量为15～25kg/667m^2；作追肥时用量为10～20kg/667m^2；作种肥时用量为5～10kg/667m^2。使用时肥料不要与种子直接接触，以免烧种。

7. 硝磷钾肥

硝磷钾肥是在混酸法硝酸磷肥基础上添加钾盐而制成的三元复合肥料。一般养分比例为10-10-10，为淡黄色颗粒，有吸湿性，在烟草上施用效果良好。使用方法同硝酸磷肥。

8. 氨化过磷酸钙

氨化过磷酸钙是用氨处理过磷酸钙得到的一种含氮少含磷多的复合肥料，含N为2%～3%，含P_2O_5为13%～15%。常用作玉米、高粱、大豆、花生等作物的种肥。

9. 聚磷酸铁

聚磷酸铁又称为多微酸铁，由多磷酸和氨中和反应制成，养分含量为11-37-0和12-40-0（液体），晶体粒状，易溶于水，适合各种土壤和作物。

10. 氮钾肥

氮钾肥是由硫酸铵与硫酸钾（3:1）混合而成；含N为14%、含K_2O为11%～16%；白色结晶，易溶于水，吸湿性小；可作基肥、种肥和追肥；适于多种作物，尤其对喜钾作物和缺氮钾的土壤肥效更加显著，但在缺磷土壤上施用时应配施单一磷肥。

四、肥料的混合

1. 肥料混合的原则

1）肥料混合不会造成养分损失或有效性降低。

2）肥料混合不会产生不良的物理性状。

3）肥料混合有利于提高肥效和工效。

2. 化学肥料的混合

按照肥料混合的原则，化学肥料混合有可以混合、可以暂混、不能混合三种情况，如图6-13所示。

（1）可以混合　肥料混合过程中或混合后没有出现养分的损失或有效性下降、肥料的物理性状变差、降低肥效和工效的现象，肥料的理化性状还得到改善，肥料施用更加方便。如硫酸铵、硝酸铵和磷矿粉；硝酸铵与氯化钾；氯化铵与氯化钾；尿素与硝酸钙、氯化铵、硫酸镁等混合后，施用效果更好。

（2）可以暂混　这些肥料可以混合，但混合后必须立即施用，若混合后存放较长时间，则因肥料之间的相互作用导致肥料物理性状或肥效变差。如过磷酸钙与硝态氮肥、尿素与硝酸铵、尿素与氯化钾、石灰氮与氯化钾等之间可以暂时混合。

（3）不能混合　混合后发生养分损失、肥效降低。一是铵态氮肥与碱性肥料不能混合，如硫酸铵、硝酸铵与石灰、草木灰混合，会引起氨损失；二是碱性肥料与过磷酸钙不能混合，如过磷酸钙与草木灰等碱性肥料混合，导致水溶性磷转化为难溶性磷；三是过磷酸钙与碳酸氢铵不能混合，若混合会引起水溶性磷的降低和加速氨的挥发。

3. 化肥与有机肥料混合

化肥与有机肥料混合有可以混合与不可以混合两种情况。

（1）可以混合　过磷酸钙、钙镁磷肥与堆肥、厩肥混合，可促进难溶性磷分解，释放有效磷，提高磷肥肥效。生产中还有新鲜厩肥与铵态氮肥、钾肥之间、人类尿与少量过磷酸

		1	2	3	4	5	6	7	8	9	10	11	12
1	硫酸铵												
2	硝酸铵	△											
3	碳酸氢铵	×	△										
4	尿素	□	△	×									
5	氯化铵	□	△	×	□								
6	过磷酸钙	□	△	□	□	□							
7	钙镁磷肥	△	△	×	□	×	×						
8	磷矿粉	□	△	×	□	□	△	□					
9	硫酸钾	□	△	×	□	□	□	□	□				
10	氯化钾	□	△	×	□	□	□	□	□	□			
11	磷铵	□	△	×	□	□	□	×	×	□	□		
12	硝酸磷肥	△	△	×	△	△	△	×	△	△	△	△	
		硫酸铵	硝酸铵	碳酸氢铵	尿素	氯化铵	过磷酸钙	钙镁磷肥	磷矿粉	硫酸钾	氯化钾	磷铵	硝酸磷肥

△ 可以暂时混合但不宜久置
□ 可以混合
× 不能混合

图 6-13 各种肥料的可混性

钙之间、泥炭与石灰氮、草木灰之间均可混合。

（2）不可以混合　一些碱性肥料如草木灰、石灰氮、钙镁磷肥与腐熟的有机肥、厩肥等混合沤制，容易导致氮素变化而流失。

五、肥料与农药的混合

农药与肥料混用是近几年发展起来的一项新技术。近年来，为了提高劳动效率，在生产过程中逐渐探索施肥和防病虫、除草工作的新技术、新方法，农药与肥料混用技术应运而生。这种技术缩短了工作时间，节省了劳力，提高了肥效和药效，降低了生产成本。

1. 农药与肥料混合原则

1）不能因混合而降低肥效与药效。

2）对植物无毒害作用，对环境无污染。

3）理化性质稳定。

4）施用时间和方法应当一致。

2. 农药与肥料混合应注意的问题

1）碱性农药不宜与铵态氮肥和水溶性磷肥混合施用。

2）碱性肥料不能与有机磷农药混合施用。

3）有机肥料不能与除草剂混合施用。

4）自制混剂时，应预先做混合试验。如无不良变化，方可施用。

5）液体混剂以现用现混为好，混后不宜长时间放置。

6）最好选用比较成熟的混合类型，避免滥用，造成危害。

目前与肥料混合施用的农药以除草剂最多，杀虫剂次之，杀菌剂最少。除草剂与氮肥混用，能提高除草剂的杀伤效果。如扑草净能明显抑制硝化作用和反硝化的作用，减少氮的损失。又如有机氯杀虫剂与化肥配成液体剂进行叶面喷施，可起杀虫和根外追肥的作用，如代森锰与尿素、硫酸锰的混合。进行叶面喷施时，乳油、水剂或可湿性粉剂可与尿素、硫酸铵、硝酸铵、磷酸二氢钾等混合。化肥可配成水溶液、水乳液或水悬液进行叶面喷施。

六、其他肥料

1. 控释肥料

（1）概念　控释肥料是指以各种调控机制，使养分释放按照设定的释放模式（包括释放时间和释放速率）与作物吸收需求养分的规律相一致的肥料。

一般认为，“释放”是指养分由化学物质转变成植物可立即吸收利用的有效形态的过程（如溶解、水解、降解等）；“缓释”是指化学物质养分释放速率远小于速溶性肥料施入土壤后转变为植物有效形态的释放速率；“控释”是指以各种调控机制使养分释放按照设定的释放模式与植物吸收养分的规律相一致。

控释肥料的特点：一次施用，全年受益。

（2）控释肥料的质量标准　控释肥料必须同时满足以下三个基本条件：

1）在24h内肥料中的养分释效率小于15%。

2）在28d内肥料中的养分释放率小于75%。

3）在达到标识的肥效期时，肥料中至少要有75%的养分释放。

（3）控释肥料的控释机制　无论是对室内，室外，盆栽，苗圃，花房，水培、砂培、土培的花卉、蔬菜、草坪、果树、林木，还是普通大田作物，控释肥料都是一种非常经济、环保、理想的长效肥料。内聚合物树脂包膜的颗粒控释肥施入后，土壤或基质中的水分会使膜内颗粒吸水膨胀，并缓慢溶解，扩散到膜外，并在标明的释放期内持续不断地释放养分。在作物生长期内，土壤酸碱度、微生物等条件对控释肥的膜性质影响很小，只有土壤温度和水分条件可以改变控释肥包膜的水分渗透率，从而改变养分的溶出速率。

（4）常用的包膜材料　常用的包膜材料有聚乙烯、硫黄、磷酸镁铵、树脂、沥青等。硫黄包膜尿素是包膜肥料中较成熟的一个品种，含氮为34%～36%，初释放率为20%～30%。目前控释肥成熟的包膜技术有热塑型树脂包膜、热固型树脂包膜及树脂硫包衣尿素等。

（5）控释肥料的施用技术　控释肥的施用技术非常简单，主要用作基肥，也可作追肥、种肥。作基肥时，可根据不同作物的需肥规律，设计合理的配方，加工后按常规肥料的1/2～2/3用量即可达到相同的产量水平。作追肥时也要根据作物的需肥规律制定不同的肥料配方，加工后制成专门用于追肥的肥料，可以撒施、条施、穴施等。如在花卉育苗基质中混合花卉控释肥料，进行花卉穴盘育苗，然后移栽到花盆中，以后不再施肥，完全能保证花卉生长所需的养分，也不会造成烧苗。

2. 稀土肥料

稀土元素是化学元素周期表第三副族的镧素元素（主要是镧、铈等）以及与其性质相近的钪和钇等17种金属元素的总称，简称稀土。具有稀土标明量的肥料称为稀土肥料。

施用稀土肥料，可有效提高种子的发芽率，促进植物根系的发育、叶绿素合成，提高酶的活性，提高植物对土壤中氮、磷、钾等养分的吸收能力，有一定的防病作用，如防治植物花叶病等。

（1）种类　我国稀土肥料多数是用稀土精矿或含稀土元素的矿渣制成，主要产品有氯化稀土、硝酸稀土、稀土复盐、氢氧化稀土、硫酸稀土等，目前常用的主要是硝酸稀土（R(N03)3），它是低毒的水溶性稀土盐类，有固体和液体两种，固体为结晶型，易溶于水，水解性很强，不用时要密封。

（2）稀土肥料的合理施用

1）叶面喷施。取硝酸稀土肥料，以 40～50g/667m^2 的用量配制成40kg 溶液，进行叶面喷施，如果使用的水偏碱性，可在溶液中放入 30～90 滴硝酸（硫酸、盐酸）。

2）浸种和拌种。浸种用硝酸稀土溶于温水，根据作物种类配制成不同浓度的溶液（表6-30），浸种时间为 4～8h，取出后晾干播种；拌种是将一定量硝酸稀土溶在 80～100mL 水中进行均匀喷洒，随即搅拌，晾干后播种。

表 6-30　部分园艺植物使用稀土一览表　（%）

植物种类	叶面喷施		浸种浓度	拌种浓度
	时期	浓度		
大白菜	团棵期、包心前	0.03～0.04		10
番茄	初花期、膨果期	0.04～0.05	0.01～0.1	
黄瓜	初花期、根瓜期	0.03～0.04		
甘蓝	莲座后结球前	0.04～0.05		6～10
苹果	盛花期、幼果膨大期	0.05		
葡萄	初花期、生理落果、果实膨大期	0.05		

3）蘸秧根。如水稻插秧前，将秧苗在 0.04%～0.06% 的稀土溶液中浸泡 3～5min 后再插秧。

3. 二氧化碳气肥

二氧化碳气肥主要用于植物设施栽培中。因为在设施栽培中，因植物光合作用，常会造成二氧化碳缺乏，致使设施内植物的正常生长受到影响。

施用二氧化碳气肥的效果：施用后，叶片肥厚，叶色浓绿，光合作用增强，增产效果明显，一般可增产 20% 左右；产品外观洁净，个大色艳，果肉厚实，耐贮运，品质显著改善；果实提早成熟，如番茄、青椒施用后可提前 7～10 天上市；植株生长健壮，抗病虫能力增强。

在农业生产中，调节二氧化碳浓度的措施有以下几种：

（1）通风透气　这是调节二氧化碳浓度的常用办法，但只能在设施内二氧化碳浓度低于 300uL/L 时才能有效，同时也只能使二氧化碳浓度增加到 300uL/L 左右，而且在冬季及早春，通风容易导致设施内温度降低。因此，只能采取人工补充二氧化碳的方法来增加保护地的二氧化碳浓度。

（2）施用有机肥料　有机肥料可通过微生物分解释放出二氧化碳气体，一般 1t 有机物最终能释放 1.5t 二氧化碳。此方法二氧化碳释放的有效时间相对比较集中，不易控制浓度。

（3）燃烧法　燃烧煤油、煤炭、焦炭、石油液化气等也可产生二氧化碳，每升煤油燃烧可产生 1.27m^3 的二氧化碳气体。需要注意的是燃烧过程中常伴有一氧化碳、二氧化硫等有毒气体产生，对设施内植物不利。

（4）化学反应法　目前在生产中采用的主要有碳酸氢铵法和颗粒气肥法。

1）碳酸氢铵法。一般是在日出后半小时，将一定量的稀硫酸滴入密封塑料桶内与碳酸氢铵反应，产生的二氧化碳气体通过管道散发到保护地中。

2）颗粒气肥法。以碳酸钙作为基料，有机酸作为调理剂，无机酸作为载体，在高温高压下挤成直径 1cm 左右的扁圆形颗粒，于低温干燥条件下存放，施入土壤后遇湿，会慢慢释放出二氧化碳气体。一般每 667m^2 施用 40～50kg，一次性投施，可连续 40 天以上不断放出二氧化碳气体。

任务7　合理施用微量元素肥料

微量元素包括硼、锌、钼、铁、铜、氯、锰等营养元素。虽然植物对微量元素的需要量很少，但它们在保证植物正常生长发育方面的重要性与大量元素是相同的。随着植物产量的不断提高和大量使用化肥，农业生产对微量元素的需要更为迫切，合理使用微肥已成为生产上简便易行、经济有效的增产措施。

一、微量元素的营养诊断

当微量元素严重缺乏时，植物的外部形态表现出一定的缺素症状。因此，外形诊断可作为微量元素丰缺诊断的一个重要方法。但是有些微量元素的缺素症比较相似，还需要其他诊断方法配合，才能做出正确判断。

1. 外形诊断

1）看症状出现的部位，有些微量元素缺乏首先发生在新生组织上，如铁、锰、硼、钼、铜的缺乏，症状从新叶开始，有时出现顶芽枯死。

2）看叶片大小和形态，如缺锌叶片窄小簇生，缺硼叶片肥厚，叶片卷曲、皱缩、变脆，其他微量元素缺乏，叶片大小和相状变化不明显。

3）看叶片失绿的部位，如缺铁、锌、锰都会产生叶脉间失绿黄化，但叶脉仍为绿色。

2. 根外喷施诊断

如果依据外形诊断不能准确判断是哪种微量元素缺乏时，可采用根外喷施诊断。具体程序是：配制浓度为 0.1%～0.2% 的含某种微量元素的溶液，采取喷施病叶叶部或将病叶浸入溶液中 1～2h 或将溶液涂抹到病叶上等方法进行病叶处理，7～10 天后观察处理后植物的叶色、长相、长势等表现。如果病叶恢复或新叶出生速度加快，且叶色正常，便可得出诊断结果。

3. 化学诊断

化学诊断是指采用化学分析方法测定土壤和植株中微量元素的含量，对照各种微量元素缺乏的临界值进行判断，用以指导微量元素合理施肥的一种诊断技术。

化学诊断包括土壤诊断（表6-31）和植株化学诊断。

表6-31　土壤中锌、硼等微量元素含量、形态与临界值

种类	含量/(mg/kg)	临界值（有效态）	形　态	易缺乏土壤
锌	3～709 平均100	石灰性或中性土壤 0.5mg/kg，酸性土壤 1.5mg/kg	矿物态、吸附态、水溶态、有机络合态	pH＞6.5 的土壤

（续）

种类	含量/(mg/kg)	临界值（有效态）	形　态	易缺乏土壤
硼	0.5～453 平均64	0.5mg/kg	矿物态、吸附态、水溶态、有机态	石灰性土壤和碱性土壤
钼	0.1～6 平均1.7	0.15mg/kg	矿物态、交换态态、水溶态、有机络合态	酸性土壤
锰	42～3000 平均710	100mg/kg	矿物态、交换态、水溶态、有机态、易还原态	中性和碱性土壤
铁	3.8%	2.5mg/kg	矿物态、交换态、水溶态、有机络合态、	中性、石灰性、碱性土壤
铜	3～300 平均22	石灰性或中性土壤0.2mg/kg，酸性土壤2.0mg/kg	矿物态、交换态态、水溶态、有机络合态	中性、石灰性、碱性土壤

植株化学诊断一般采用全量分析，选用正常植株和不正常植株同一部位的叶片、叶柄等，测定微量元素的含量，进行对比，多采用干样品。如苹果和桃的微量元素诊断指标列于表6-32。

表6-32　苹果、桃的微量元素含量范围和诊断指标

（单位：mg/kg，干物质基）

养分元素	植物种类	采样部件和时间	养分含量状况			资料来源
			缺乏	足够	过多	
铁	苹果	新梢茎部叶片，6月15日～8月15日	<50	50～150	>150	Neubert，P. 等. 植物分析图表，1970
	桃	新梢中部和近基部完全发育的叶片，开花后12～14周	<124	124～152	>152	
硼	苹果	新梢中部或近基部完全发育的叶片，开花后12～14周	<25	25～50	>152	Neubert，P. 等. 植物分析图表，1970
	桃	新梢中部或近基部完全发育的叶片，开花后12～14周	<28	28～48	>48	
锰	苹果	新梢基部叶片，6月15日～8月15日	<35	35～105	>105	Neubert，P. 等. 植物分析图表，1970
	桃	新梢中部或近基部完全发育的叶片，开花后12～14周	<19	19～142	>142	
锌	苹果	新梢基部叶片，6月15日～8月15日	<25	25～50	>50	Neubert，P. 等. 植物分析图表，1970
	桃	新梢中部或近基部完全发育的叶片，开花后12～14周	<17	17～30	>30	

（续）

养分元素	植物种类	采样部件和时间	养分含量状况			资料来源
			缺乏	足够	过多	
铜	苹果	新梢基部叶片，6月15日～8月15日	<5	5～12	>12	Neubert，P. 等. 植物分析图表，1970
	桃	新梢中部或近基部完全发育的叶片，开花后12～14周	<7	7～12	>12	

二、微量元素肥料的合理施用

近年来，在农业生产中许多植物微量元素的缺乏现象普遍发生，如玉米、水稻缺锌，果树缺铁、缺硼，油菜缺硼等。合理施用微量元素肥料，能及时缓解缺素对植物生长的影响，保证植物健壮生长，达到增产、增效的目的。

1. 硼肥的合理施用

（1）常用硼肥的种类、性质　农业生产中应用的硼肥种类有硼砂、硼酸、硼泥、硼镁肥等，最常用的是硼酸和硼砂，见表6-33。

表6-33　硼肥的主要种类和性质

微量元素肥料名称	主要成分	有效成分含量（%，以元素计）	性　质
硼酸	H_3BO_3	17.5	白色结晶或粉末，溶于水，水溶液呈弱酸性，有滑腻手感，无臭味，为常用硼肥
硼砂	$Na_2B_4O_7 \cdot 10H_2O$	11.3	白色结晶或粉末，溶于水，水溶液呈弱碱性，无臭，味咸，为常用硼肥
硼镁肥	$MgSO_4 \cdot 7H_2O$、H_3BO_3	1.5	灰色粉末，主要成分溶于水
新型高效硼肥（速溶硼）	$Na_2B_8O_{13}.\ 4H_2O$	21	水溶性好，用量少，植物吸收利用率高，土壤残留少

（2）硼肥的合理施用

1）合理施用硼肥的依据。不同的植物种类对硼的敏感性和需要量不同。我国目前缺硼表现比较明显的植物有油菜、甜菜、棉花、白菜、甘蓝、萝卜、芹菜、大棚黄瓜、大豆、苹果、梨、桃等；需硼中等的有玉米、谷子、马铃薯、胡萝卜、辣椒、花生、西红柿等，因此在同等土壤条件和栽培条件下，应优先将硼肥施用于这些需硼量较多的植物中。

土壤水溶性硼含量的高低与硼肥肥效有密切关系，是判定是否施硼的重要依据。中国农业科学院油料作物研究所、上海农业科学院、浙江农业科学院等单位的研究表明，土壤水溶性硼含量在低于0.3mg/kg时为严重缺硼，低于0.5mg/kg时为缺硼，2.5～4.5mg/kg时为过量，高于4.5mg/kg时为毒害。当硼肥缺乏时，增施硼肥可收到显著的增产效果，硼肥应优先分配于水溶性硼含量低的土壤上。

2）硼肥的合理施用技术。硼肥可用作基肥、追肥和种肥。

① 基肥。当土壤严重缺硼时以基肥为好。作基肥时可与磷肥、氮肥配合使用，也可单

独施用。一般每 667m^2 施用 0.25～0.5kg 硼酸或硼砂，一定要均匀施用，防止浓度过高而中毒。硼肥土施有一定后效，一般可持续 3～4 年。硼泥可作基肥施用。

② 追肥。追肥宜早，注意施匀。轻度缺硼的土壤追肥通常采用根外追肥的方法，喷施浓度为 0.02%～0.1% 的硼酸溶液或 0.05%～0.2% 的硼砂溶液，用量为每 667m^{2}50～75kg，在植物苗期和由营养生长转入生殖生长时各喷一次。

③ 种肥。种肥常采用浸种和拌种的方法。浸种用浓度为 0.01%～0.1% 的硼酸或硼砂溶液，浸泡 6～12 小时，阴干后播种。蔬菜类可用 0.01%～0.03% 的溶液。拌种时每 kg 种子用硼砂或硼酸 0.2～0.5g。

2. 锌肥的合理施用

（1）常用锌肥的种类和性质　目前农业生产中常见的锌肥有硫酸锌、氯化锌、碳酸锌、螯合态锌、氧化锌等，最常用的是硫酸锌，见表 6-34。

表 6-34　锌肥的主要种类和性质

微量元素肥料名称	主要成分	有效成分含量（%，以元素计）	性质
硫酸锌	$ZnSO_4$	35	白色或橘红色结晶，易溶于水，为常用锌肥
氧化锌	ZnO	78	白色粉末，不溶于水，溶于酸和碱
氯化锌	$ZnCl_2$	48	白色结晶，溶于水
碳酸锌	$ZnCO_3$	52	难溶于水
螯合态锌	Zn · EDTA	25	易溶于水

（2）锌肥的合理施用

1）合理施用锌肥的依据。植物种类不同，对锌的敏感性和需要量也不同。农业生产中对锌敏感的有玉米、水稻、甜菜、亚麻、棉花、苹果、梨等植物，因此，在这些植物上施用锌肥往往事半功倍。

土壤有效锌含量的高低是判断是否施用锌肥的重要依据。河南省土肥站试验结果表明：当土壤有效锌含量小于 0.5mg/kg 时，在小麦、玉米、水稻上施用锌肥增产效果显著。当土壤有效锌含量为 0.5～1.0mg/kg 时，在石灰性土壤和高产田施用锌肥既能增产，还能提高植物的品质。同时还要考虑锌与磷的拮抗关系。在有效磷含量高的土壤中，往往会产生诱发性缺锌。因此，在施用磷肥时，必须要注意锌肥营养的供应情况，防止因磷多造成诱发性缺锌。

2）锌肥的合理施用技术。锌肥可用作基肥、追肥和种肥，但最适合作种肥和根外追肥。

① 基肥。通常用难溶性锌肥作基肥。硫酸锌作基肥时可与生理酸性肥料混合施用，用量1～2kg/667m^2。一般轻度缺锌田地间隔 1～2 年再施锌肥，中度缺锌田地需要隔年或次年减量施用锌肥。

② 追肥。常用根外追肥方法进行追施锌肥。用硫酸锌进行根外追肥时常用浓度为 0.02%～0.2%，植物种类不同浓度不同，生长时期不同浓度也不同。如玉米喷锌浓度以 0.2% 为宜，宜早喷，以苗期喷施效果最好，拔节期次之，抽雄期较差；苹果树缺锌可在早春萌芽前一个月喷施 2%～3% 的硫酸锌溶液，萌芽后喷施浓度为 0.5%～1.0%，从蕾期至盛

花期喷施浓度为0.1%～0.2%。

③ 种肥。种肥常采用浸种或拌种的方法，浸种用浓度为0.02%～0.1%，浸种12小时，阴干后播种。拌种每kg种子用2～6g硫酸锌或2～4g氯化锌，氧化锌还可用于水稻蘸根，每667m^2用量为200g，配成1%的悬浊液。

3. 锰肥的合理施用

（1）常用锰肥的种类和性质　锰肥的种类有硫酸锰、氯化锰、氧化锰、碳酸锰等，生产上常用的锰肥是硫酸锰和氯化锰，见表6-35。

表6-35　锰肥的主要种类和性质

肥料名称	主要成分	有效成分含量（%，以元素计）	性　质
硫酸锰	$MnSO_4 \cdot 3H_2O$	26～28	粉红色结晶，易溶于水，为常用锰肥
氯化锰	$MnCl_2$	19	粉红色结晶，易溶于水，为常用锰肥
氧化锰	MnO	41～68	黑色无定形粉末，难溶于水
碳酸锰	$MnCO_3$	31	白色或微红色粉末，难溶于水

（2）锰肥的合理施用

1）合理施用锰肥的依据。首先要考虑植物对锰的敏感性和需要量。豆科作物、小麦、马铃薯、洋葱、菠菜、苹果、草莓、樱花等植物对锰敏感，大麦、甜菜、三叶草、芹菜、萝卜、西红柿等植物对锰较敏感，玉米、黑麦、牧草等是对锰不敏感的植物。其次要考虑土壤条件。一般将活性锰含量作为诊断土壤供锰能力的主要指标，土壤中活性锰含量小于50mg/kg为极低水平，含量50～100mg/kg为低，含量100～200mg/kg为中等，含量200～300mg/kg为丰富，含量大于300mg/kg为很丰富。在缺锰的土壤上施用锰肥，锰肥的肥效好，增产显著。

2）锰肥的合理施用技术。生产上锰肥可作基肥、种肥和追肥，但主要用于种子处理和根外追肥，因为施到中性—碱性土壤容易转化为难溶态锰。

① 基肥。一般用难溶性锰肥作基肥，用量为2～5kg/667m^2。

② 追肥。主要用根外追肥方法进行锰肥施用，喷施浓度一般以0.05%～0.1%为宜，以喷至叶背淌水为止。果树浓度用0.3%～0.4%，豆科作物浓度为0.03%，水稻以0.1%为好。

③ 种肥。作种肥时可采取集中条施、浸种和拌种等方法进行，后两种方法收效大、成本低，比直接施入土中优越。拌种时可用少量水将硫酸锰溶解后，喷洒到种子上，充分搅拌，使种子上均匀沾满肥液。禾本科作物每kg种子用4g硫酸锰，豆科作物8～12g，甜菜16g。浸种用浓度为0.1%的硫酸锰溶液，浸种时间豆类种子为12h，麦类为24h，稻谷类为48h，种子与溶液比例为1∶1。作种肥条施一般为每hm^2硫酸锰15～30kg。

4. 铁肥的合理施用

（1）常见铁肥的种类和性质　常用铁肥有无机铁和合铁（有机铁）两类（表6-36）。无机铁肥包括硫酸亚铁和硫酸亚铁铵等，其中硫酸亚铁是目前最常用的铁肥，溶解度高，价格便宜，适用于土壤施肥和叶面喷施。整合铁肥主要有Fe·EDT、Fe·DTA、腐殖酸铁和氨基酸螯合铁等。

表 6-36　铁肥的主要种类和性质

肥料名称	主要成分	有效成分含量（%，以元素计）	性　　质
硫酸亚铁	$FeSO_4 \cdot 7H_2O$	19	淡绿色结晶，易溶于水，为常用铁肥
硫酸亚铁铵	$(NH_4)_2SO_4 \cdot FeSO_4 \cdot 6H_2O$	14	淡绿色结晶，易溶于水
螯合铁 Fe·EDT	Fe·EDT	9~12	易溶于水，黏附性极强，渗透快，易吸收
螯合铁 Fe·DTA	Fe·DTA	6	易溶于水，黏附性极强，渗透快，易吸收

（2）铁肥的合理施用　不同的植物对铁的敏感度不同。如大豆、高粱、甜菜、菠菜、西红柿、苹果等植物对铁敏感，而禾本科和其他农作物很少见到缺铁现象，果树缺铁现象较为普遍，南方的某些酸性花卉如栀子、山茶等在北方栽培时，植物缺铁现象相当普遍。

生产上目前主要采用根外追肥的方法进行铁肥施用。铁在叶片上不易移动，不能使全叶片复绿，只是喷到肥料溶液之处复绿（呈斑点状复绿），因而需多次喷施，若在铁肥溶液中加配尿素和柠檬酸，则会取得良好的效果。一般铁肥根外追肥的喷施浓度为0.2%~1%。但在植物不同生长时期浓度不同。如果树在萌芽前喷施浓度为0.75%~1%，在萌芽后可用0.3%~0.5%的硫酸亚铁溶液加0.5%尿素叶面喷施，每隔5~7天喷1次，共喷2~3次。

铁肥施用也可以通过土壤施肥。如在果树施基肥时，把硫酸亚铁与有机肥按1∶10~1∶20比例混合后施到果树下，每株50kg，对防治缺铁症有良好的效果，肥效可达一年，可使70%黄化叶片复绿。

高压注射法也是植物的一种有效施铁方法，即将0.3%~0.5%的硫酸亚铁溶液通过打吊针的方式注射到树干木质部内，铁肥随树液流动运输到需要的部位，或在树干上钻小孔，把硫酸亚铁盐注入孔内，用量每孔用1~2g，效果良好。

螯合铁叶面喷施效果良好，与尿素一起施用效果更好。Fe·DTA在pH较低时有效，pH>7.5时无效。

5. 钼肥的合理施用

（1）常见钼肥的种类和性质　生产上常用的钼肥有钼酸铵、钼酸钠、氧化钼、钼渣、含钼玻璃肥料等（表6-37）。

表 6-37　钼肥的主要种类和性质

微量元素肥料名称	主要成分	有效成分含量（%，以元素计）	性　　质
钼酸铵	$H_8MoN_2O_4$	49	青白色结晶或粉末，易溶于水，为常用钼肥
钼酸钠	Na_2MoO_4	39	青白色结晶或粉末，溶于水
氧化钼	MoO_3	66	外观呈微黄色，最大粒径5mm，难溶于水，可溶于氨水、氢氟酸
含钼矿渣	—	10	是生产钼酸盐的工业矿渣，难溶于水，其中含有效态钼1%~3%

（2）钼肥的合理施用

1）合理施用钼肥的依据。植物种类不同，对钼肥的需求和敏感性不同。在植物中豆科作物最容易出现缺钼现象，尤其苜蓿最突出。对钼肥有需求的还有油菜、玉米、高粱、谷子、棉花、甜菜等植物。

钼肥的施用效果与土壤中钼的含量、形态及分布区域均有关系。中国科学院南京土壤研究所刘诤等将我国土壤中钼含量及肥效分为三区，即钼肥显著区、钼肥有效区和钼肥可能有效区。在北方土壤的钼肥显著区需施钼肥的作物为大豆、花生，在南方土壤的钼肥显著区需施钼肥的作物为豆科绿肥、花生、大豆、柑橘等。在钼肥有效区需施钼肥的作物为豆科绿肥、花生、大豆等，而钼肥可能有效区的钼肥施用情况还需进一步试验研究。

2）钼肥的合理施用技术。钼肥可作基肥、种肥和追肥，通常用作种肥和根外追肥。

① 基肥。含钼工业废渣可作基肥施用，用量为30~75kg/hm^2，有3~5年的肥效。

② 追肥。主要是叶面喷肥，一般用于叶面积较大的作物。用0.05%~0.1%的钼酸铵溶液，在大豆、花生、十字花科作物的初花期和盛花期进行叶面喷施，喷1~2次，每667m^2喷液50kg。

③ 种肥。拌种时，每kg种子用钼酸铵2~6g，先用热水溶解，再用冷水稀释成2%~3%的溶液，用喷雾器喷在种子上，边喷边拌，拌好后将种子阴干，即可播种。浸种可用0.05%~0.1%浓度的钼酸铵溶液，浸种8~12h。

6. 铜肥的合理施用

（1）常见铜肥的种类和性质　目前常见铜肥有五水硫酸铜、一水硫酸铜、炼铜矿渣、螯合态铜、氧化铜、氧化亚铜、硫化铜等（表6-38），最常用的是五水硫酸铜。

表6-38　铜肥的主要种类和性质

肥料名称	主要成分	有效成分含量（%，以元素计）	性　质
五水硫酸铜	$CuSO_4 \cdot 5H_2O$	25	蓝色结晶，溶于水，为常用铜肥
一水硫酸铜	$CuSO_4 \cdot H_2O$	35	蓝色结晶，溶于水
氧化铜	CuO	75	黑色粉末，难溶于水
氧化亚铜	Cu_2O	89	暗红色晶状粉末，难溶于水
硫化铜	CuS	80	黑褐色，难溶于水

（2）铜肥的合理施用

1）合理施用铜肥的依据。不同的植物种类对铜的反应也不同，有研究表明，小麦、洋葱、菠菜、苜蓿、向日葵、胡萝卜、大麦、燕麦等植物需铜较多，甜菜、亚麻、黄瓜、萝卜、西红柿等植物需铜中等，豆类、牧草、油菜等植物需铜较少。果树中的苹果、桃、草莓等也有缺铜现象出现。

我国土壤铜含量比较丰富，一般都在1mg/kg以上。但在江苏徐淮地区的砂质黄潮土中、西北地区的风砂土及黄绵土中有效铜含量较低，施用铜肥有较好的效果。

2）铜肥的合理施用技术。铜肥可用作基肥、追肥及种子处理等。

① 基肥。硫酸铜作基肥可条施或撒施，用量为1.5~2kg/667m^2。由于铜肥的有效期长，

为防止铜的毒害作用，以每 3～5 年施用一次为宜。炼铜矿渣不溶于水，只能用作基肥，用量为 5～6kg/667m^2。

② 追肥。追肥通常以根外追肥为主。选用浓度为 0.02%～0.04% 的硫酸铜溶液，可同时加入少量熟石灰以防药害，在生长季喷 1～2 次。土壤 pH 在 5.0～7.0 之间时施肥能有效发挥铜肥肥效。果树用 0.2%～0.4% 的硫酸铜溶液，并加入 10%～20% 的熟石灰，以防药害。

③ 种肥。硫酸铜拌种用量为每 kg 种子 4～8g 左右；浸种用浓度为 0.01%～0.05% 的硫酸铜溶液。

7. 其他微量有益元素肥料

在植物生长过程中，还有一些微量元素肥料对某些植物生长有益，主要包括钠、硅、镍和硒等。其中硅、硒和稀土元素肥料已被证明对作物生长发育有明显的促进作用。如水稻施硅肥能提高产量，提高水稻的抗病、抗倒伏能力。低浓度的硒（0.001%～0.05%）对许多作物有刺激作用，提高产量。硒是人体必需元素，适量的硒有利于增强人体免疫功能和防癌能力。植物的含硒量：油料作物 > 豆类作物 > 禾本科作物 > 蔬菜 > 水果，其中蘑菇含硒量比高等植物高出 1000 倍。稀土肥料中含有 17 种稀土元素。研究证明，稀土元素能促进种子萌发和植物营养生长，能提高产量和改善品质，增强植物的抗逆性。

8. 微量元素肥料施用注意事项

微量元素肥料施用有其特殊性，若使用不当，不仅不能增产，而且会使植物受到伤害。因此合理、有效、安全地施用微量元素肥料尤为重要。

（1）控制用量，均匀施肥　微量元素肥料只有施在缺乏微量元素的土壤或植物上才能发挥肥效。施用过量或者施用时间不对，施肥不均匀，不仅不能增产，甚至对植物会产生毒害作用，而且有可能污染土壤和环境或影响人畜健康，给农业生产造成不应有的损失。

（2）缺什么补什么，经济施肥　微量元素肥料施用应坚持缺什么补什么的原则，不可盲目施肥。

1）将微量元素肥料施在需要量多、对缺素敏感度高的植物上，能充分发挥其肥效。

2）依据土壤类型和质地合理施用。如北方石灰性土壤上主要发生缺铁、硼、锰、铜、锌现象，酸性土壤上容易发生缺钼现象，土壤中微量元素的有效性受土壤环境条件影响等。

3）一种作物不可能同时缺少多种微量元素，施用多元微肥造成养分的浪费，增加成本。

（3）把施用大量元素肥料放在重要位置上　虽然微量元素和氮、磷、钾三要素一样都是同等重要和不可代替的。但在农业生产中，只有在施足大量元素的前提下才能充分发挥微量元素肥料的肥效。因此，应该重视大量元素肥料和微量元素肥料的配合施用问题。

（4）注意改善土壤环境条件，采用合理的施肥技术　农业生产中，一方面可通过调节土壤条件，如土壤酸碱度、氧化还原性、土壤质地、有机质含量、土壤含水量等，有效地改善土壤的微量元素营养条件。另一方面在施肥时灵活运用土壤施肥、拌肥、浸肥、叶面喷肥等不同的施肥方法进行施肥，最大限度发挥肥效，不能过分依赖根外追肥。

【知识归纳】

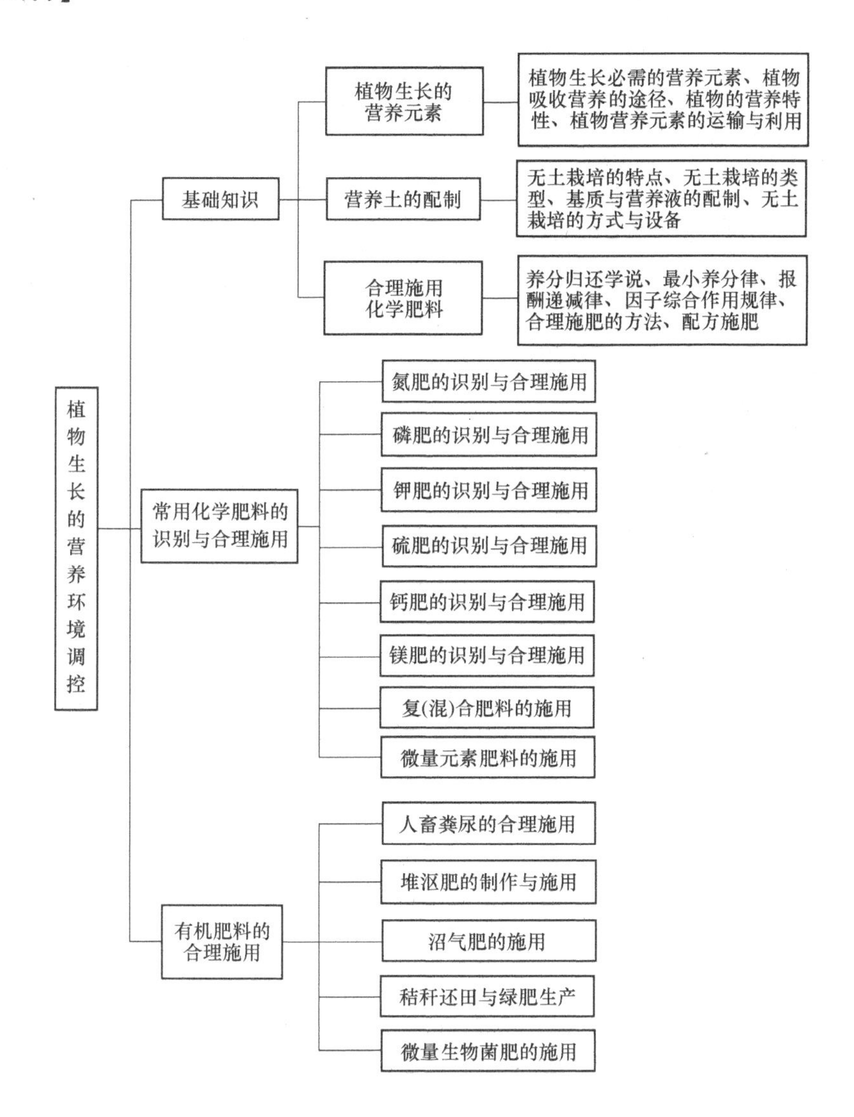

【知识巩固】

一、名词解释

植物营养临界期　报酬递减律　化学肥料　单盐毒害　配方施肥

二、选择题

1. 下列氮肥能直接作种肥的是（　　）。

A. 硝酸铵　　B. 硫酸铵　　C. 尿素　　D. 氯化铵

2. 酸性土壤易缺乏的微量元素是（　　）。

A. 铁　　B. 锰　　C. 铜　　D. 锌

3. 下列表示磷酸二氢钾养分含量正确的是（　　）。

A. 15-15-15　　B. 0-45-15　　C. 52-35-0　　D. 0-35-0

4. 下列有机肥料属于热性肥料的是（　　）。

A. 牛粪　　B. 猪粪　　C. 马粪　　D. 牛圈粪

5. 高温堆肥在堆腐过程出现的高温一般为（　　）℃。

A. 50~70　　B. 70~80　　C. 40~50　　D. 60~70

三、分析题

1. 无土栽培中如何正确配制营养液？
2. 结合当地实际，谈谈应如何合理施用氮肥。
3. 说明草木灰的性质和施用要点。为什么草木灰不应与铵态氮肥混合施用？
4. 如何施用石灰、石膏类肥料？
5. 复混肥料养分标识的含义是什么？优缺点有哪些？
6. 举例说明当地常用的微量元素肥料主要有哪些。如何合理施用？
7. 举例说明当地常用的复合肥料主要有哪些。如何合理施用？
8. 比较猪类、牛粪、羊粪和马粪的性质，并说明如何合理施用厩肥？

植物生长的生物环境调控

【知识目标】

- 熟悉生物种群的基本特征、生物群落与生态系统的基本知识
- 理解对有害生物的控制措施与生态系统的调控机制

【能力目标】

- 能针对病虫害的发生，制订切实可行的综合防治方案，有效控制病虫害
- 能根据生态学知识，合理调节植物生长的生物环境
- 掌握生态系统的控制机制，合理进行生态系统调控

任务1　认识生物种群

一、种群的概念

种群是一定时期内一定空间中同种生物个体的集合。种群是物种存在的基本单位、繁殖单位。一个物种通常可以包括许多种群，不同种群之间，有时存在着明显的地理隔离，长期隔离的结果，又可能发展为不同的亚种，甚至产生新的物种。种群是物种的演化单位。

二、种群的基本特征

自然种群一般有三个基本特征：①空间特征，即种群具有一定的分布区域。②数量特征，每单位面积（或空间）上的个体数量（即密度）是变动的，即有一定密度、出生率、死亡率、年龄结构和性别比例。③遗传特征，种群具有一定的基因组成，以区别于其他物种，并随着时间进程改变其遗传特性的能力。

1. 种群的空间分布

种群具有一定的分布区域。种群的栖息场所取决于该种生物的习性，而种群内的个体分布一般有三种类型，即均匀分布、随机分布和集群分布（图7-1）。

（1）均匀分布　均匀分布是指种群内各个体在空间呈等距离分布。自然界中均匀分布比较少见，而人工栽植的种群一般为均匀型，如人工栽植玉米。

（2）随机分布　随机分布是指种群内个体在空间的位置不受其他个体分布的影响，同时每个个体在任一空间分布的概率是相等的。随机分布在自然界比较少见，因为只有在环境的资源分布均匀一致、种群内个体间没有彼此吸引或排斥时才易产生随机分布，例如森林地被层中的一些蜘蛛。

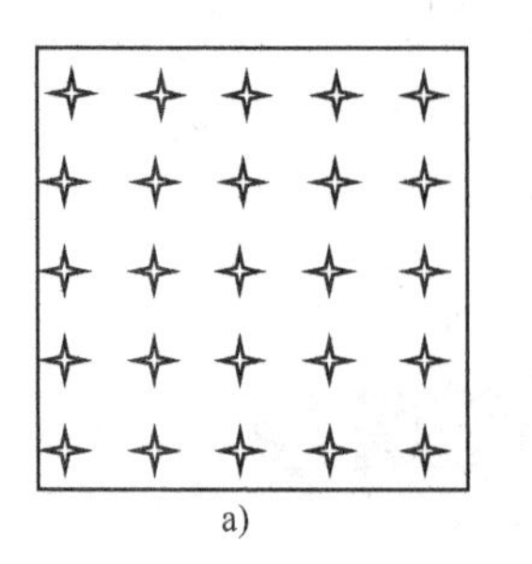
a)

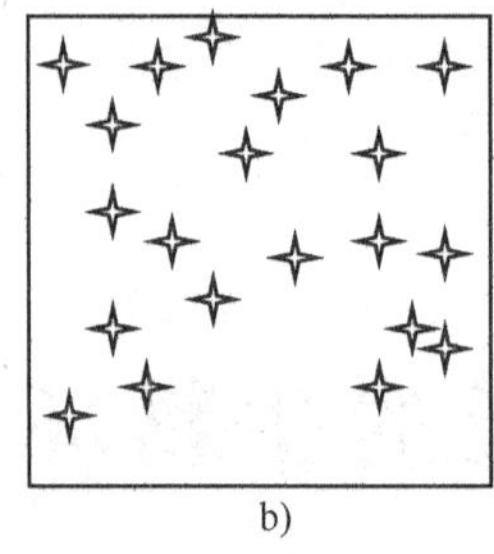
b)

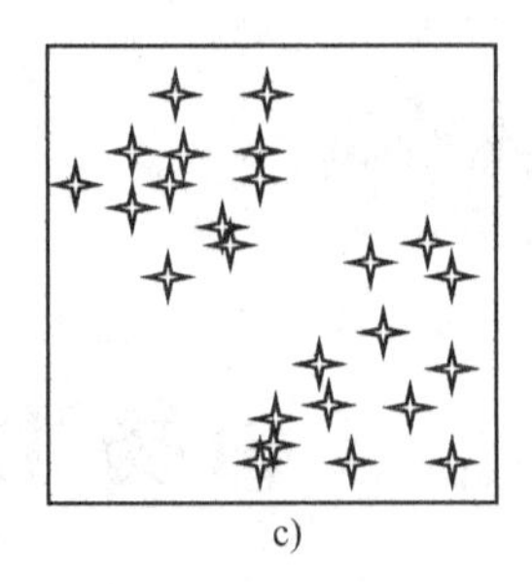
c)

图 7-1　种群的 3 种空间分布

a）均匀型　b）随机型　c）集群型

（3）集群分布　集群分布是指种群内个体既不随机，也不均匀，而是成团成块分布，是自然界中最常见的分布类型，如海里的鱼群、蔬菜上的蚜虫、聚集在城市的人等。

2. 种群的年龄结构

种群的年龄结构（或称年龄分布）是指不同年龄组的个体生物数目与种群个体总数的比例。种群的年龄结构常用年龄金字塔来表示，金字塔底部代表最年轻的年龄组，顶部代表最老的年龄组，金字塔的宽度代表该年龄组个体量在整个种群中所占的比例，比例越大，宽度越宽；反之，比例越小，宽度越窄。

根据种群的增长趋势将种群分为：增长型、稳定型和衰退型三种年龄结构类型（图 7-2）。

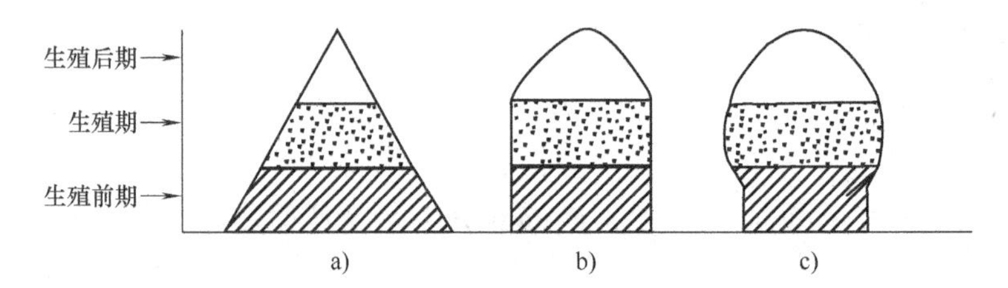

图 7-2　生长种群年龄结构的 3 种基本类型

a）增长型种群　b）稳定型种群　c）衰退型种群

在自然生态系统中，种群的年龄结构受种群本身的特性、外界的环境和其他生物等因素所制约。研究种群的年龄结构可以判断生殖力的强弱，预测种群的兴衰。

3. 种群的性比率

性比率是指种群中雌性与雄性个体数的比例，如果比例等于 1，表示雌雄个体数相等；如果大于 1，雌性多于雄性；如果小于 1，雌性少于雄性。种群的性比率关系到种群当前的生育力、死亡率和繁殖特点。不同生物种群具有不同的性比率特征，同时种群性别比例也会随其个体发育阶段的变化而发生改变。

三、种群的数量动态

1. 种群密度

种群密度是单位面积或单位容积内某种群的个体数量。种群密度是一个变量，随时间、空间及生物周围环境的变化而发生变化。如果种群的个体之间没有竞争，不受环境资源的限

制，种群数量将呈指数式增长，增长曲线为“J”形。然而环境资源总是有限的，因此，随着种群个体数量增加，加剧了个体之间对有限空间和其他生活必需资源的种内竞争，这必然影响到种群的出生率和存活率，从而降低种群的实际增长率。当种群个体的数目接近于环境所能支持的最大值，即环境负荷量的极限值时，种群将不再增长而保持该值左右，表现为“S”形生长曲线（图7-3）。因此大多数种群的“J”形生长都是暂时的，一般仅发生在早期阶段、密度很低、资源丰富的情况下。而随着密度增大、资源缺乏等，种群增长曲线渐渐由“J”形变为“S”形。

2. 种群出生率和死亡率

出生率和死亡率是影响种群增长的最重要因素。出生率减去死亡率就等于自然增长率。

（1）出生率　出生是指任何事物产生新个体的能力。出生率一般以种群中每单位时间（如年）每1000个个体的出生数来表示。如1983年我国出生人口率为18.62‰，即表示平均每1000个人出生了18.62个人。出生率高低主要取决于性成熟速度、每次产仔数量、每年繁殖次数、性别比例等。

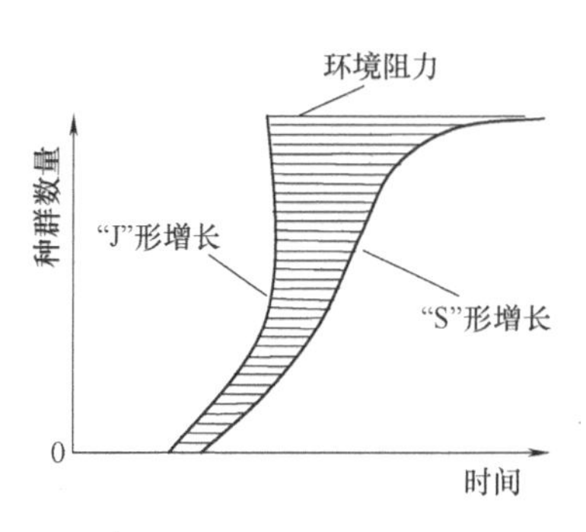

图7-3　种群的增长曲线

（2）死亡率　死亡率用来描述种群中个体死亡的速率。死亡率通常用单位时间内（如年）每1000个个体的死亡数来表示，其大小与生物的遗传特性、年龄组成和生活环境有密切关系。

3. 种群存活曲线

种群中的任何个体最终都会走向死亡，从生物学角度看，死亡并不是坏事，个体死亡是物种存活和进化的基础，因为一些个体死亡了，在种群中才会留下空位，让一些具有不同遗传性的个体取而代之，使物种能够适应不断变化的环境。种群死亡数的反面就是存活数。生物学家常以存活数量的对数值为纵坐标，以年龄为横坐标作图，把每一个种群的死亡—存活情况绘成一条曲线，这就是种群的存活曲线图，反映了种群个体在各种年龄段的存活数量的动态变化。不同种群的存活曲线具有不同的特点，大体可分三种类型（图7-4）：

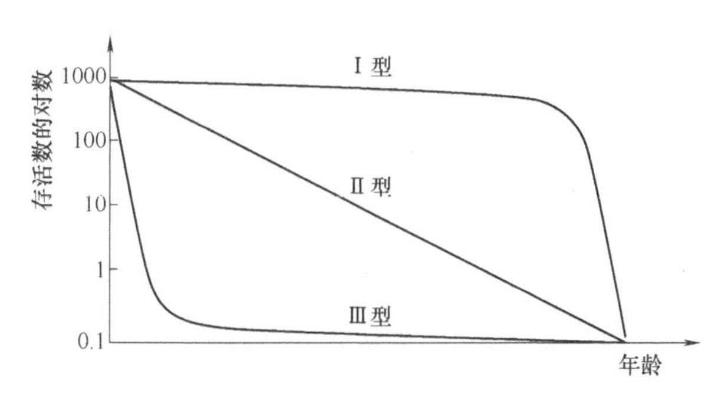

图7-4　存活曲线的类型

Ⅰ型：曲线呈凸型，表示生命早期死亡率很低，绝大多数个体都能活到生理年龄，当到达生理年龄时，短期内几乎全部死亡，如人类和许多一年生植物等。

Ⅱ型：曲线呈直线，种群各年龄的死亡率基本相同，如鸟类的成年阶段等。

Ⅲ型：曲线呈凹型，表示生命早期死亡率很高，但是一旦活到某一年龄，死亡率就变得很低而且稳定，如鱼类等。

不同类型的存活曲线，反映了各生物的死亡年龄分布状况，有助于了解种群特性、种群状况及其与环境的相互关系。

四、种内与种群间的关系

1. 种内关系

种内关系是指同一种群内不同个体间的相互关系。生物种内关系有竞争、互助、性别关系、领域性和社会等级等。其中竞争是主要的种内关系，如种群内不同个体为占有空间、食物、配偶等竞争。从个体看，种内竞争可能是有害的，但对整个种群而言，因淘汰了较弱的个体，保存了较强的个体，种内竞争可能有利于种群的进化与繁荣。

2. 种间关系

生物种与种之间存在相互依存和相互制约的关系，归纳起来有9种相互作用类型，见表7-1。

表7-1　两个物种的种群相互作用类型

作用类型	物种Ⅰ	物种Ⅱ	相互作用的一般特征
中性作用	0	0	两个种群彼此都不受影响
竞争：直接干涉型	-	-	两个种群直接相互抑制
竞争：资源利用型	-	-	资源缺乏时的间接抑制
偏害作用	-	0	种群Ⅰ受抑制，种群Ⅱ无影响
寄生作用	+	-	种群Ⅰ为寄生者，种群Ⅱ为寄主
捕食作用	+	-	种群Ⅰ为捕食者，种群Ⅱ为被食者
偏利共生	+	0	对种群Ⅰ有利，对种群Ⅱ无影响
原始协助	+	+	对两种群都有利，但不发生依赖
互利共生	+	+	两个种群都有利，并彼此依赖

注：0表示没有有意义的相互影响；+表示对生长、存活或其他特征有利；-表示种群生长或其他特征受抑制。

任务2　认识生物群落

生物群落简称群落，是指在相同时间聚集在同一区域上的各种种群的集合。也可以说，群落是在一定时间内生活在某个地区或物理空间内的许多生物种群所组成的有一定结构和功能的有机体。例如，一片森林或一个湖泊，其中所有的生物种群就构成一个生物群落。生物群落内各个生物种群之间，通过一定的相互联系、相互制约、相互补偿，使多个生物种群长期共存于同一环境，形成一个具有一定结构和功能的整体。

一、生物群落的基本特征

生物群落作为种群与生态系统之间的一个生物集合体，具有自己独有的特征，这是群落有别于种群和生态系统的根本所在。其基本特征如下：

1. 具有一定的种类组成

任何一个生物群落都是由一定的动物、植物和微生物种群组成。不同的种类组成构成不同的群落类型，如热带雨林的种类组成与温带阔叶林的种类组成就完全不同。因此，种类组成是区别不同群落的首要特征。而一个群落中种类成分以及每种个体数量的多少，是度量群落多样性的基础。一般来说，环境条件越优越，群落的结构越复杂，组成群落的大型、高等的动植物越多；群落发育的时间越长，生物种类越多。

2. 具有一定外貌

群落的外貌是认识植物群落的基础，也是区分不同植被的主要标志。一个植物群落中的植物个体，分别处于不同高度和密度，从而决定了群落的外部形态。在植物群落中，通常由其生长类型决定其高级分类单位的特征，如森林、草原和荒漠等，就是根据外貌区别开来的。而就森林而言，针叶林、夏绿阔叶林、常绿阔叶林等，也是根据外貌区别出来的。

3. 具有一定的群落结构

生物群落是生态系统的一个结构单元，它本身除具有一定的种类组成外，还具有一系列结构特点，包括形态结构、生态结构与营养结构。例如生活型组成、种的分布格局、空间上的成层性、季节上的季相变化、捕食者和被食者的关系等。群落类型不同，其结构也不同，有的结构常常是松散的，不像一个有机体结构那样清晰，称为松散结构。群落的主要结构决定于优势种群。

4. 形成群落环境

群落与其环境是不可分割的。任何一个群落在形成过程中，生物不仅对环境具有适应作用，而且对环境也具有巨大的改造作用。随着群落发育到成熟阶段，群落的内部环境也发育成熟。群落内的环境，如温度、湿度、光照等都不同于群落外部。如森林中的环境与周围裸地就有很大的不同。即使生物非常稀疏的荒漠群落，对土壤环境也有明显改变。不同的群落，其群落环境存在明显的差异。

5. 群落中各物种之间是相互联系的

群落中的物种有规律地共处，即在有序的状态下共存。生物群落是生物种群的集合体，但不是说一些种群的任意组合便是一个群落。一个群落的形成和发展必须经过生物对环境的适应和生物种群之间的相互适应、相互竞争。哪些种群能够组合在一起构成群落，主要取决于两个条件：第一，必须共同适应它们所处的环境；第二，它们内部的相互关系必须协调和平衡。

6. 具有一定的动态特征

任何一个生物群落都有它的发生、发展、成熟（顶级阶段）、衰败与灭亡阶段。因此，生物群落就像一个生物个体一样，在它的一生中都处于不断的发展变化之中，表现出动态的特征。例如一个刚封山育林的山体，目前的群落状况与50年后的群落状况，在许多方面必然存在着明显的差异。

7. 具有一定分布范围

任一群落分布在特定地段或特定生境上，不同群落的生境和分布范围不同。无论从全球范围还是从区域角度讲，不同生物群落都是按着一定的规律分布。

8. 群落的边界特征

在自然条件下，如果环境梯度变化较陡，或者环境梯度突然中断（如地势变化较陡的山地的垂直带，陆地环境与水生环境的交界处，像池塘、湖泊、岛屿等），那么分布在这样环境条件下的群落就具有明显的边界，可以清楚地加以区分；而处于环境梯度连续缓慢变化（如草甸草原和典型草原之间的过渡带、典型草原与荒漠草原之间的过渡带等）地段上的群落，则不具有明显的边界。但在多数的情况下，不同群落之间都存在过渡带，称为群落交错区，并导致明显的边缘效应。

9. 群落中各物种不具有同等的群落学重要性

在一个群落中，有些物种对群落的结构、功能以及稳定性具有重大的贡献，而有些物种却处于次要的和附属的地位。因此，根据物种在群落中的地位和作用，物种可以分为优势种、建群种、亚优势种、伴生种以及偶见种等。

二、生物群落的种类组成

群落的物种组成是决定群落性质的最重要因素，是区别不同群落类型的基本特征。对群落的研究，一般都是从分析其物种组成开始。

1. 优势种和建群种

对群落结构和群落环境的形成有明显的控制作用的植物种称为优势种，它们通常是个体数量大且多、生物量大、生产量高、占据的空间也大的植物种类。群落的不同层次可以有各自的优势种，如森林群落中，乔木层、灌木层、草本层和地被层分别存在各自的优势种，其中乔木层的优势种，即优势层的优势种常称为建群种。如果群落中的建群种只有一个，则称为单建群种群落或单优种群落；如果具有两个或两个以上同等重要的建群种，则称为共建种群落或共优种群落。热带森林几乎全是共建种群落，北方森林和草原，则多为单优种群落。

2. 亚优势种

亚优势种是指个体数量与作用都次于优势种，但在决定种群性质和控制群落环境方面仍起着一定作用的植物种。

3. 伴生种

伴生种为群落的常见种类，它与优势种相伴存在，但对群落环境的影响不起主要作用。

4. 偶见种

偶见种可能是偶然地由人们带入或随着某种条件的改变而侵入群落中，也可能是衰退中的残遗种。它们在群落中出现的频率很低，个体数量也十分稀少。但有些偶见种的出现具有生态指示意义，有的还可作为地方性特征种来看待。

由此可见，在一个植物群落中，不同植物种的地位和作用以及对群落的贡献是不相同的。如果把群落中的优势种去除，必然导致群落性质和环境的变化；但若将非优势种去除，只会发生较小的或不明显的变化。

三、生物群落的结构

1. 群落的水平结构

群落的水平结构是指群落在水平方向上的配置状况和水平分布格局。植物水平结构的主要特征是镶嵌性。镶嵌性是植物个体在水平方向上的分布不均匀造成的，从而形成了许多小群落。小群落的形成是由于生态因子的不均匀性，如小地形和微地形的变化，土壤湿度和盐渍化程度的差异，群落内部环境的不一致，动物活动以及人类的影响等。分布的不均匀性也

受到植物种的生物学特性、种间相互关系以及群落环境的差异等因素制约。总之，群落环境的差异越高，群落水平结构就越复杂。

2. 群落的垂直结构

群落的垂直结构主要是指群落的分层现象，它是由植物的生活型决定的。乔木、灌木、草本植物、苔藓自上而下分别配置在群落的不同高度上，形成群落的垂直结构（图7-5）。

分层现象是群落中各种群之间以及种群与环境之间相互竞争和相互选择的结果。分层现象缓解了植物之间争夺阳光、空间、水分和矿质营养的矛盾，同时也扩大了植物利用环境的范围，提高了同化功能的强度和效率。分层现象越复杂，即群落结构越复杂，植物对环境利用越充分，提供的有机物质也就越多。各层之间在利用和改造环境中，具有层的互补作用。群落成层性的复杂程度，也是对生态环境的一种良好的指示。一般在良好的生态条件下，成层构造复杂；而在极端的生态条件下，成层构造简单，如极地的苔藓群落就十分简单。因此，依据群落成层性的复杂程度，可以对生态环境条件做出诊断。

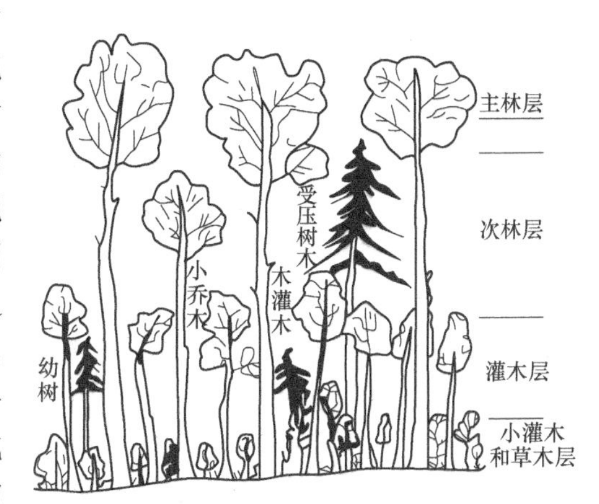

图7-5　群落的垂直结构

生物群落中动物的分层现象也很普遍。动物之所以有分层现象，主要与食物有关。植物的垂直结构为不同种类的动物创造了栖息环境，在每一个层次上都有一些动物特别适合在那里生活。

3. 群落交错区与边缘效应

群落交错区又称为生态交错区或生态过渡带，是指两个或多个群落之间（或生态地带之间）的过渡区域，即群落之间的边界不明显。如森林和草原之间的森林草原地带，森林与农作区的过渡地带等。两个不同森林类型之间或两个草本群落之间也都存在交错区。此外，像城乡交接带、干湿交替带、水陆交接带、农牧交错带、沙漠边缘带等也属于生态过渡带。群落交错区的形状与大小各不相同。过渡带有的宽，有的窄；有的是逐渐过渡的，有的变化突然。群落的边缘有的是持久性的，有的在不断变化。

群落交错区是一个交叉地带或种群竞争的紧张地带，由于这里生境条件的特殊性、异质性和不稳定性，可包含相邻两个群落共有的物种以及群落交错区特有的物种，群落中物种的数目及种群的密度往往比相邻的群落大。群落交错区种的数目及一些种的密度增大的趋势称为边缘效应。如我国大兴安岭森林边缘，具有呈狭带状分布的林缘草甸，每 m^2 的植物种数达30种以上，明显高于其内侧的森林群落与外侧的草原群落。

四、生物群落的类型与分布

1. 热带雨林

热带雨林分布区域终年高温多雨，无明显的季节变化，年平均气温26℃以上，雨量充沛，且在一年中分配均匀，常年湿润，空气相对湿度90%以上。它主要分布在亚马孙河流域，非洲的刚果盆地，东南亚一些岛屿，往北可伸入我国西双版纳与海南岛南部。热带雨林的植物种类极为丰富，多为高大乔木，也富有藤本植物和附生植物。动物种类也极为丰富，昆虫、两栖类、爬虫类等变温动物特别适宜热带雨林，有很大比例的哺乳动物栖息在树上。

2. 亚热带常绿阔叶林（又称照叶林）

亚热带常绿阔叶林区域夏季炎热多雨，冬季稍寒冷，春秋温和。我国的常绿阔叶林是地球上面积最大的，长江流域以南地区即为此区域。区域由常绿阔叶树构成，组成树种有樟科、木兰科、山茶科等科植物。林中两栖类丰富。

3. 温带落叶阔叶林（又称夏绿阔叶林）

温带落叶阔叶林区域夏季炎热多雨，冬季寒冷湿润，四季变化明显。我国黄河流域以及辽东半岛属于此区域。由于此区域开发历史悠久，原始植被荡然无存，为主要农业区。区域落叶树种丰富，优势树种是壳斗科的落叶乔木，如山毛榉属、栎属、栗属、椴属等，其次是桦木科、槭树科、杨柳科的一些种。动物有较强的季节性活动，如鹿。

4. 寒温带针叶林

寒温带针叶林区域冬季漫长严寒，夏季短暂且温和湿润。我国东北大兴安岭、俄罗斯西伯利亚地区，以及加拿大等地属于此区域。此区域为世界主要林产区，主要由松杉类植物构成，其外貌往往是单一树种构成的纯林，群落成层结构较简单，动物种类相对贫乏。

5. 温带草原

温带草原区域夏季温和，冬季寒长，气候干燥，雨量少，降水主要集中在夏秋两季。位于此区域的内蒙古高原、黄土高原以及新疆的阿尔泰山区等，为我国重要的畜牧业基地。由于低温少雨，温带草原以丛生多年生禾本科植物为主，主要是针茅属植物。狼和鼠类为常见动物。

6. 荒漠

荒漠区域降雨量极少，且不稳定，土质极贫瘠。我国新疆准噶尔盆地、塔里木盆地、青海柴达木盆地属于此区域。区域植被极度稀疏，代表性植物是仙人掌。动物多夜间活动，主要有袋鼠等。

7. 水生群落

水生群落是由水生植物、水生动物构成的群落。它的分布没有严格的地域性，有一定量水的地方即可形成水生群落。

任务3　认识生态系统

生态系统是指生物群落与其环境之间由于不断地进行物质循环、能量流动和信息传递而形成的统一整体。生态系统是一个相当广泛的概念，任何一个生物群落与其周围环境组成的客观实体都可称为生态系统。例如一个水池、一片森林、一块草地、一座山脉、一片沙漠都可以看作是一个生态系统。除自然生态系统外，还有人工生态系统，如一个水库、一条运河、一座城市、一片农田、一个鱼缸都是人工生态系统。

在地球上，小的生态系统组成大的生态系统，简单的生态系统构成复杂的生态系统。生物圈是最大的生态系统，它包括陆地、海洋和淡水三大生态系统。

一、生态系统的组成

生态系统的组成非常复杂，主要包括生物和非生物两大部分，生物部分包括生产者、消费者和分解者三大功能类群（图7-6）。

1. 生态系统的构成

（1）生产者　生产者是指绿色植物和某些能进行光合作用和化能合成作用的细菌，即自养生物，它们能利用太阳能进行光合作用，把从周围环境中摄取的无机化合物合成为有机化合物，并把太阳能转化为化学能贮存起来，以供本身需要或作为其他生物的营养，成为生态系统中能流和物流的主要源头。

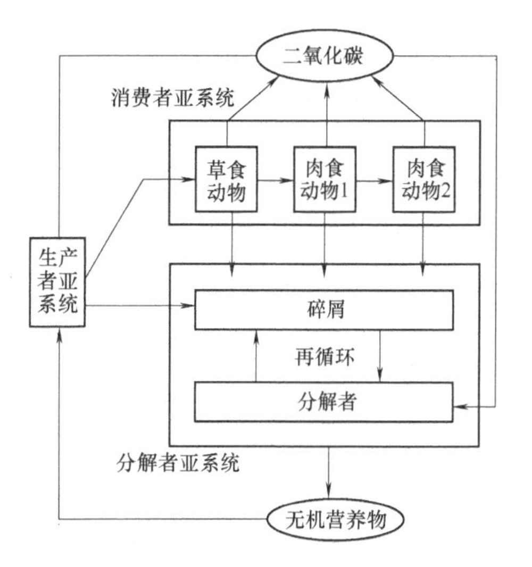

图7-6　生态系统结构的一般模型

（2）消费者　消费者是指直接或间接以生产者为食的各种动物，包括植食性动物和肉食性动物，前者为初级消费者，后者为次级消费者或更高级的消费者。

（3）分解者　分解者是指以植物和动物残体及其他有机物为食的小型异养生物，主要指细菌、真菌、某些原生动物及其腐食性动物（如蚯蚓、白蚁等）。它们靠分解有机化合物为主（腐生），从生态系统中的废物产品和死亡的有机体中取得能量，把动植物复杂的有机残体分解为较简单的化合物和元素，释放归还到环境中去，供植物再利用，故又称为还原者。

（4）非生物成分　非生物成分包括光能、热量、水、二氧化碳、氧气、氮气、矿物盐类、酸、碱以及其他元素或化合物。它们既是构成物质代谢的材料，同时也构成生物的无机环境。

在通常情况下，起主导作用的是生产者，靠它把无机物合成为有机物，同时把太阳能转化为化学能，并把物流和能流引入到生态系统中，然后在各个营养级传递，最后被分解者分解转化返回环境，形成一个统一的、不可分割的生态系统整体。

2. 生态系统的基本特征

1）生物多样性。生态系统内部在一定范围和限度下具有自我调节能力，这种自我调节能力与生物多样性成正比。

2）能量流动和物质循环。生态系统内始终处于能量流动、物质循环和信息传递中，能力流动是单向的，物质流动是循环的。

3）生态系统吸收的太阳能量一般都通过4~5个不同营养等级的生物进行传递。

4）从地球上生物起源到现在，生态系统经历了从简单到复杂的发育阶段。

二、生态系统的结构

生态系统的结构包括形态结构和营养结构两种类型。形态结构主要是指生态系统中生物种类、种群数量、种的空间配置和种的时间变化等，这些与生物群落的结构特征相一致。营养结构是指植物生态系统中的生物成分与非生物成分，以食物营养为纽带，构成了以生产者、消费者和分解者为中心的三大功能类群。营养结构是任何一种生态系统中进行物质循环和能量转化的基础，是生态系统更为重要的结构特征。

1. 食物链和食物网

生产者所固有的能量和物质，通过一系列取食和被食的关系而在生态系统中传递，各种生物按其取食和被食的关系而排成的序列称为食物链。如树叶和果被昆虫吃，昆虫被山雀吃，食雀鹰又捕食山雀；古谚语：“螳螂捕蝉，黄雀在后，焉知非福”说的就是食物链。根据食物链中食物的传递特点，食物链一般分为三类：

（1）草牧食物链　草牧食物链又称为捕食链，是以绿色植物为基础，其后是食草动物和食肉动物，其构成方式为：植物→植食性动物→肉食性动物。如树→鹿→狮；草→鼠→蛇→鹰等都是草牧食物链。草牧食物链上的生物成员往往是数量由多到少，个体由小到大、从弱到强的排列。

（2）腐屑食物链　腐屑食物链又称为分解链，是以死有机体或生物排泄物为食物，分解者将各种有机残屑分解为无机物的一种食物链。分解链中的生物主要是土壤中的植物与动物，其中最重要的是真菌和细菌，它们以死有机体为食物来繁殖生存，从而破坏了有机质，并释放出大量养分元素和能量，返回环境。例如，农田和森林的有机物质首先被腐食性小动物（跳虫、螨类、线虫、蚯蚓）分解为有机质颗粒，再被真菌和放线菌等分解为简单有机物，最后被细菌分解为无机物质返回环境，再次被植物吸收利用。

（3）寄生食物链　寄生食物链是由寄主生物和寄生生物构成。其特点是：多量小型寄生生物是以吸取活的寄主生物的体液来获得营养和能量来繁殖生存的，如哺乳类→跳蚤→原生动物→细菌→病毒。这种食物链起点虽然是生产者和植食性动物，但由于链中寄生生物以活寄主为主，其营养级越高，生物体越小而且数量越多，这和草牧食物链正好相反。动物的寄生虫病都属于这一类。寄生食物链在植物上也常常发生，如大豆→菟丝子。

在自然界中，食物链并非是一个简单的直链，由于生物种类繁多，食物营养关系复杂，常表现为一种生物以多种食物为食，而同一种食物又可能被多种消费者所食，从而形成食物链的交叉，多条食物链交叉就构成了食物网，如图 7-7 所示。自然界中生物种类越丰富，食物网越复杂，生态系统就越稳定；反之，食物网越简单，生态系统就越容易发生波动或遭受毁灭。

食物网对生态系统具有非常重要的意义，它不仅是生态系统内能量和物质代谢的基本框架，同时对维持生态系统的相对平衡，推动生物界的进化和发展，提高农业生态系统的能量利用效率，增加农产品的种类和经济效益，满足人们多方面的需求等方面均具有非常重要的意义。

2. 营养级

食物链和食物网是物种和物种之间的营养关系，这种关系错综复杂，为了便于研究，生物学家提出了营养级的概念。一个营养级是指处于食物链某一环节上的所有物种的总和。每一生物种群都处于一定营养级上，位于同一营养级的生物，是以同样的方式获得相同性质食物的生物群落。食物链的长度是有限的，一般营养级只有四、五级。如：

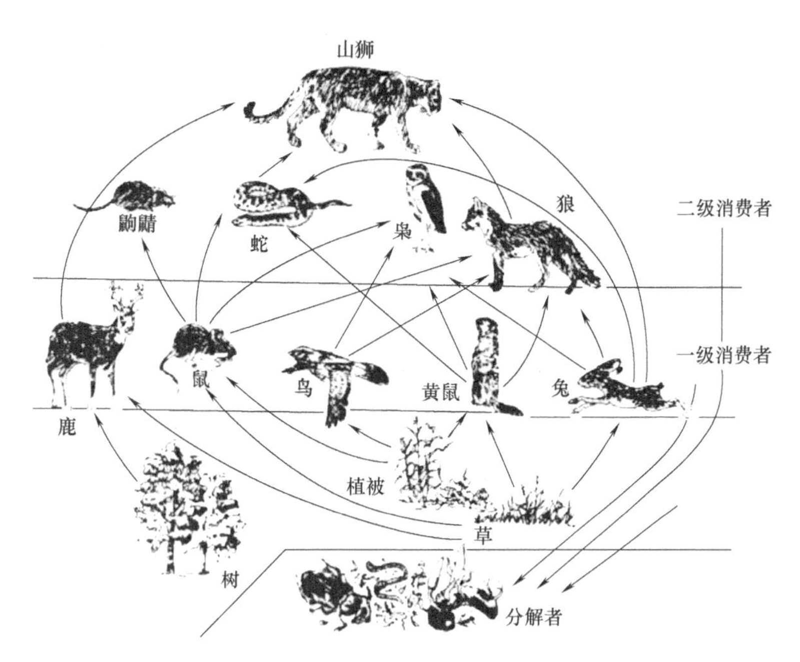

图7-7　一个陆地生态系统的部分食物网

树————→蝉————→螳螂———→黄雀————→鹰

生产者　一级消费者　二级消费者　三级消费者　四级消费者

第一营养级　第二营养级　第三营养级　第四营养级　第五营养级

第一营养级：生产者，主要是绿色植物。

第二营养级：第一消费者，食草动物。

第三营养级：第二消费者，第一级肉食动物，食草食性的动物。

第四营养级：第三消费者，第二级肉食动物，食肉食性的动物。

3. 生态金字塔

在食物链的营养级序列上，处于上一个营养级的生物群体所同化的数量，总是依赖于下一个营养级所能提供的能量。而且，下一个营养级所提供的能量只能满足上一个营养级中少数消费者的需要。在生态系统中，由于能量每经过一个营养级时被同化的部分大大少于前一个营养级，当营养级由低到高，其生物个体数目、生物量和所含能量都呈现出一种塔形分布，这就是生态金字塔。按计量单位不同，生态金字塔有三种类型：

（1）数量金字塔　数量金字塔是指用个体数目表示营养级之间的数量关系。

（2）生物量金字塔　生物量金字塔是指用生物量表示营养级之间的数量关系。

（3）能量金字塔　能量金字塔是指以各营养级的生物所含能量表示营养级之间的数量关系。

三种金字塔类型中，只有能量金字塔最为合理，它不受个体大小、组成成分、代谢速度的影响，可以明确地说明能量传递的递减特点。

数量金字塔受个体大小影响，如一颗树上上万只昆虫，呈倒金字塔形；生物量金字塔受各种不同物质的热值及代谢速率的影响。周转快、生产量大、生物现存量小的生物被生产量小但现存量大的生物取食时，也会出现异常。例如，水域中 $4g/m^2$ 的浮游植物可供 $21g/m^2$ 的浮游动物取食。

奥德姆提出的“苜蓿—牛—男孩”假想金字塔，准确地从数量上反映了三种金字塔的关系，如图7-8所示。

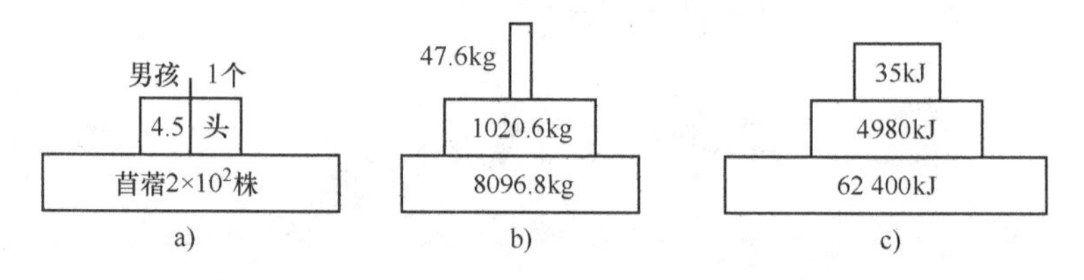

图7-8 “苜蓿—牛—男孩”假想金字塔

a）数量金字塔 b）生物量金字塔 c）能量金字塔

任务4 调控植物生长的生物环境

一、有害生物的调控

农作物病、虫、草、鼠等有害生物种类多、发生范围广、危害程度重，一直制约着农产品的产量和品质，每年造成的产量损失为15%~30%，严重的可达50%以上。我国农耕文明灿烂辉煌，在与农作物病虫害斗争过程中，积累了丰富的综合防治经验，这些经验在当代绿色农业中仍具借鉴意义。以化石能源投入为主的现代农业，虽说生产水平得到了极大提高，但面临资源、环境、生态及食品安全等一系列问题，影响了农业的持续发展。

（一）绿色植物保护

绿色植保就是把植物保护工作作为人与自然界和谐系统的重要组成部分，突出其对高产、优质、高效、生态、安全农业的保障和支持作用。现代科学技术突飞猛进，赋予农作物有害生物控制理论新的内含。特别是利用生物防治、生态治理和物理机械等绿色控制技术来防治病虫害，已成为可持续农业发展的重要手段，也是绿色农业生产中病虫害防治的必然选择。绿色植保虽然是一种方法，但具有技术性、强制性特点。

（1）禁止高毒、高残农药的生产和使用 1983年以来国家明令禁止生产、使用的农药有：六六六、DDT、毒杀芬、艾氏剂、狄氏剂、甲胺磷、甲基对硫磷、对硫磷、久效磷、磷铵、毒鼠强等；禁止使用的其他农药有：二溴氯丙胺、杀虫脒、二溴乙烷、除草醚、汞制剂、砷、铅类、敌枯双、氟乙酸钠、毒鼠硅。在蔬菜、果树、茶叶、中药材上不得使用的其他农药有：甲拌磷、甲基异柳磷、特丁硫磷、治螟磷、内吸磷、克百威、涕灭威、灭线磷、蝇毒磷、地虫硫磷、氯唑磷、苯线磷等。三氯杀螨醇、氰戊菊酯不得用于茶树上。

（2）大力倡导绿色植保 主要采用生物防治、生态调控、物理机械防治等措施控制农作物病虫害，确保农业可持续发展。

（二）有害生物的控制措施

1. 利用生物防治措施调控有害生物

生物防治是指利用生物或生物产量来防治病虫害的理论与技术，包括选用抗（耐）病虫品种，利用生物因子，微生物、植物、动物和转基因等农药防治，以及作物诱导抗性与交

叉保护作用等措施。

1）选用抗（耐）病虫品种。选用抗（耐）病虫品种是防治植物病虫害最为经济有效的措施。如马铃薯、大蒜、甘薯等的脱毒种苗繁育技术，瓜类、茄果类的蔬菜嫁接技术等。

2）利用有益活体进行生物防治。寄生性生物主要有：赤眼蜂、金小蜂、姬小蜂、丽蚜金小蜂、姬蜂、茧蜂、寄蝇、头蝇等；捕食性生物（益虫）主要有：瓢虫、草蛉、螳螂、小花蝽、捕食螨、青蛙、农田蜘蛛、蟾蜍、燕子和啄木鸟等。

3）生物农药防治。生物农药是指利用生物活体或其代谢产物，以及通过仿生合成具有特异作用的农药制剂，它是今后农药产业中的朝阳产业。生物农药包括：微生物农药、农药抗生素、植物源农药、动物源农药和昆虫生长调节剂、信息素等新型农药。目前正式登记的生物农药品种有井冈霉素、农抗120、多抗霉素、灭瘟素、春雷霉素、硫酸链霉素、公主岭霉素、赤霉素和苏云金杆菌，临时登记品种有阿维菌素（虫螨克）、浏阳霉素、棉铃虫核型多角体病毒、苦参碱、印楝素等。

4）诱导抗性与交叉保护作用。生物和非生物因子都能诱导作物的抗性，诱导抗性机理主要涉及寄主的细胞结构变化和生理生化反应。诱导抗性因子中，生物因子研究较多的是拮抗菌，物理诱导主要包括γ-射线、离子辐射、紫外光照和热水处理等，化学诱导剂主要有β-氨基丁酸（BABA）、苯丙噻重氮（ASM）、水杨酸（SA）、茉莉酸（JA）和茉莉酸甲酯（MJ）等。交叉保护作用是指接种弱毒微生物诱发植物的抗病性，从而抵抗强病毒原物侵染的现象。一个非常成功的例子是巴西、阿根廷、乌拉圭柑橘病毒的生物防治，柑橘树经过弱病毒的接种可以抵抗强病毒株系的侵染。

5）昆虫信息素与不育性的利用。昆虫信息素与不育性的利用是生物防治的新手段，包括利用害虫的性引诱信息素进行诱捕、迷向或交配干扰防治，利用蚜虫的报警信息素来驱避蚜虫，利用不育雄虫进行交配使害虫后代不育等多种方法。目前，世界上已有多家公司生产多种昆虫信息素的缓释剂型、散发器和诱捕器，利用性引诱信息素直接诱杀成虫或进行交配干扰不育后代。

2. 利用生态调控控制有害生物

病虫害的生态控制是指通过栽培、管理措施，创造有利于农作物生长发育，而不利于病虫害繁殖、蔓延的环境条件，从而达到避免或控制病虫害的目的。我国是世界农作物布局和栽培制度最复杂的大国，最适合采用生态调控措施防治农作物病虫灾害。方法有：

1）适时播种。病虫害的发生与危害都有一定的最适时期和环境条件，在不影响作物生长发育的前提下，适当改变播种期，可避开病虫害侵染和危害的最适时期，从而减轻病虫害。

2）合理品种布局及轮作。合理品种布局可以限制病虫害的蔓延和扩散、推迟或减轻病虫危害，如水稻品种多样性混合间栽，对稻瘟病有及为显著的控制效果，防治效果达83%～98%。轮作不仅有利于作物生长，而且可以减少土壤里的病源积累和单食寡食性害虫食源，如蔬菜与葱、蒜茬轮作，能够减轻果菜类蔬菜的真菌、细菌和线虫病害；水旱轮作效果特别显著，如可减轻番茄溃疡病、青枯病、瓜类枯萎和各种线虫病害。

3）合理施肥、灌水。植物生长健壮能抑制病菌侵染。

4）创造良好的生长环境。良好的生态环境是植物生长的前提。根据病菌、园艺植物对生态条件的不同要求，调节设施温湿度、光照等均可有效地控制病害。如一些霜霉菌和锈菌在昼温达30℃以上、夜温达20℃以上时很少产生孢子，一些真菌的孢子要在水膜存在时才能萌发，土壤干燥抑制线虫及其他土壤传染病菌的生长。在保护地栽培中进行叶露的生态调控，可有效地防治霜霉病及黑星病。叶面上凝结的水珠是霜霉病等病害发生的先决条件，叶面结露再加上适宜的温度，病害就会迅速蔓延。通过调节通风，控制棚内温度、湿度，减少叶片结露，使病菌失去有利萌发的生态环境条件，减少病害的发生和蔓延。

5）利用抑菌土。抑菌土在自然界普遍存在，开发利用抑菌土是病害生物防治的又一重要领域。

6）生物多样性控制病虫害。在生产农田中创造三个多样性：一是生态系统多样性；二是物种多样性，即实行超常规带状间套轮作；三是栽培品种的多样性（遗传多样性），能发挥天然防护壁垒的重大作用。

7）稻鸭共育（共作）技术。稻鸭共育是利用稻田中的杂草、昆虫、水中浮游物和水底栖息生物养鸭，鸭在稻田中不断捕虫、吃（踩）草，起到灭虫、净田的良好效果，同时又具有过腹还田、增加土壤肥力的作用。

3. 利用物理机械防治措施调控有害生物

（1）物理防治　物理防治主要利用热力、冷冻、干燥、电磁波、超声波、核辐射、激光等物理因素抑制、钝化或杀死病原物，达到防治病害的目的。

用热水处理种子和无性繁殖材料，可杀死在种子表面和种子内部潜伏的病原物。干热处理法主要用于蔬菜种子，对多种传染病毒、细菌和真菌都有防治效果。冷冻处理也是控制植物产品（特别是果实和蔬菜）收获后病害发生的常用方法。低剂量紫外光照射桃、芒果、草莓、葡萄和甜椒等果蔬产品可明显减轻采后病害。

（2）除虫机械治虫

1）物理机械。常用的是人工简单机械如竹竿、扫把、网兜等，利用害虫的假死性、群集性等习性来消灭害虫。

2）套袋栽培。套袋果实、蔬菜无病虫危害、无农药污染，品种优良，产量高，效益好，如苹果、黄瓜套袋，可直接阻隔病虫危害。

3）诱杀技术。主要利用害虫的趋性将害虫诱到一处，集中灭杀。主要有灯光诱集法、色板诱集法、糖醋诱集法、性诱剂诱集法等。灯光诱集法主要利用害虫的趋光性，用白炽灯、高压汞灯、黑光灯、频振式杀虫灯等诱杀鳞翅目害虫；色板诱集法主要利用害虫的趋色性进行诱集；糖醋诱集法利用害虫的趋化性进行诱集。

4）覆盖及其他。覆盖塑料薄膜、遮阳网、防虫网直接阻止害虫危害，也可进行避雨、遮阳、防虫隔离栽培，减轻病虫害的发生。

（3）人工防治　人工防治是最古老、延续至今仍在采用的有效病虫害防治办法，是一种省工、省钱、无污染、切实可行的途径，包括人工捕捉、摘除病虫枝叶及清扫田园枯枝烂叶等措施，以压低病虫害发生基数。

尽管植物有害生物绿色控制技术措施有了长足的发展，但在研究开发和应用等方面仍存在一些突出问题。无论控制速度还是控制效果，均不及化学农药，使用上往往需要有长远、全面的眼光，有时还需要牺牲局部的利益。但随着人们对化学农药弊端和发展可持续农业重要性的进一步认识，绿色控制技术必将为大众所接受。多种技术协调应用，也一定能发挥其应有效力而造福千秋后代。

二、生态系统的调控

生态平衡是动态的。维护生态平衡不只是保持其原初的稳定状态，它可以在人为有益的影响下建立新的平衡，达到更合理的结构、更高效的功能和更好的生态效益。

（一）生物群落的演替

生物群落的演替是指生物群落随时间和空间而发生的变化。每一个群落在发生发展的过程中，不断改变自身的生态环境，新的生态环境逐渐不适宜于原有群落物种的生存，却为其他物种的侵入和定居创造了条件。于是，各种群落的更替相继发生，并形成演替系列，最后进入与环境相适应的、相对稳定的顶级群落。以植物为食的动物群落，也相继发生更替。

常见演替系列有水生演替系列和旱生演替系列两类。现以水生演替系列为例进行说明。当一个水池形成之后，逐渐有水生植物和动物定居，微生物则分布在开阔的水体中。在水较浅的部分，光线可以透到底部，着根的沉水植物侵入进来。在更浅的水中，可能生长具有漂浮叶片的着根水生植物。近岸边出现挺水植物。在岸边能忍受土壤水分饱和的湿生植物占优势。这些植物类型分别形成一个群落，并有若干种动物与其相联系。由于有机质和泥沙经常积累，使水池逐渐变浅。随着环境改变的加剧，所有群落都向水池中心方向前进。水池的淤积使沉水植物被浮叶着根植物所代替，后者又被挺水植物所代替，继之挺水植物被湿生植物所取代，然后又依次被陆生植物所代替。于是水生植物群落演替为陆生植物群落。

（二）植物群落的合理配置

（1）垂直配置　在自然界，植物群落的成层性使单位面积内能容纳更多的种类和数量，产生更多的生物物质，同时以复杂的营养结构维持着系统的相对稳定，为人类合理处理栽培植物群落提供了可贵的依据。营造人工混交林、林粮间作、农作物间套种是群落垂直配置运用的体现。合理配置林木及作物种类，可充分利用光能、水肥、空间及生长季节，提高光热等资源的转化利用效率，从而获得高的生产力。

在配置生物垂直结构时，应注意到同一生境中各种生物个体可能存在的各种相互关系和由此产生的各种群落总效应。例如，在农林生产中，有些农作物必须与其他作物轮作，不宜连作。

（2）水平配置　水平配置可理解为农林复合经营模式的生物平面布局。如珠江三角洲的桑基鱼塘，太湖流域的沟垛相连的林—农—水生作物—渔复合经营系统，林、果、草、农、鱼池等各组分呈斑块的组合等。各种农作物、果树、林木的种植密度、鱼塘的养殖密度、草场的放牧量等都对群落的水平结构及产量有重要影响。

群落水平配置有两种基本方式：一是在不同的生境中因地制宜地选择合适的物种，宜农则农，宜林则林，宜牧则牧；二是在同一生境中配置最佳密度，并通过饲养、栽培手段控制密度的发展。

（3）时间结构配置　常常把群落的时间结构称为时相或季相。调节农业生物群落时间结构的主要方式是复种、套种、轮作和轮养、套养。如华北农区农桐间作一般情况下，由10月至第二年的5月为泡桐+小麦的两层结构，麦收后为泡桐+玉米或棉花、大豆等秋作物。植物群落的时间结构配置，必须根据物种资源（农作物、树木、光、热、水、土、肥等）的日循序、年循序和农林时令节律，设计出能够有效地利用自然、生物和社会资源合理格局机能节律，使这些资源转化较高。

控制农林生物群落时间配置应注意：掌握树木与作物物候期的交替规律性，在时间上按季节进行合理的作物安排；根据树木不同生长阶段、林下光照和空间可利用状况，安排农作物的间作；随时间推移，调整系统空间结构和物种结构的组成，以克服系统结构的时间演变对间作造成不利影响，获得最大的效益。

（三）植物群落的演替控制

（1）对撂荒地植被演替的控制　农田撂荒地后产生的自然演替结果，有时对人们是有利的，有时则是相反的，人们根据群落的演替规律，控制群落停留在演替的某一阶段并加以培育，使其成为理想的高产优质的群落类型。

（2）农田杂草防除　农田杂草是长期自然选择和进化的结果，其适应性比栽培作物要强得多，在农田中形成自身的演替过程，了解这些杂草的不同演替规律，采用与之相对应的人工的、化学的、生物的和轮作等农业技术，阻止和破坏杂草天然演替的发生，从而达到有效控制杂草危害的目的。

（3）草原放牧调控　在轻度和适度的放牧强度下，草原群落向优质高产牧草群落演替，而在重度、过度的放牧强度下，草原群落向劣质低产的牧草群落退化，如果放牧强度继续增大，就会造成土壤的盐碱化和沙化，甚至退化成寸草不生的裸地，发生逆行演替。

深入了解和研究草原群落的演替规律，研究在不同放牧强度下，草原群落的植物种类组成和产量、质量变化，对于科学、合理利用和保护改善草原具有十分重要的意义。

（4）植被恢复调控　人类社会活动通常是有意识、有目的地进行的，大规模的人类的生产经营活动，是各种次生群落产生的主要原因，它可以对自然环境中的生态关系起着促进、抑制、改造和建设的作用。在利用和改造植被工作中，涉及的几乎都是次生演替的问题，如石质山地的造林、森林的采伐更新、次生林的抚育改造、沙漠治理、封山育林等，都必须认识次生演替的规律和特点，才能在此基础上制定出科学的经营措施，使群落演替按照不同于自然发展方向进行。人类还可以建立人工群落，将演替的方向和速度置于人为控制之下。

在自然界中，根据进展演替的特点，经过破坏后的森林，如果停止外界的干扰，森林有很强的自我恢复能力。在一些水热条件较好的地区，由于人类的破坏所形成的荒山和杂灌丛，只要原生植被没有被破坏殆尽，周围地区有一定的种源，就可以采用“封山”措施，将荒山或杂灌丛置于自然演替的环境中，使原来的荒山重新恢复森林。采用封山育林法，操作简便，省工省力，恢复的森林组成复杂，符合自然演替规律。

（四）生态系统的合理调控

生态平衡是指生态系统在一定时间内，生态系统中的生物与环境、生物与生物之间通过相互作用达到的协调稳定状态。生态系统的平衡表现在三个方面：一是生产者、消费者、分解者按一定量比例关系结合；二是物质循环和能量流动协调畅通，且物质和能量的输入和输出在数量上接近相等；三是在外来干扰下能通过自我调节（或人为控制）恢复到原初的稳定状态。当外来干扰超越生态系统的自我控制能力而不能恢复到原初状态时，称为生态失调或生态平衡的破坏。一般来说，生态系统的结构和功能越复杂，系统的稳定性就越高。但对某一个生态系统来说，其稳定性高低取决于系统因素；生态系统经历的进化历史越长，其稳定性越高；生态系统所处的环境突变越少，其稳定性越高；功能上的复杂性也决定着系统的稳定性。

生态系统是一种控制系统或反馈系统，它具有反馈机能，能自我调节和维持自己稳定的

结构和功能，以保持系统的稳定和平衡。生态系统的这种能力称为自我调节能力。

1. 影响生态平衡的因素

影响生态平衡的因素可概括为自然因素和人为因素两大类。

（1）自然因素　当外界环境的改变超过系统自我调节能力时，就会造成生态失衡。如火山喷发、地震、山洪、海啸、泥石流、雷电、火灾等，都可使生态系统在短时间内受到严重破坏，甚至毁灭。但这些自然因素引起的环境变化频率不高，而且在地理分布上有一定的局限性和特定性。从全球范围看，自然因素的突变对生态系统的危害还是不大的。

（2）人为因素　人为因素所造成的环境改变，导致了自然生态系统的强烈变化，破坏了生态平衡，同时也给人类本身带来了灾难。人为因素对生态系统平衡的影响，主要表现在以下几个方面：

1）人类不尊重生物在食物链中相互制约的规律，任意消除食物链中某个必要环节，或不慎重地引入新的环节而没有采取相应的控制因素，导致食物链的失控，从而引起一系列不良的连锁反应。中国50年代曾大量捕杀过麻雀，致使一些地区虫害严重。究其原因，就是害虫的天敌麻雀被捕杀，害虫失去了自然抑制因素。

2）人类为了满足生产和生活的需要，不合理地开发利用自然资源，常常导致毁灭森林、破坏草场和其他植被资源，从而打破了生态系统的平衡，引起“生态性”灾难。

3）人类的生产活动和生活活动产生大量的废气、废水、废物，不断排放到环境中，使环境质量恶化，产生近期或远期效应，使生态平衡失调或破坏。

4）生物与生物之间彼此靠信息联系，才能保持其集群性和正常的繁衍。人为向环境中施放某种物质，干扰或破坏了生物间的信息联系，就有可能使生态平衡失调或遭受破坏。例如自然界中有许多雌性昆虫靠分泌释放性外激素引诱同种雄性成虫前来交尾，如果人们向大气中排放的污染物质与之发生化学反应，则性外激素就失去了引诱雄虫的生理活性，结果势必影响昆虫交尾和繁殖，最后导致种群数量下降甚至消失。

因此人类活动应注意运用生态系统中的结构和功能相互协调的原则，以达到符合人类利益的生态平衡。

2. 生态系统的合理调控

（1）扩大生态系统基础能源　扩大绿色植物面积，提高对太阳光能的捕获量；将尽可能多的太阳光能固定转化为初级生产者体内的化学能，为广大生态系统能奠定基础。发展立体种植，提高复种指数，采用乔、灌、草相结合绿化荒山、荒坡等措施，是扩大生态系统基础的有效方法。

（2）加强生态系统的生产力　植物和动物是生态系统中的能量和物质的主要储存者，也是生态系统物质生产力的具体体现者，加强其储存能及转化效率，以保证有较大的生物内产出。一是从生物体本身对能量的储存能力和转化效率考虑，例如：选育和配置高产优质的生物种类和品种，建立合理的农林牧渔生物结构等；二是从外界生存环境对生物的影响考虑，加强辅助能的投入，为生物的生长发育创造一个良好的环境，从而提高对太阳能的利用效率和对生物化学能的转化效率。例如：使用化肥、农药、发展灌溉、机械耕作、设施栽培等提高农作物的生产力。

（3）保持生态系统能量

1）开发新能源，如发展薪炭林、兴办小水电、利用风能、太阳能、地热能等。

2）提高生物能利用率，充分利用农作物秸秆、野生杂草和牲畜粪便等副产品，将其中的生物能通过农牧结合、多级利用、沼气发酵等方法尽可能地用于生态系统内的转化。

（4）降低生态系统消耗　降低消耗，节约能源，减少能源的损失，发展节能、节水、节地、降耗的现代农业。如开发普及节能灶，节能炉具，节水灌溉，立体种植，推广少耕、免耕，改进化肥施用技术，减少水土流失等。

【知识归纳】

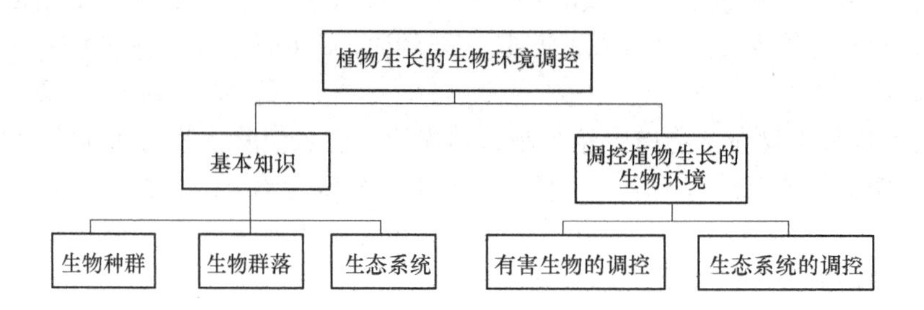

【知识巩固】

一、名词解释

生物种群　种群密度　生物群落　生态系统　食物链　生态金字塔　生物群落演替　生态平衡

二、分析题

1. 植物群落的基本特征有哪些？
2. 简述食物网与生态系统稳定性的关系。
3. 简述人类活动对植物群落的影响。

植物生长的气候环境调控

【知识目标】

- 知道农业气候资源知识，合理利用农业气候资源
- 熟悉农田小气候、设施小气候的调控
- 能说出当地常发生的灾害性天气并指出其防御方法

【能力目标】

- 能熟练观测当地农田小气候和设施小气候、能调控设施小气候

任务1　利用气候资源

农业气候资源是指对农业生产提供物质和能量的气候资源，是农业生产发展的潜在能力。农业气候资源包括光、热、水、气等气象要素，是自然资源的重要组成部分，是植物生产的基本环境条件。光资源常用太阳辐射总量、光合有效辐射、日照时数等表示；热量资源常用农业界限温度、平均气温、积温等来衡量；水资源常用降水量、降水变率、降水量季节分配、水分盈亏、土壤含水量等表示。与其他自然资源不同的是农业气候资源取之不尽、用之不竭，有明显的周期性、波动性和地域性，光、热、水、气资源中任一发生变化，都会引起其他资源的变化，进而影响整体利用程度。

一、气候资源的特征

气候资源是一种重要的自然资源，气候要素的数量、组合、分配状况，在一定程度上决定了一个地区的农业生产类型、农业生产率和农业生产潜力。从农业生产的角度出发，农业气候资源具有以下特征：

1. 循环性

农业气候资源的数量有限，但又年年循环不已，有无穷无尽的循环性，从多年平均情况看，一个地区的太阳辐射、热量、降水有一定数量限制，但从总体上看，是年复一年的循环，用之不竭。

2. 不稳定性

农业气候资源不仅在时间分配上存在着不稳定性，而且在空间分布上具有不均衡性，如我国降水分布由西北内陆向东南沿海逐渐增多，在时间上很多地方降水主要集中在夏季，夏季降水占全年降水的50%以上，冬季降水不足10%。农业气候资源的这种特征，给农业生产带来不利的影响，甚至灾害。

3. 整体性和不可替代性

农业气候资源具有整体性，各因子之间是相互影响、相互制约的，对农业生产起综合作用。在光、热、水诸因子中，一种因子的变化会引起另一种因子的变化。一般降水少的地方，太阳辐射较高。在太阳辐射较高的地区，温度较高。另一方面对农业生产来说，有利因子不能替代不利因子，如干旱地区，热量条件充分，水分缺乏，但不会因热量多就替代水分。

4. 可调节性

农业气候资源具有可调节性。随着科学技术的发展，人类改变与控制自然的能力逐渐增强，在一定程度上可改善局部或小范围的环境条件，气候资源的潜力能更有效地得到利用。如干旱地区，水利条件的改变，可以提高温度的利用率；北方冬季保护地栽培技术措施，如塑料大棚、日光温室的应用，使冬季的光资源得到利用。各地区的农业气候资源是客观存在的，而农业生产的对象和过程是由人来控制的，应不断研究农业气候资源的特征，遵循客观规律，控制其增产潜力，提高经济效益。

二、农业气候资源的利用与保护

我国地域辽阔，气候多样。农业生产上应充分发挥农业气候的优势，进一步拓宽农业气候资源合理开发利用的新途径。

1. 合理进行农业布局

我国幅员辽阔，地形复杂，气候多样，具有多种农业气候类型。农业生产应根据各地农业气候资源的特点，合理布局，实行区域化种植，结合作物的生物学特性，宜农则农，宜牧则牧，宜林则林。美国的小麦带、玉米带、大豆带、棉花带是合理利用气候资源的代表。日本利用丘陵起伏的地形，集中发展柑橘，仅在佐贺县1.46万hm^2柑橘年产360kt，接近我国年产总量，类似佐贺县的气候条件，在我国浙闽山地、湘赣丘陵地区和粤桂各地处处皆是发展柑橘的理想基地。

2. 根据农业气候相似的原理科学引种

成功引进优质品种是提高农业经济效益的有效途径。引种时要根据农业气候相似原理，确定不同地区的气候条件是否相同，这不仅要考虑气候要素特征，还要考虑这些要素值的农业意义。也就是说，在引种时要着重考虑对某种农作物生长、发育、产量起关键作用的农业气候条件，如果不能科学地分析原产地与引入地的气候条件，不能很好地运用农业气候相似原理，盲目引种，必定会导致减产，引种失败。因此，引种时必须根据多年气候资料进行分析，引种才能成功。

3. 根据农业气候资源的特点，调整种植制度

农业气候资源是确定某一地区合理种植制度的重要依据。合理的种植制度是在一定的耕地面积上，为保证农业产量持续稳定地全面增长的战略性农业技术措施，又是科学开发利用农业气候资源、充分发挥农业气候资源生产潜力的重要基础性措施。从农业气候资源利用来看，确定某一地区适宜的种植制度必须遵循以下几方面：

1）根据不同的作物种类对热量、水分的要求不同，结合当地农业气候资源确定作物种类、品种，调整种植方式、复种指数，为作物合理布局提供依据。

2）适宜的种植制度，必须趋利避害，有效利用农业气候资源，应能适应多数年份的气

候特点，有一定的抗灾能力，安排的作物种类和品种熟制，搭配组合合理，使种植制度逐步完善。

3）种植制度的发展和演变是以农业气候资源为前提的。种植制度的好坏，在于是否合理地利用农业气候资源，为确定适宜的种植制度提供经验教训和必要的科学依据，做到种植制度的历史继承性、相对稳定性和对农业气候资源的适应性。

4）在确定种植制度时，既要有利于粮食生产，又要有利于多种经营以便充分发挥农业气候资源的优势。

进行种植制度改革，必须科学分析某一地区农业气候资源，看其是否适合当地农业生产特点，否则就会导致改革失败，造成经济损失。

三、农田小气候

1. 小气候概念

小气候是指在小范围的地表状况和性质不同的条件下，由于下垫面的辐射特征与空气交换过程的差异而形成的局部气候特点。小气候的特点主要是“范围小、差异大、很稳定”。近代小气候学在各生产领域得到迅速的发展，如农田小气候、设施小气候、地形小气候、防护林带小气候、果园小气候等。

2. 农田小气候的特征

农田小气候是以农作物为下垫面的小气候，不同的农作物有不同的小气候特征，同一种作物又因不同品种、种植方式、生育期、生长状况，以及田间管理措施等造成不同的作物群体，从而产生相应的小气候特征。

（1）农田中光的分布　太阳辐射到达农田植被表面后，一部分辐射能被植物叶片吸收，一部分被反射，还有一部分透过枝叶空隙，或透过叶片到达下面各层或地面上。农田植被中，光照强度由株顶向下逐渐减弱，株顶附近递减较慢，植株中间迅速减弱，再往下又缓慢下来。光照强度在株间的分布直接影响作物对光能的有效利用，植株稀少，漏光严重，单株光合作用强，但群体光能利用不充分；农田密度较大，株间各层光强相差较大，株顶光过强，冠层下部光不足，单株生长不良，易产生倒伏现象。

（2）农田中温度的分布　作物生育初期，因茎叶幼小稀疏，不论昼夜，农田的温度分布和变化，白天的最高、温度和夜间的最低温度均在地表附近。作物封行以后，进入生长盛期，茎高叶茂，农田外活动面形成，午间活动层附近热量容易保持，温度可达最高。夜间农田放热多，降温快，外活动面的温度达到最低。因此，生育盛期昼夜的最高、最低温度由地表转向作物的外活动面。作物生育后期，茎叶枯黄脱落，太阳投入株间的光合辐射增多，农田温度分布又接近于生育初期，昼夜的最高、最低温度又出现在地面附近。

（3）农田中湿度的分布　农田中湿度分布和变化决定于温度、农田蒸发和乱流交换强度的变化。植物生育初期基本相似于裸地，不论白天和夜间，相对湿度都随高度的增加而降低。植物到了生育盛期，白天由于蒸腾作用的结果，外活动面附近相对湿度最大，内活动面较低；夜间由于气温较低，株间相对湿度在所有高度上比较接近。植物生育后期，白天相对湿度都随高度的增加而降低，夜间因为地表温度较低，相对湿度最大。

（4）农田中风的分布　作物生长初期，植株矮小，这时农田中风的分布与裸地相似，越接近地面风速越小，风速趋于零的高度在地表附近，随着高度增加风速增大。作物生长旺盛时期，进入农田中的风受作物的阻挡，一部分被抬升由植株冠层顶部越过，风速随高度增加按指数规律增大；另一部分气流进入作物层中，株间风速的变化呈“S”形分布，如图8-1所示。农田中风速的水平分布自边行向里不断递减。

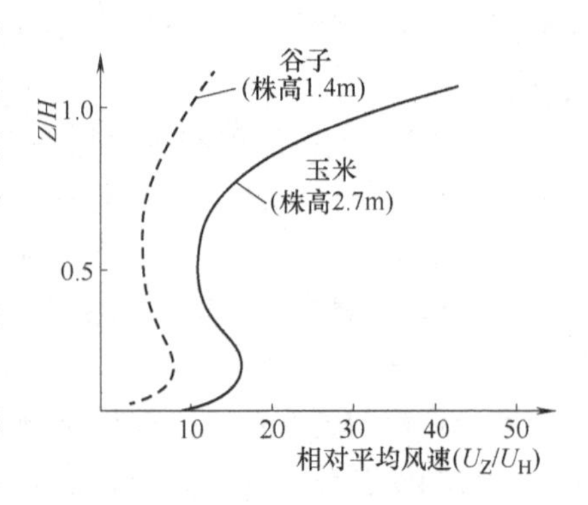

图8-1　玉米、谷子株间风速的垂直分布示意图

（5）农田中CO_2的分布　农田中CO_2浓度有明显的日变化。白天作物进行光合作用要大量地吸收CO_2，使农田CO_2浓度降低，通常在午后达到最低；夜间作物的呼吸作用要放出CO_2，使农田CO_2浓度增高。由于土壤一直是地面CO_2的源地，株间CO_2浓度常常是贴地层最大。夜间CO_2浓度随高度升高而降低，而白天CO_2浓度随高度升高而增大。

一般说来，在作物层以上CO_2浓度逐渐增加，作物层以内则迅速减少，在叶面积密度最大层附近为最低。白天特别是中午，农田的CO_2是从上向下输送，到地面附近则从地面向上输送。

3. 农田小气候的改良

农田小气候除受自然地理条件和作物本身生育状况的影响外，农业技术措施对农田小气候环境的改造也是非常明显的。它们有各方面的效应，在这里主要是分析和研究气象效应。

（1）耕翻的气象效应　耕翻使土壤疏松，孔隙度增大，土壤热容量和导热率减小。同时也使土壤表面粗糙，反射率降低，吸收太阳辐射增加，土表有效辐射增大，地温升高。高温时间（白天），表层热量积集，温度升高，表现增温效应；下层温度较低，表现降温效应。低温时间（晚上），表层接收深层输送的热量少，温度降低，表现降温效应；下层温度较高，表现增温效应。耕翻还能切断土壤毛管联系，使土层水分上下交换大为减弱，降低下层水分蒸发，起到保墒的作用。但是降水后耕翻的气象效应就完全不同。由于耕翻地的透水性强，持水能力高，土壤水分多，蒸发耗热也多，于是表层温度低于未耕地，而土壤湿度较大，越到下层差异越小。

（2）镇压的气象效应　土壤镇压和耕翻的气象效应恰恰相反。镇压使土壤紧密，孔隙度减小，土壤容重和毛管持水量增加，土壤热容量和导热率增大。白天，地表接收太阳辐射向深层传导；夜间，地中热量向地表输送，镇压促进土壤的热交换。镇压地夜间表现增温效应，白天表现降温效应，可以减小土壤温度变化的幅度。但镇压时要考虑天气条件和土壤本身的状况。一般疏松的土壤宜于回暖天气下进行镇压，而偏黏的土壤宜于寒潮侵袭时进行镇压，甚至黏土就不镇压，否则就达不到镇压的增温效应。

（3）垄作的气象效应　垄作具有隆起的疏松土层，通气良好，排水力强。所以表层土壤的热容量和导热率都比平作小。对提高表层土壤温度，保持下层土壤水分有良好作用。垄作的温度效应，在北方的暖季更为显著。垄作有较大的暴露面，除其辐射增热和冷却比较急剧外，土壤蒸发耗水的现象比较严重。但是，它类似耕翻的效应，对表层土壤有增温效应，对下层土壤有保墒效应。垄作的温度和水分效应随地区而不同。在温带较高纬度降水较少的地区，采用垄作对改善和调节土壤热状况具有重要作用。在低纬度多雨地区，主要是有利于排水，可以降低表层土壤湿度，有利于作物根系发育。同时垄作也改善了株间通风条件。

（4）灌溉措施的气象效应　农田灌溉后土壤湿润，颜色加深，反射率减小，吸收率增加。同时地温降低，空气湿度增加。灌溉后土壤含水量增加，增大了土壤热容量、导热率和导温率，见表8-1，使土壤湿度变化缓慢。高温阶段，灌溉地气温比未灌溉地低；低温阶段，灌溉地气温高于未灌溉地，特别在紧贴地面的气层中表现最为明显。所以灌溉有防冻和保温的双重作用。必须指出，灌溉因季节和水源不同，温度效应也不同。暖水源灌溉可产生增温效应，而冷水源灌溉则产生降温效应。如果有条件选择水源，注意水温则可收到“灌溉调温”双重效果。

表8-1　灌溉与未灌溉农田0～20cm的土壤热特性比较

处　理	容积热容量/[J/(m^2·℃)]	导热率/[J/(m·s·℃)]	导温率/(m^2/s)
灌溉	2.72×10^6	1.17	0.43×10^{-6}
未灌溉	1.97×10^6	0.46	0.21×10^{-6}
差值	0.74×10^6	0.71	0.22×10^{-6}

（5）种植行向的气象效应　作物种植行向不同，株间的受光时间和辐射强度都有差异。这是因为不同时期的太阳方位角和照射时间，是随季节和地方而变化的。实践证明，夏半年沿东西行向的照射时数，比沿南北行向的要显著得多，冬半年的情况恰好相反。特别是高纬地区种植作物时，要考虑种植行向问题，秋播作物取南北向种植比东西向有利，而春播作物取东西向种植比南北向有利。

（6）种植密度的气象效应　种植密度的大小直接影响作物群体通风、透光和温度的变化，最终决定作物的生长状况和产量。实践证明，株间太阳辐射的透射情况、株间任何高度的辐射透射率以及群体上下层透射率的差别，都随密度的增加而减少。由于植株的阻挡作用，密度增大，株间的风速降低。白天，由于株间光辐射减弱，温度随密度的增大而降低，夜间具有保温作用。密度变小，植株充分接收光照，风温适宜，单株产量增多，但植株数量的减少，也会影响群体的产量。根据不同作物特点，生产上采用合理密植、间作套种等栽培措施都是有效的解决办法。而在同一密度下，由于种植方式不同，其气象效应也有差异。例如，采取宽窄行的种植方式，即所谓“密中有稀”和“稀中有密”的措施，不仅能提高株间光照强度，而且也能改善农田通风条件和温度状况。

四、坡地小气候和谷地小气候

除了农田小气候外，在山区，由于周围地形的遮蔽作用，还会产生坡地小气候和谷地小气候。

1. 坡地小气候

由于坡向和坡地的不同，坡地上日照时间和太阳辐射度都有很大的不同，因而获得的太阳辐射总量也不一样，于是形成不同坡向的小气候差别。

（1）坡向、坡度对日照时间的影响　太阳直接辐照度随坡向的不同变化很大。在偏东坡地上，午前大于午后；在偏西坡地上，则恰好相反。至于南坡和北坡的太阳直接辐照度的变化，上午和下午基本上是对称的。

（2）坡向、坡度对太阳辐射总量的影响　南坡和北坡的坡度大小，对坡地上太阳辐射总量的影响最大，而接近东坡和西坡的坡地，其坡度大小对太阳辐射总量的影响最小。夏半

年南坡的坡度每增加1°，等于水平面上纬度向南移动1°；而冬半年北坡坡度每增加1°，等于水平面上纬度向北移动1°。

（3）坡度、坡向对气温、土壤温度、湿度和风的影响　由于坡向方位对太阳辐射的影响，土壤温度首先就要受到坡向影响。一般夜间，方位对土壤温度的影响很小，土壤最低温度终年几乎都出现于北坡。而土壤最高温度出现的方位，一年之中各有不同：冬季土壤温度最高是西南坡，此后即向东南坡移动，到夏季则位于东南坡，夏秋之间又逐渐移向西南坡。因此，一般说来，除夏季外，土壤温度以西南坡最高。

坡地方位对气温影响，只局限于紧贴地表的极薄气层内，甚至在阴天条件下，这种影响就不存在了。至于坡向对于空气湿度的影响，主要是偏北坡地比偏南坡地的空气湿度要大一些。

（4）坡地小气候总的效应　偏南坡所得的太阳辐射比较多，湿度比较低，土壤水分蒸发快，比较干燥，温度比较高，而北坡的情况恰好相反。在寒冷地区，冬季北坡积雪时间比较长，回暖后积雪融化比较慢，增温少蒸发弱，土壤水分消耗慢。因此还在早春时期，南坡和北坡的小气候就有差别：阳坡干燥，阴坡湿冷，坡地上部的土壤和空气一般比坡地下部要干燥，而阴坡的下部潮湿寒冷，阳坡下部则湿而暖。如果就暖季整个坡地进行比较，阳坡上部干而暖，下部湿而热；阴坡上部潮而凉，下部则最湿、最凉。

在低纬度地区，阳坡和阴坡的太阳辐射总量差别不大，因而温度差异不大，远不如高纬度地区显著，这时湿度特征就是植物生长的首要条件了。

2. 谷地小气候

在山地中，除不同坡地小气候有差异外，谷地和山顶小气候也有明显的不同。周围山地对谷地的遮蔽作用，是谷地小气候形成的地理因素，它使谷地光照时间和大田总辐射都比平地少。同时由于谷地受谷坡包围，与邻近地段的空气交换受到很大限制，使热能和水汽交换与坡顶有很大差异。

白天谷地、低凹地或盆地，由于这些地方的空气和地面接触面积很大，通风条件又差，被地面增温了的空气不易与外面空气交换，所以增温强烈，温度比山顶高，夜间谷地辐射冷却快而显著。另外，山坡和高地冷却了的空气沿坡下滑，容易积聚在这些低洼地区，所以谷地温度比山顶低得多。温度日较差也大，而山顶日较差小。但在冷平流天气影响下，辐射影响一般不显著，这时山顶受冷空气直接侵袭，降温快，谷地和低地却是避风区，温度反而不如山顶低。

坡地温度分布也决定了霜冻害的分布，所谓“风打山梁、霜打洼”，就是指在有冷平流时，山顶直接受冷空气侵袭，容易受平流霜冻危害，而山谷洼地是避风区，易受辐射霜冻危害。而在山坡中部地带是比较暖和的，霜冻出现机会较少而且出现的程度轻，形成山地的“暖带”，它是山区中无霜冻害或轻霜冻害的地带。在华中和华南地区常利用山地“暖带”栽培那些要求热量较多的亚热带、热带作物。北方可在“暖带”种植越冬作物和果树，对作物安全越冬大为有利。

谷地、低地和平地相比，土壤湿度通常比较大。除了因谷地温度高，相对湿度比较低外，以日平均而言，谷中都比平地和坡顶为高，尤以晴天夜晚最明显，冬季清晨常有辐射雾形成。

谷地对风速风向也有影响，当风向和山谷风向一致时，风速加快；风向和山谷垂直时，

风速减弱，并有空气抬升作用。在山的迎风坡和背风坡的气候有明显的差异。

五、设施小气候

设施农业是指用一定的设施和工程技术手段改变自然环境，在环境可控条件下进行生产的现代化农业。目前生产上应用较多的保护设施有地膜覆盖、塑料大棚、日光温室等。不同的设施，小气候效应也不同。

1. 设施小气候的调控

（1）地膜覆盖小气候　地膜覆盖小气候的特点表现为：一是提高耕层地温。地膜覆盖后改变了农田地面热量收支状况，大幅度地减少了热量损失，因而提高了土壤耕层温度。二是增加土壤湿度。地膜不仅抑制了土壤水分的外散，而且由于土壤水分蒸发，在地膜内凝结成水滴返回土壤，使土壤湿度增加。三是促进土壤养分转化，增加土壤肥力。地膜覆盖由于土壤温度高，保水力强，有利于微生物活动，因而加快了土壤有机物质的分解，有利于作物吸收养分；同时，地膜阻止了土壤养分随土壤水分蒸发和被雨水或灌溉水冲刷而淋溶流失，从而增加了土壤肥力，有利于作物生长。四是增强近地面株间的光照强度。田间观察证明，地膜覆盖有明显的反光作用，其反光能力与膜的颜色有关。反光改善了作物下部的光照条件，对作物产量、品质的提高有积极意义。

（2）塑料大棚小气候　采用塑料大棚可使蔬菜生产春季提前、秋季延后，提高蔬菜生产效益。塑料大棚的小气候特点表现为：第一，由于膜的吸收和反射，棚内光照度低于棚外，一般大棚内1m高度处的光照度为棚外自然光照度的60%左右，无滴膜的透光性优于普通膜。大棚内光照度的垂直分布是从棚顶向下逐渐减弱，并且棚架越高，近地面处的光照越弱。大棚内光照度的水平分布依棚向而异。南北延长的大棚上下两侧均受光，棚内各部位分布比较均匀，东、中、西三部位的水平光照相差10%左右；而东西延长的大棚，棚内光照度水平分布不均匀，南侧光照强，北侧光照弱，二者相差25%左右。第二，大棚内气温增温十分明显，最高温度可比露地高15℃以上。一般情况下，棚内平均气温比棚外高2~6℃。冬季棚内增温慢，昼夜温差在10℃；春秋季棚内增温快，昼夜温差在20℃左右。在大棚的利用季节，大棚地温有明显的日变化特点。早春5cm地温午前低于气温，午后与气温接近，傍晚开始高于气温，一直维持到次日日出。气温最低值一般出现在凌晨，但此时地温高于气温，有利于减轻作物冻害。第三，塑料薄膜的透气性差且不透水。白天随着棚内温度的升高，土壤蒸发和植物蒸腾作用增强，使棚内水汽含量增多，相对湿度经常在80%~90%或以上，夜间因温度下降，相对湿度更大。

（3）日光温室小气候　日光温室是一种封闭的小气候系统，其围护结构阻止了温室内外空气的交换，从而具有封闭效应；由于温室向外传递的热量减小，因而具有保温作用。但封闭效应也阻止了温室内外的物质交换，温室内易形成高湿和低CO_2浓度的特点。

1）由于温室结构和覆盖材料等因素的影响，一般温室内的光照度只有室外的60%~80%，并且光照在室内的分布很不均匀。东西延长的温室，其南侧为强光区，北侧为弱光区；在东西方向上由于两侧山墙的影响，在上、下午分别有一个阴影区；在垂直方向上，温室南侧光照度自上向下递减。

2）温室内的气温具有明显的日变化。晴天最低气温出现在揭覆盖物后的短时间内，之后随太阳辐射增强迅速上升，13：00左右达到最高值。阴天室内外的温差减小，多在15℃

左右，且日变化不明显。

3）温室中温度较高，蒸散量较大，四周密闭，室内相对湿度经常在90%以上，夜间或阴天温度低时，相对湿度更大，多处于饱和或接近饱和状态。

4）温室内CO_2浓度具有明显的日变化，整个夜间是CO_2的积累过程，温室内的CO_2浓度在日落后逐渐升高，在清晨时达到高峰，比露地高1~2倍；日出后随着植物光合作用的增强，CO_2浓度迅速下降，经1~2h后接近CO_2浓度补偿点。温室通风后CO_2浓度上升。当土壤有机质含量少时，密闭室内CO_2浓度较低，影响作物产量。目前，温室内施用CO_2已成为温室栽培的增产措施之一。

2. 常见技术问题处理

设施环境中农业气象要素的调控对于改善各种设施小气候具有重要意义，主要从辐射、温度、湿度、CO_2浓度、空气流动等方面进行调控。

（1）辐射调控　首先，提高温室辐射透过率，其主要措施包括：经常冲洗透明覆盖物的表面以保持其清洁透明；采用各种特殊用途薄膜，如防尘膜、无滴膜、长寿膜、各类色膜等，以增加光透过率和改变光谱成分；采用抹平涂白北墙或放置反光板（或反射镜）以增加辐射量；使用各种电光源进行人工补光，以弥补自然光源的不足和适应植物光周期的需求等。

其次，采取遮光措施，主要包括：玻璃面涂白；覆盖各种遮光物，如遮光纱网、不织布、遮光保温幕、苇帘等；玻璃面流水可遮光25%，降低室温4℃。

最后，调节作物畦垄方向和株行距。畦垄方向和株行距的调节可以减少植株间的相互遮挡，增加作物下部受光和提高地温。

（2）温度调控　温室温度调节主要包括保温、加温、降温和变温管理4个方面。

1）保温。一是增大保温比，在设计和建筑温室时应充分考虑。二是增大辐射透过率的措施，均能起到保温或增温作用。三是堵塞缝隙，防止热量外流。还可采取多层覆盖或加保温幕或二重固定覆盖（两层透明材料中间夹一层空气所组成的覆盖材料）等，以达到保温效果。四是设置防寒沟，减少或防止土壤贮存热量向水平方向外流。五是减少温室内地表的蒸散量，以增加白天土壤的贮热量。为达此目的，温室内采用滴灌方式最为有利。

2）加温。一是煤火加热，使用火墙、火坑、烟道等加热温室；二是煤气加热，使用煤气点火加热器和鼓风机等进行加热；三是电器加热，使用电炉、电热线（主要用于加热土壤）、红外线加热器、红外线灯管等进行加热；四是热水（或热蒸汽）管道再加上散热器的加热，比较先进的方法是使用直径30~50cm的软塑料筒，其上打许多直径为5mm的小洞，将暖风送入筒中，再顺小孔均匀吹到温室各部分。

3）降温。目前常用的降温方法是湿帘降温，可使温室气温降至湿球温度附近。降温往往是与遮光、通风换气、降湿（或增湿）措施联系在一起的。

4）变温。变温是适应作物对昼夜变温生理要求而采取的人工措施。它对果菜不仅有增产作用，还可节约能源。但变温管理比较复杂，必须先了解各类作物的具体变温要求，处理好气温与地温、变温与光照变化的关系。

（3）湿度调控　温室湿度调控的主要目的是降低空气湿度，防止作物因多湿环境感染病害。常用的除湿方法有：控制灌水、滴灌法、通风换气、强制空气流动等。

（4）CO_2浓度的调控　CO_2浓度的主要调控方法是通过自然通风和强制通风，从进入温

室的室外空气中补充 CO_2。在通风的同时，调节了空气温度和湿度。通过施用有机肥，可提高土壤释放 CO_2 的能力。人工释放 CO_2 的方法很多，有专门的 CO_2 发生器、可用盐酸与碳酸钙的反应生成 CO_2、也可利用酒精厂的副产品——气态和液态 CO_2 及干冰（固态 CO_2）等。

（5）空气流动的调控　调控空气流动状况的直接目的是温室内需要维持一定的换气量，间接目的是改善温室小气候，调节温室热状况及气体成分。强制通风调控系统主要由风机、风管和气流组织方式构成。由人工设计控制气流运动的方向和速度，称为气流组织方式。气流组织方式是空气调节的重要环节，它直接影响空调系统的使用效果，只有合理的气流组织才能发挥通风的冷却或加热作用，并能有效地排除有害气体、有害物质及灰尘。

六、中国的节气和季节

1. 二十四节气

（1）二十四节气的划分　二十四节气的划分是从地球公转所处的相对位置推算出来的。地球围绕太阳转动称为公转，公转轨道为一个椭圆形，太阳位于椭圆形的一个焦点上。地球的自转轴称为地轴，由于地轴与地球公转轨道面不垂直，地球公转时，地轴方向转保持不变，致使一年中太阳光线直射地球上的地理纬度是不同的，这是地球上寒暑季节变化和日照长短随纬度和季节而变化的根本原因。地球公转一周需时约 365. 23d，公转一周是 360°，将地球公转一周均分为 24 份，每一份间隔 15°定一位置，并给一“节气”名称，全年共分为二十四节气，每个节气为 15°，时间大约为 15d。

二十四节气是我国劳动人民几千年来从事农业生产，掌握气候变化规律的经验总结。为了便于记忆，总结出二十四节气歌：春雨惊春清谷天，夏满芒夏暑相连；秋处露秋寒霜降，冬雪雪冬小大寒；上半年逢六二一，下半年逢八二三；每月两节日期定，最多相差一两天。前四句是二十四节气的顺序，后四句是指每个节气出现的大体日期。按阳历计算，每月有两个节气，上半年一般出现在每月的 6 日和 21 日，下半年一般出现在 8 日和 23 日，年年如此，最多相差不过一二天，见表 8-2。

表 8-2　二十四节气的含义和农业意义

节　气	月　份	日　期	含义和农业意义
立春	2	4 或 5	春季开始
雨水	2	19 或 20	天气回暖，降水开始以雨的形态出现，或雨量开始逐渐增加
惊蛰	3	6 或 5	开始打雷，土壤解冻，蛰伏的昆虫被惊醒开始活动
春分	3	21 或 20	平分春季的节气，昼夜长短相等
清明	4	5 或 6	气候温和晴朗，草木开始繁茂生长
谷雨	4	20 或 21	春播开始，降雨增加，雨生百谷
立夏	5	6 或 5	夏季开始
小满	5	21 或 22	麦类等夏熟作物的籽粒开始饱满，但尚未成熟
芒种	6	5 或 7	麦类等有芒作物成熟，夏播作物播种
夏至	6	22 或 21	夏季热天来临，白昼最长，夜晚最短
小暑	7	7 或 8	炎热季节开始，尚未达到最热程度

（续）

节　气	月　份	日　期	含义和农业意义
大暑	7	23 或 24	一年中最热时节
立秋	8	8 或 7	秋季开始
处暑	8	23 或 24	炎热的暑天即将过去，渐渐转向凉爽
白露	9	8 或 9	气温降低较快，夜间很凉，露水较重
秋分	9	23 或 24	平分秋季的节气，昼夜长短相等
寒露	10	8 或 9	气温已很低，露水发凉，将要结霜
霜降	10	24 或 23	气候渐冷，开始见霜
立冬	11	8 或 7	冬季开始
小雪	11	23 或 22	开始降雪，但降雪量不大，雪花不大
大雪	12	7 或 8	降雪较多，地面可以积雪
冬至	12	22 或 23	寒冷的冬季来临，白昼最短，夜晚最长
小寒	1	6 或 5	较寒冷的季节，但还未达到最冷程度
大寒	1	20 或 21	一年中最寒冷的节气

（2）二十四节气的含义和农业意义　从表 8-2 中每个节气的含义可以看出，二十四节气反映了一年中季节、气候、物候等自然现象的特征和变化，立春、立夏、立秋、立冬，这“四立”表示农历四季的开始；春分、夏至、秋分、冬至，这“两分、两至”，表示昼长夜短的更换。雨水、谷雨、小雪、大雪，表示降水。小暑、大暑、处暑、小寒、大寒，反映温度。白露、寒露、霜降，既反映降水又反映温度。而惊蛰、清明、芒种和小满，则反映物候。二十四节气起源于黄河流域地区，对于其他地区运用二十四节气时，必须因地制宜地灵活运用。不仅要考虑本地区的特点，还要考虑气候的年际变化和生产发展的需求。

2. 中国的季节

春夏秋冬，通常称为四季。季节的划分，有天文季节、气候季节和自然天气季节。

（1）天文季节　依据地球绕太阳公转的位置而划分的季节，称为天文季节。我国目前采用的四季与欧美各国一致，以“两分两至"为四季之始。从春分到夏至为春季，从夏至到秋分为夏季，从秋分到冬至为秋季，从冬至到春分为冬季。在气候统计中为了方便，按阳历月份以 3、4、5 月为春季，6、7、8 月为夏季，9、10、11 月为秋季，12、1、2 月为冬季。

（2）气候季节　我国现在常用的气候季节是 20 世纪 30 年代张宝坤以气候平均温度为指标划分的，因此又称为温度四季。气候平均温度低于 10℃为冬季，高于 22℃为夏季，介于 10～22℃为春季或秋季。按此指标划分，福州至柳城一线以南无冬季，哈尔滨以北无夏季，青藏高原因海拔高度关系也无夏季，云南四季如春（秋）。此外其他各地四季比较明显，尤以中纬地区更为明显。气候四季的划分，照顾了各地区的差异，从农业服务的角度来说，较天文四季更符合四季。

（3）自然天气季节　东亚大气环流随着时段出现明显的改变和调整，并在各时段中具有不同的天气气候特征。根据大气环流、天气过程和气候特征划分的季节，称为自然天气季节。我国属于季风盛行的地区，季风气候东部比西部明显，华南和东南沿海比华中、华北和

东北明显。我国多数地区冬季多刮西北风，天气晴朗干燥；夏季则多刮东南风，多阴雨天气。其中特别突出的转折点，分别在3月初、4月中、6月中、7月中、9月初、10月中和12月初。因此，我国科学家把东部季风气候区划分为初春、暮春、初夏、盛夏、秋季、初冬、隆冬等7个自然天气季节更为合适。7个季节分别为：①初春：3月初至4月中，冬季风第一次明显减弱，夏季风开始在华南出现。②暮春：4月中至6月中，冬季风再度减弱，华南雨季开始，华中开始受夏季风影响，雨量增多。③初夏：6月中至7月中，华南夏季风极盛，降水量略为减少，东南丘陵地和南岭附近出现干季。④盛夏：7月中至9月初，华南夏季风减弱，梅雨结束，相对干季开始，东北、华北夏季风开始盛行，雨季开始。⑤秋季：9月初至10月中，冬季风迅速南下，我国大陆几乎都受冬季风影响。⑥初冬：10月中至12月初，夏季风完全退出我国大陆。⑦隆冬：12月初至3月初，冬季风全盛期。

任务2　防御气候灾害

寒潮、霜冻、冻害、冷害、热害及旱灾、雨灾等自然灾害会给农业生产带来一定的危害。因此在生产中应采取相应的防御措施，以便在自然灾害来临时能把自然灾害对农业生产的影响降到最低程度。

一、极端温度灾害及其防御

温度的变化对农业生产影响很大，过高和过低都会给农业生产带来一定的危害。在农业生产中影响较大的极端温度灾害主要有：寒潮、霜冻、冻害、冷害、热害等。

（一）寒潮

1. 寒潮的概念

寒潮是指在冬半年，由于强冷空气活动引起的大范围剧烈降温的天气过程。冬季寒潮引起的剧烈降温，造成北方越冬作物和果树经常发生大范围冻害，也使江南一带作物遭受严重冻害。同时，冬季强大的寒潮给北方带来暴风雪，常使牧区畜群被大风吹散，草场被大雪覆盖，导致大量牲畜因冻、饿死亡。春季，寒潮天气常使作物和果树遭受霜冻危害。尤其是晚春时节，当一段温暖时期来临时，作物和果树开始萌芽和生长，如果此时突然有强大的寒潮侵入，常使幼嫩的作物和果树遭受霜冻危害。另外，春季寒潮引起的大风，常给北方带来风沙天气。因为内蒙古、华北一带土壤已解冻，气温升高、地表干燥，一遇大风便尘沙飞扬，摧毁庄稼，吹走肥沃的表土并影响春播。另外，大风带来的风沙淹没农田，造成大面积沙荒。秋季，寒潮天气虽然不如冬春季节那样强烈，但它能引起霜冻，使农作物不能正常成熟而减产。夏季，冷空气的活动已达不到寒潮的标准，但对农业生产也产生不同程度的低温危害。同时这些冷空气的活动对我国东部降水有很大影响。

2. 寒潮的防御

（1）牧区防御　在牧区采取定居、半定居的放牧方式，在定居点内发展种植业，搭建塑料棚，以便在寒潮天气引起的暴风雪和严寒来临时，保证牲畜有充足的饲草饲料和温暖的保护牲畜场所，达到抗御寒潮的目的。

（2）农业区防御　可采用露天增温、加覆盖物、设风障、搭拱棚等方法保护菜畦、育苗地和葡萄园。对越冬作物除选择优良抗冻品种外，还应加强冬前管理，提高植株抗冻能力。此外还应改善农田生态条件，如冬小麦越冬期间可采用冬灌、搂麦、松土、镇压、盖粪（或盖土）等措施，改善农田生态环境，达到防御寒潮的目的。

（二）霜冻

1. 霜冻的概念

霜冻是指在温暖季节（日平均气温在0℃以上）土壤表面或植物表面的温度下降到足以引起植物遭受到伤害或死亡的短时间低温冻害。

2. 霜冻的分类

霜冻按季节分类主要有秋霜冻和春霜冻两种。秋季发生的霜冻称为秋霜冻，又称为早霜冻，是秋季作物尚未成熟、陆地蔬菜还未收获时产生的霜冻。秋季发生的第一次霜冻称为初霜冻。秋季初霜冻来临越早，对作物的危害越大。纬度越高，初霜冻日越早，霜冻强度也越大。春季发生的霜冻称为春霜冻，又称为晚霜冻。是春播作物苗期、果树花期、越冬作物返青后发生的冻害。春季最后一次霜冻称为终霜冻。春季终霜冻发生越晚，作物抗寒能力越弱，对作物危害就越大。纬度越高，终霜冻日越晚，霜冻强度也越弱。从终霜冻至初霜冻之间持续的天数称为无霜冻期。无霜冻期的长短，是反映一个地区热量资源的重要指标。

当冷空气入侵时，晴朗无风或微风，空气湿度小的天气条件最有利于地面或贴地气层的强烈辐射冷却，容易出现较严重的霜冻。洼地、谷地、盆地等闭塞地形，冷空气容易堆积，容易形成较严重的霜冻，故有“风打山梁，霜打洼”之说。此外，霜冻迎风坡比背风坡重，北坡比南坡重，山脚比山坡中段重，缓坡比陡坡重。由于沙土和干松土壤的热容量和导热率较小，所以，易发生霜冻，黏土和坚实土壤则相反。在临近湖泊、水库的地方霜冻较轻，并可以推迟早霜冻的来临、提前结束晚霜冻。

3. 霜冻的防御

（1）减慢植株体温的下降速度　一是覆盖物法，利用芦苇、草帘、秸秆、草木灰、树叶及塑料薄膜等覆盖物，达到保温防霜冻的目的。对于果树采用不传热的材料（如稻草）包裹树干，根部堆草或培土10～15cm，也可以起到防霜冻的作用。二是加热法，霜冻来临前在植株间燃烧草、煤等燃料，直接加热近地气层空气。一般用于小面积的果园和菜园。三是烟雾法，利用秸秆、谷壳、杂草、枯枝落叶，按一定距离堆放，上风方向分布要密些，当温度下降到霜冻指标1℃时点火熏烟。一直持续到日出后1～2h气温回升为止。四是灌溉法，在霜冻来临前1～2d灌水。也可采用喷水法，利用喷灌设备在霜冻前把温度在10℃左右的水喷洒到作物或果树的叶面上。喷水时不能间断，霜冻轻时15～30min喷一次，霜冻较重时7～8min喷一次。五是防护法，在平流辐射型霜冻比较重的地区，采取建立防护林带、设置风障等措施都可以起到防霜冻的作用。

（2）提高作物的抗霜冻能力　选择抗霜冻能力较强的品种；科学栽培管理；北方大田作物多施磷肥，生育后期喷施磷酸二氢钾；在霜冻前1～2d在果园喷施磷肥、钾肥；在秋季喷施多效唑，翌年11月份采收时果实抗冻能力大大提高。

（三）冻害

1. 冻害的概念

冻害是指在越冬期间，植物较长时间处于0℃以下的强烈低温或剧烈降温条件下，引起体内结冰，丧失生理活动，甚至造成死亡的现象。不论何种作物，都可以用50%植株死亡的临界致死温度作为其冻害指标。此外也有用冬季负积温、极端最低气温、最冷月平均温度

等作为冻害指标。

2. 冻害的分类

（1）冬季严寒型　当冬季有2个月以上平均气温比常年偏低2℃以上时，可能发生这种冻害。如果冬季积温偏少，麦苗弱，则受害更重。

（2）入冬剧烈降温型　入冬剧烈降温型是指麦苗停止生长前后因气温骤降而发生的冻害。另外，如播种过早或前期气温偏高，生长过旺，再遇冷空气，更易使小麦受害。

（3）早春融冻型　早春回暖解冻，麦苗开始萌动，这时抗寒力下降，如遇较强冷空气可使麦苗受害。

3. 冻害的防御

（1）提高植株抗性　选用适宜品种，适时播种。强冬性品种以日平均气温降到17～18℃，或冬前0℃以上的积温为500～600℃时播种为宜，弱冬性品种应在日平均气温15～16℃时播种。此外可采用矮壮素浸种，掌握播种深度使分蘖节达到安全深度，施用有机肥、磷肥和适量氮肥作种肥以利于壮苗，提高抗寒力。

（2）改善农田生态条件　提高播前整地质量，冬前及时松土，冬季耱麦、反复进行镇压，尽量使土达到上虚下实。在日消夜冻初期适时浇上冻水，以稳定地温。停止生长前后适当覆土，加深分蘖节，稳定地温，返青时注意清土。在冬麦种植北界地区、黄土高原旱地、华北平原低产麦田和盐碱地上可采用沟播，不但有利于苗全、苗壮，越冬期间还可以起到代替覆土、加深分蘖节的作用。

（四）冷害

1. 冷害的概念

冷害是指在作物生育期间遭受到0℃以上（有时在20℃左右）的低温灾害，引起作物生育期延迟或使生殖器官的生理活动受阻造成农业减产的低温灾害。春季在长江流域，将冷害称为春季冷害或倒春寒。倒春寒是指春季在回暖过程中，出现间歇性的冷空气侵袭，形成前期气温回升正常或偏高、后期明显偏低而对作物造成损害的一种灾害性天气。秋季在长江流域及华南地区将冷害称为秋季冷害，在广东、广西称为寒露风。寒露风是指寒露节气前后，由于北方强冷空气侵入，使气温剧烈下降，北风（通常可使南方气温连续降低4～5℃）致使双季晚稻受害的一种低温天气。东北地区将6～8月份出现的低温危害称为夏季冷害。

2. 冷害的分类

抽穗灌浆后形成大量空粒，对产量影响极大。根据农作物危害的特点划分为以下3种：

（1）延迟型冷害　延迟型冷害是指作物营养生长期（有时是生殖生长期）遭受较长时间低温，削弱了作物的生理活性，使作物生育期显著延迟，以至不能在初霜前正常成熟，造成减产的冷害。

（2）障碍型冷害　障碍型冷害是指作物生殖生长期（主要是孕穗和抽穗开花期）遭受短时间低温，使生殖器官的生理活动受到破坏，造成颖花不育而减产的冷害。秋后突出表现是空粒增多。

（3）混合型冷害　混合型冷害是指延迟型冷害与障碍型冷害交混发生的冷害，对作物生育和产量影响更大。

3. 冷害的防御

1）通过选择避寒的小气候生态环境，如采用地膜覆盖、以水增温等方法来增强植物抗低温能力。

2）可以针对本地区的冷害特点，运用科学方法找出作物适宜的复种指数和最优种植方案。

3）选择耐寒品种，促进早发，合理施肥，促进早熟。

4）加强田间管理，提高栽培技术水平，增强根系活力和叶片的同化能力，使植株健壮，提高冷害防御能力。

（五）热害

1. 热害的概念和分类

热害是指高温对植物生长发育以及产量形成所造成的一种农业气象灾害，包括高温逼热和日灼。

高温逼热是指高温天气对成熟期作物产生的热害。华北地区的小麦、马铃薯，长江以南的水稻，北方和长江中下游地区的棉花常受其害。形成热害的原因是高温，因为高温使植株叶绿素失去活性，阻滞光合作用的暗反应，降低光合效率，呼吸消耗大大增强；高温使细胞内蛋白质凝聚变性，细胞膜半透性丧失，植物的器官组织受到损伤；高温还能使光合同化物输送到穗和粒的能力下降，酶的活性降低，致使灌浆期缩短，籽粒不饱满，产量下降。

日灼是指因强烈太阳辐射所引起的果树枝干、果实伤害，也称为日烧或灼伤。日灼常常在干旱天气条件下产生，主要危害果实和枝条的皮层。由于水分供应不足，使植物蒸腾作用减弱。在夏季灼热的阳光下，果实和枝条的向阳面受到强烈辐射，因而遭受伤害。受害果实上出现淡紫色或淡褐色干陷斑。严重时出现裂果，枝条表面出现裂斑。夏季日灼在苹果、桃、梨和葡萄等果树上均有发生，它的实质是干旱失水和高温的综合危害。冬季日灼发生在隆冬和早春，果树的主干和大枝的向阳面白天接受阳光的直接照射，温度升高到0℃以上，使处于休眠状态的细胞解冻；夜间树皮温度又急剧下降到0℃以下，细胞内又发生结冰。冰融交替的结果使树干皮层细胞死亡，树皮表面呈现浅红紫色块状或长条状日烧斑。日灼常常导致树皮脱落、病害寄生和树干朽心。

2. 热害的防御

（1）高温逼热的防御　可以通过改善田间小气候，加强田间管理，改革耕作制度，合理布局，选择抗高温品种对高温逼热进行防御。

（2）日灼的防御　夏季可采取灌溉和果园保墒等措施，增加果树的水分供应，满足果树生育所需要的水分；在果树上喷洒波尔多液或石灰水，也可以减少日灼病的发生；冬季可采用在树干涂白以缓和树皮温度骤变；修剪时在向阳方向应多留些枝条，以减轻冬季日灼的危害。

二、旱灾及其防御

（一）干旱

1. 干旱的概念

干旱是指因长期无雨或少雨，空气和土壤极度干燥，植物体内的水分平衡受到破坏，影响正常生长发育，造成损害或枯萎死亡的现象。干旱是气象、地形、土壤条件和人类活动等多种因素综合影响的结果。干旱对作物的危害，就作物生长发育的全过程而言，

在下列 3 个时期危害最大：一是作物播种期，此时干旱影响作物适时播种或播种后不出苗，造成缺苗断垄。二是作物水分临界期，指作物对水分供应最敏感的时期。对禾谷类作物来说，一般是生殖器官的形成时期。此时干旱会影响结实，对产量影响很大。如玉米水分临界期在抽雄前的大喇叭口时期，此时干旱会影响抽雄，群众称为“卡脖旱”。三是谷类作物灌浆成熟期，此时干旱影响谷类作物灌浆，常造成籽粒不饱满，秕粒增多，千粒重下降而显著减产。

2. 干旱的分类

（1）根据干旱的成因分类　干旱可分为土壤干旱、大气干旱和生理干旱。土壤干旱是指土壤水分亏缺，植物根系不能吸收到足够的水分，致使体内水分平衡失调而受害。大气干旱是由于高温低湿，作物蒸腾强烈而引起的植物水分平衡的破坏而受害。生理干旱是指土壤有足够的水分，但由于其他原因使作物根系的吸水发生障碍，造成体内缺水而受害。

（2）根据干旱发生季节分类　干旱可分为春旱、夏旱、秋旱和冬旱。春旱是春季移动性冷高压常自西北经过华北、东北东移入海；在其经过地区，晴朗少云，升温迅速而又多风，蒸发很盛，而产生干旱。夏旱是夏季副热带太平洋高压向北推进，长江流域常在它的控制下，7、8 月份有时甚至一个多月，天晴酷热，蒸发很强，造成干旱。秋旱是秋季副热带太平洋高压南退，西伯利亚高压增强南伸，形成秋高气爽天气，而产生干旱。冬季是冬季副热带太平洋高压减弱，使得我国华南地区有时被冬季风控制，造成降水稀少，易出现冬旱。

3. 干旱的防御

（1）建设高产稳产农田　农田基本建设的中心是平整土地，保土、保水；修建各种形式的沟坝地；进行小流域综合治理。

（2）合理耕作蓄水保墒　在我国北方运用耕作措施防御干旱，其中心是伏雨春用，春旱秋防。

（3）兴修水利，节水灌溉　首先要根据当地条件实行节水灌溉，即根据作物的需水规律和适宜的土壤水分指标进行科学的灌溉。其次采用先进的喷灌、滴灌和渗灌技术。

（4）地面覆盖栽培，抑制蒸发　利用沙砾、地膜、秸秆的材料覆盖在农田表面，可有效地抑制土壤蒸发，起到很好的蓄水保墒效果。

（5）选育抗旱品种　选用抗旱性强、生育期短和产量相对稳定的作物和品种。

（6）抗旱播种　其方法有：抢墒早播、适当深播、垄沟种植、镇压提墒播种、“三湿播种”（即湿地、湿粪、湿种）等；

（7）人工降雨　人工降雨是利用火箭、高炮和飞机等工具把冷却剂（干冰、液氮等）或吸湿性凝结核（碘化银、硫化铜、盐粉、尿素等）送入对流层云中，促使云滴增大而形成降水的过程。

（二）干热风

1. 干热风的概念

干热风是指高温、低湿、并伴有一定风力的大气干旱现象，主要影响小麦和水稻。北方麦区一般出现在 5 ~ 7 月份。小麦受到干热风危害后，轻者使茎尖干枯、炸芒、颖壳发白、叶片卷曲；重者严重炸芒，顶部小穗、颖壳和叶片大部分干枯呈现灰白色，叶片卷曲，枯黄而死。雨后突然放晴遇到干热风，则使茎秆青枯，麦粒干秕，提前枯死。水稻受到干热风危害后，穗呈灰白色，秕粒率增加，甚至整穗枯死，不结实。小麦受害主要发生在乳熟中、后期，水稻在抽穗和灌浆成熟期。

2. 干热风的分类

我国北方麦区干热风主要有3种类型：高温低湿型、雨后枯熟型和旱风型。高温低湿型的特点是：高温、干旱，地面吹偏南风或西南风而加剧干、热地影响；这种天气易使小麦干尖、炸芒、植株枯萎、麦粒干秕，而影响产量；它是北方麦区干热风的主要类型。雨后枯熟型的特点是：雨后高温或猛晴，日晒强烈，热风劲吹，造成小麦青枯或枯熟；多发生在华北和西北地区。旱风型的特点是：温度低，风速大（多在3~4级以上），但日最高气温不一定高于30℃；常见于苏北、皖北地区。

北方麦区干热风指标见表8-3，水稻干热风指标见表8-4。

表8-3 小麦干热风指标

麦类	区域	轻干热风			重干热风		
		T_M/℃	R_{14}(%)	V_{14}/(m/s)	T_M/℃	R_{14}(%)	V_{14}/(m/s)
冬麦区	黄淮平原	≥32	≤30	≥2	≥35	≤25	≥3
	旱塬	≥29	≤30	≥3	≥32	≤25	≥4
	汾渭盆地	≥31	≤35	≥2	≥34	≤30	≥3
春麦区	河套与河西走廊东部	≥31	≤30	≥2	≥34	≤25	≥3
	新疆与河西走廊西部	≥34	≤25	≥2	≥36	≤20	≥2

注：T_M是指日平均气温；R_{14}是指14时相对湿度；V_{14}是指14时风速。

表8-4 水稻干热风指标

区域	日平均气温/℃	14：00相对湿度（%）	14：00风速（m/s）
长江中下游	≥30	≤60	≥5

3. 干热风的预防

1）浇麦黄水。在小麦乳熟中、后期至蜡熟初期，适时灌溉，可以改善麦田小气候条件，降低麦田气温和土壤温度，对抵御干热风有良好的作用。

2）药剂浸种。播种前用氯化钙溶液浸种或闷种，能增加小麦植株细胞内的钙离子，提高小麦抗高温和抗旱的能力。

3）调整播种。根据当地干热风发生的规律，适当调整播种期，使最易受害的生育时期与当地干热风发生期错开。

4）选用抗干热风品种。根据品种特性，选用抗干热风或耐干热风的品种。

5）根外追肥。在小麦拔节期喷洒草木灰溶液、磷酸二氢钾溶液等。

6）营造防护林带。可以改善农田小气候，减弱风速，降低气温，提高相对湿度，减少土壤水分蒸发，减弱或防止干热风危害。

三、雨灾及其防御

（一）湿害

1. 湿害的概念

湿害是指土壤水分长期处于饱和状态使作物遭受损害，又称为渍害。雨水过多，地下水

位升高，或水涝发生后排水不良，都会使土壤水分处于饱和状态。土壤水分饱和时，土中缺氧使作物生理活动受到抑制，影响水、肥的吸收，导致根系衰亡，缺氧又会使嫌气过程加强，产生硫化氢，恶化环境。

湿害的危害程度与雨量、连续阴雨天数、地形、土壤特性和地下水位等有关，不同作物及不同发育期耐湿害的能力也不同。麦类作物苗期虽较耐湿，但也会有湿害。其表现为烂根烂种，拔节后遭受湿害，常导致根系早衰、茎叶早枯、灌浆不良，并且容易感染赤霉病。湿害是南方小麦的主要灾害之一。玉米在土壤水分超过田间持水量的90%时，也会因湿害造成严重减产。幼苗期遭受湿害，减产更重，有时甚至绝收。油菜受湿害后，常引起烂根、早衰、倒伏、结实率和千粒重降低，并且容易发生病虫害。棉花受害时常引起棉苗烂根、死苗、抗逆力减弱，后期受害引起落铃、烂桃，影响产量和品质。

2. 湿害的防御

1）主要是开沟排水，田内挖深沟与田外排水渠要配套，以降低土壤湿度。

2）在低洼地和土质黏重地块采取深松耕法，使水分向犁底层以下传导，减轻耕层积水。

（二）洪涝

1. 洪涝的概念

洪涝是指由于长期阴雨和暴雨，短期的雨量过于集中，河流泛滥，山洪暴发或地表径流大，低洼地积水，农田被淹没所造成的灾害。洪涝是我国农业生产中仅次于干旱的一种主要自然灾害。1998年6～7月，我国长江、嫩江、松花江流域出现了有史以来的特大洪涝灾害，直接经济损失达1660亿元。

洪涝对农业生产的危害包括物理性破坏、生理性损伤和生态性危害。物理性破坏主要是指洪水泛滥引起的机械性破坏，包括洪水冲坏水利设施，冲毁农田，撕破作物叶片，折断作物茎秆，以至冲走作物等；物理性破坏一般是毁坏性的，当季很难恢复。生理性损伤是指作物被淹后，因土壤水分过多，旱田作物根系的生长及生理机能受到严重影响，进而影响地上部分生长发育；作物被淹后，土壤中缺乏氧气并积累了大量的CO_2和有机酸等有毒物质，严重影响作物根系的发育，并引起烂根，影响正常的生命活动，造成生理障碍以至死亡。生态性危害是指在长期阴雨湿涝环境条件下，极易引发病虫害的发生和流行；同时，洪水冲毁水利设施后，使农业生产环境受到破坏，引起土壤条件、植被条件的变化。

洪涝灾害是由大雨、暴雨和连阴雨造成的。其主要天气系统有：冷锋、准静止锋、锋面气旋和台风等。在我国，由于洪涝发生时间不同，所以对作物的危害也不一样。

2. 洪涝的分类

根据洪涝发生的季节和危害特点，将洪涝分为春涝、春夏涝、夏涝、夏秋涝和秋涝等。春涝及春夏涝主要发生在华南及长江中下游一带，多由准静止锋形成的连阴雨造成，引起小麦、油菜烂根，早衰，结实率低，千粒重下降；阴雨高湿还会引起病虫害流行。夏涝主要发生在黄淮海平原、长江中下游、华南、西南和东北地区，多数由暴雨及连续大雨造成。夏秋涝或秋涝主要发生在西南地区，其次是华南沿海、长江中下游地区及江淮地区，由暴雨和连绵阴雨造成，对水稻、玉米、棉花等作物的产量品质影响很大。

3. 洪涝的防御

1）治理江河，修筑水库。通过疏通河道、加筑河堤、修筑水库等措施防御洪涝。治水与治旱相结合是防御洪涝的根本措施。

2）加强农田基本建设。在易涝地区，田间合理开沟，修筑排水渠，搞好垄、腰、围三沟配套，使地表水、浅层水和地下水能迅速排出。

3）改良土壤结构，降低涝灾危害程度。实行深耕打破犁底层，消除或减弱犁底层的滞水作用，降低耕层水分。增加有机肥，使土壤疏松。采用秸秆还田或与绿肥作物轮作等措施，减轻洪涝灾害的影响。

4）调整种植结构，实行防涝栽培。在洪涝灾害多发地区，适当安排种植旱生与水生作物的比例，选种抗涝作物种类和品种。根据当地条件合理布局，适当调整播栽期，使作物易受害时期躲过灾害多发期。实行垄作，有利于排水，提高地温，散表墒。

5）封山育林，增加植被覆盖。植树造林能减少地表径流和水土流失，从而起到防御洪涝灾害的作用。

四、风灾及其防御

（一）大风

1. 大风的概念

大风是指风力大到足以危害人们的生产活动和经济建设的风。我国气象部门以平均风力达到或超过6级或瞬间风力达到或超过8级，作为发布大风预报的标准。在我国冬春季节，随着冷空气的暴发，大范围的大风常出现在北方各省，以偏北大风为主。夏秋季节大范围的大风主要由台风造成，常出现在沿海地区。此外，局部强烈对流形成的雷暴大风在夏季也经常出现。

2. 大风的危害

大风是一种常见的灾害性天气，对农业生产的危害很大。主要表现在以下几个方面：一是机械损伤。大风造成作物和林木倒伏、折断、拔根或造成落花、落果、落粒。北方春季大风吹走种子，吹死幼苗，造成毁种；南方水稻花期前后遭遇暴风侵袭而倒伏，造成严重减产；秋季大风可使成熟的谷类作物严重落粒或成片倒伏，影响收割而造成减产；大风能使东南沿海的橡胶树折断或倒伏。二是生理危害。干燥的大风能加速植被蒸腾失水，致使林木枯顶，作物萎蔫直至枯萎。北方春季大风可加剧土壤蒸发失墒，引起作物旱害，冬季大风会加剧越冬作物冻害。三是风蚀沙化。在常年多风的干旱半干旱地区，大风使土壤蒸发加剧，吹走地表土壤，形成风蚀，破坏生态环境。在强烈的风蚀作用下，可造成土壤沙化，沙丘迁移，埋没附近的农田、水源和草场。四是影响农牧业生产活动。在牧区大风会破坏牧业设施，造成交通中断，农用能源供应不足，影响牧区畜群采食或吹散牧群。冬季大风可造成牧区大量牲畜受冻饿死亡。

3. 大风的类型

按大风的成因，将影响我国的大风分为下列几种类型：一是冷锋后偏北大风，即寒潮大风，主要由于冷锋（指冷暖气团相遇，冷气团势力较强）后有强冷空气活动而形成。一般风力可达6~8级，最大可达10级以上，可持续2~3d。春季最多，冬季次之，夏季最少，影响范围几乎遍及全国。二是低压大风，由东北低压、江淮气旋、东海气旋发展加深时形

成。风力一般为 6 ~ 8 级。如果低压稳定少动，大风常可持续维持几天，以春季最多。在东北及内蒙古东部、河北北部、长江中下游地区最为常见。三是高压后偏南大风，随大陆高压东移入海在其后出现偏南大风。多出现在春季，在我国东北、华北、华东地区最为常见。四是雷暴大风，多出现在强烈的冷锋前面，在发展旺盛的积雨云前部因气压低气流猛烈上升，而云中的下沉气流到达地面时受到前部低压吸引，而向前猛冲，形成大风。阵风可达 8 级以上，破坏力极大，多出现在炎热的夏季，在我国长江流域以北地区常见。其中在内蒙古、河南、河北、江苏等地每年均有出现。

4. 大风的防御

1）植树造林。营造防风林、防沙林、固沙林、海防林等，扩大绿色覆盖面积，防止风蚀。

2）建造小型防风工程。设置风障、筑防风墙、挖防风坑等，减弱风力，阻拦风沙。

3）保护植被。调整农林牧结构，进行合理开发。在山区实行轮牧养草，禁止陡坡开荒和滥砍滥伐森林，破坏草原植被。

4）营造完整的农田防护林网。农田防护林网可防风固沙，改善农田的生态环境，从而防止大风对作物的危害。

5）农业技术措施。选育抗风品种，播种后及时培土镇压。高杆作物及时培土，将抗风力强的作物或果树种在迎风坡上，并用卵石压土等。此外，加强田间管理，合理施肥等多项措施。

（二）台风、龙卷风和沙尘暴

1. 台风

台风（或飓风）是产生于热带洋面上的一种强烈热带气旋。台风发生的规律及其特点主要有以下几点：一是有季节性。台风（包括热带风暴）一般发生在夏秋之间，最早发生在 5 月初，最迟发生在 11 月。二是台风中心登陆地点难准确预报。台风的风向时有变化，常出人预料，台风中心登陆地点往往与预报相左。三是台风具有旋转性。其登陆时的风向一般先北后南。四是损毁性严重。对不坚固的建筑物、架空的各种线路、树木、海上船只、海上网箱养鱼、海边农作物等破坏性很大。五是强台风发生常伴有大暴雨、大海潮、大海啸。六是强台风发生时，人力不可抗拒，易造成人员伤亡。

在热带洋面上生成发展的低气压系统称为热带气旋。国际上以其中心附近的最大风力来确定强度并进行分类：超强台风（Super TY），底层中心附近最大平均风速大于 51.0m/s，也即风力为 16 级或以上。强台风（STY）底层中心附近最大平均风速为 41.5 ~ 50.9m/s，也即风力为 14 ~ 15 级。台风（TY），底层中心附近最大平均风速为 32.7 ~ 41.4m/s，也即风力为 12 ~ 13 级。强热带风暴（STS），底层中心附近最大平均风速为 24.5 ~ 32.6m/s，也即风力为 10 ~ 11 级。热带风暴（TS），底层中心附近最大平均风速为 17.2 ~ 24.4m/s，也即风力为 8 ~ 9 级。热带低压（TD），底层中心附近最大平均风速为 10.8 ~ 17.1m/s，也即风力为6 ~ 7 级。

2. 龙卷风

龙卷风是一种伴随着高速旋转的漏斗状云柱的强风涡旋，其中心附近风速可达 100 ~ 200m/s，最大 300m/s，比台风（产生于海上）近中心最大风速大好几倍。中心气压很低，一般可低至 400hPa，最低可达 200hPa。它具有很大的吸吮作用，可把海（湖）水吸离海

（湖）面，形成水柱，然后同云相接，俗称“龙取水”。由于龙卷风内部空气极为稀薄，导致温度急剧降低，促使水汽迅速凝结，这是形成漏斗云柱的重要原因。漏斗云柱的直径，平均只有250m左右。

龙卷风这种自然现象是云层中雷暴的产物。具体地说，龙卷风就是雷暴巨大的能量中的一小部分在很小的区域内集中释放的一种形式。龙卷风的形成可以分为4个阶段：第一阶段，大气的不稳定性产生强烈的上升气流，由于急流中的最大过境气流的影响，它被进一步加强。第二阶段，由于与在垂直方向上速度和方向均有切变的风相互作用，上升气流在对流层的中部开始旋转，形成中尺度气旋。第三阶段，随着中尺度气旋向地面发展和向上伸展，它本身变细并增强。同时，一个小面积的增强辐合，即初生的龙卷在气旋内部形成，产生气旋的同样过程，形成龙卷核心。第四阶段，龙卷核心中的旋转与气旋中的不同，它的强度足以使龙卷一直伸展到地面。当发展的涡旋达到地面高度时，地面气压急剧下降，地面风速急剧上升，形成龙卷。

龙卷风常发生于夏季的雷雨天气，尤以下午至傍晚最为常见。袭击范围小，龙卷风的直径一般在十几米到数百米之间。龙卷风的生存时间一般只有几分钟，最长也不过数小时。风力特别大，在中心附近的风速可达100～200m/s。破坏力极强，龙卷风经过的地方，常会发生拔起大树、掀翻车辆、摧毁建筑物等现象，有时把人吸走，危害十分严重。

3. 沙尘暴

沙尘暴是指强风将地面大量尘沙吹起，使空气很混浊，水平能见度小于1km的天气现象。尘土、细沙均匀地浮游在空中，使水平能见度小于10km的天气现象称为浮尘：而风将地面尘沙吹起，使空气相当混浊，水平能见度在1～10km以内的天气现象称为扬沙。

有利于产生大风或强风的天气形势，有利的沙、尘源分布和有利的空气不稳定条件是沙尘暴或强沙尘暴形成的主要原因。强风是沙尘暴产生的动力，沙、尘源是沙尘暴的物质基础，不稳定的热力条件有利于风力加大、强对流发展，从而夹带更多的沙土，并卷扬得更高。除此之外，前期干旱少雨，天气变暖，气温回升，是沙尘暴形成的特殊的天气气候背景；地面冷锋前对流单体发展成云团或飑线是有利于沙尘暴发展并加强的中小尺度系统；有利于风速加大的地形条件即狭管作用，是沙尘暴形成的有利条件之一。

沙尘暴的主要危害：一是强风。携带细沙粉尘的强风摧毁建筑物及公用设施，造成人畜伤亡。二是沙埋。以风沙流的方式造成农田、渠道、村舍、铁路、草场等被大量流沙掩埋，尤其是对交通运输造成严重威胁。三是土壤风蚀。每次沙尘暴的沙尘源和影响区都会受到不同程度的风蚀危害，风蚀深度可达1～10cm。据估计，我国每年由沙尘暴产生的土壤细粒物质流失高达106～107t，其中绝大部分粒径在10um以下，对源区农田和草场的土地生产力造成严重破坏。四是大气污染。在沙尘暴源地和影响区，大气中的可吸入颗粒物（TSP）增加，大气污染加剧。以1993年“5·5”特强沙尘暴为例，甘肃省金昌市的室外空气的TSP浓度达到1016mg/m^3，室内为80mg/m^3，超过国家标准的40倍。2000年3～4月份，北京地区受沙尘暴的影响，空气污染指数达到4级以上的有10d，同时影响到我国东部许多城市。

由于各地方所在地区的气候条件、地理条件差异较大，各种气候灾害发生情况也不完全相同，因此在防御时，一定要因地制宜，及时通过访谈专家和有经验的农户，总结当地典型经验，合理制定防御措施。

【知识归纳】

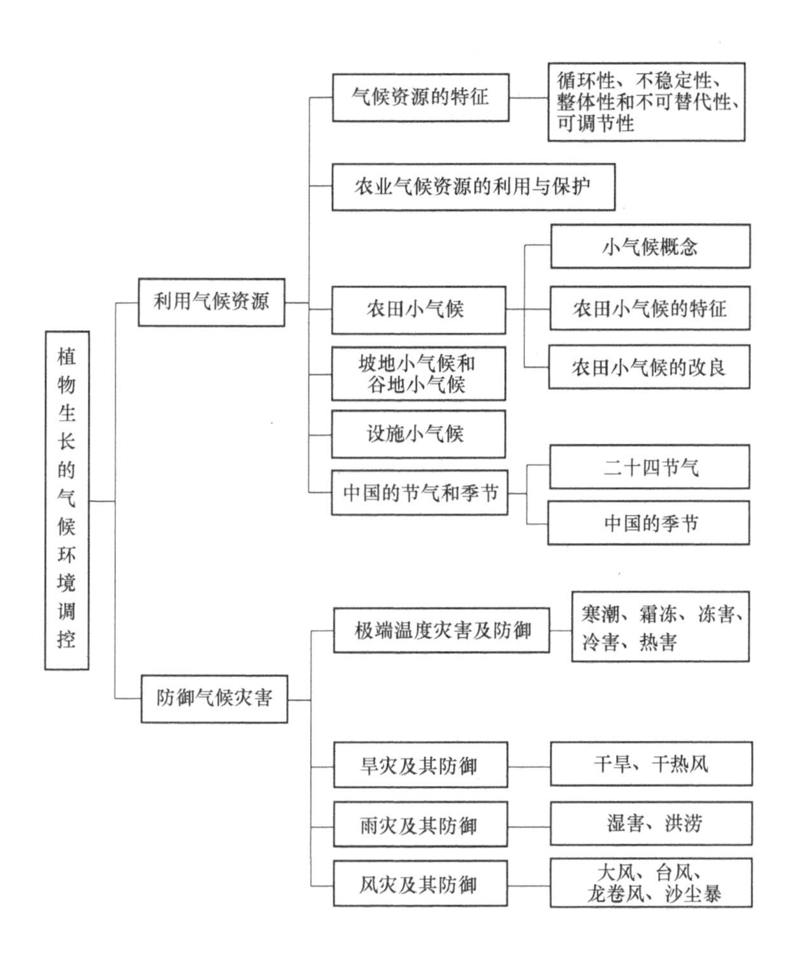

【知识巩固】

一、名词解释

气象要素　小气候　霜冻　寒潮　冷害　干热风　干旱　湿害　洪涝

二、填空题

1. 大风的主要防御措施________、________、________、________、________。

2. 冻害的分为________、________和________三种类型。

3. 极端温度灾害主要有________、________、________、________、________等。

4. 从农业的角度出发，农业气候资源的特征是________、________、________、________。

5. 小气候的特点主要是________、________、________。

6. 二十四节气是我国人民几千年来从事农业生产，掌握气候变化的经验总结，为了便于记忆，人们总结二十四节气歌是________、________、________、________。

三、分析题

1. 简述农田小气候的改良方法。

2. 如何利用农业气候资源？
3. 举例说明农田小气候、设施小气候的特征是什么？
4. 霜冻、冻害、冷害的类型有哪些？结合当地实际，如何进行防御？
5. 干旱、干热风的类型及防御措施有哪些？
6. 湿害、洪涝的危害和防御措施是什么？
7. 如何调控日光温室小气候、塑料大棚小气候和地膜覆盖小气候？

参考文献

[1] 宋志伟，姚文秋. 植物生长环境 [M]. 2 版. 北京：中国农业大学出版社，2011.
[2] 宋志伟. 植物生长环境 [M]. 3 版. 北京：中国农业大学出版社，2015.
[3] 关继东. 园林植物生长与环境 [M]. 北京：科学出版社，2009.
[4] 黄凌云. 植物生长环境 [M]. 杭州：浙江大学出版社，2012.
[5] 王孟宇. 作物生长与环境 [M]. 北京：化学工业出版社，2009.
[6] 邹良栋. 植物生长与环境 [M]. 2 版. 北京：高等教育出版社，2015.
[7] 卓开荣，逯昀. 园林植物生长环境 [M]. 北京：化学工业出版社，2010.
[8] 叶珍. 植物生长与环境实训教程 [M]. 北京：化学工业出版社，2011.
[9] 佘远国. 园林植物栽培与养护管理 [M]. 北京：机械工业出版社，2012.
[10] 李振陆. 植物生产环境 [M]. 北京：中国农业出版社，2006.
[11] 胡繁荣. 园艺植物生产技术 [M]. 上海：上海交通大学出版社，2007.
[12] 宋志伟，王阳. 土壤肥料 [M]. 4 版. 北京：中国农业出版社，2015.
[13] 李小为，高素玲. 土壤肥料 [M]. 北京：中国农业大学出版社，2011.
[14] 金为民，宋志伟. 土壤肥料 [M]. 2 版. 北京：中国农业出版社，2009.
[15] 鲍士旦. 土壤农化分析 [M]. 3 版. 北京：中国农业出版社，2008.
[16] 姜佰文，戴建军. 土壤肥料学实验 [M]. 北京：北京大学出版社，2013.
[17] 卢树昌. 土壤肥料学 [M]. 北京：中国农业出版社，2011.
[18] 沈其荣. 土壤肥料学通论 [M]. 北京：高等教育出版社，2008.
[19] 石伟勇. 植物营养诊断与施肥 [M]. 北京：中国农业出版社，2010.
[20] 张洪昌，赵春山. 作物专用肥配方与施肥技术 [M]. 北京：中国农业出版社，2010.
[21] 赵义涛，姜佰文，梁运江. 土壤肥料学 [M]. 北京：化学工业出版社，2010.
[22] 宋志伟，张爱中. 农作物实用测土配方施肥技术 [M]. 北京：中国农业出版社，2014.
[23] 李燕婷，肖艳，李秀英，等. 作物叶面施技术与应用 [M]. 北京：科学出版社，2009.
[24] 于立芝，田宝昌，孙治军. 测土配方施肥技术 [M]. 北京：化学工业出版社，2011.
[25] 张洪昌，段继贤，廖洪. 化肥应用手册 [M]. 北京：中国农业出版社，2011.
[26] 李有，任中兴，崔日群. 农业气象学 [M]. 北京：化学工业出版社，2012.
[27] 闫凌云. 农业气象 [M]. 4 版. 北京：中国农业出版社 [M]，2014.
[28] 包云轩. 气象学 [M]. 2 版. 北京：中国农业出版社 [M]，2009.
[29] 姜会飞. 农业气象学 [M]. 2 版. 北京：科学出版社，2015.
[30] 张乃明. 设施农业理论与实践 [M]. 北京：化学工业出版社，2006.
[31] 黄建国. 植物营养学 [M]. 北京：中国林业出版社，2004.
[32] 陈忠辉. 植物与植物生理 [M]. 2 版. 北京：中国农业出版社，2007.
[33] 刘玉燕. 城市土壤研究现状与展望 [J]. 昌吉学院学报，2006 (2)：105-108.
[34] 庞鸿宾，高峰，樊志升，等. 农业高效节水技术 [M]. 北京：中国农业科技出版社，2001.
[35] 吴普特. 现代高效节水灌溉设施 [M]. 北京：化学工业出版社，2002.
[36] 王辛芝. 南京市公园绿地土壤性质及其变化特征 [D]. 南京：南京林业大学，2006.
[37] 陈阜. 农业生态学 [M]. 2 版. 北京：中国农业大学出版社，2011.
[38] 唐文跃，李晔. 园林生态学 [M]. 北京：中国科学技术出版社，2006.
[39] 王衍安. 植物与植物生理 [M]. 2 版. 北京：高等教育出版社，2015.
[40] 郭红燕，王银福，焦峰，等. 土壤肥力状况与培肥措施探讨 [J]. 陕西农业科学，2007 (4)：104-105.